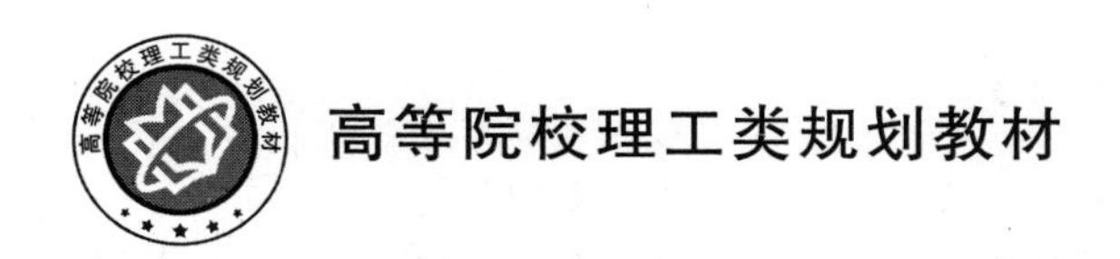

基于 Python 的数理统计学

主　编　崔玉杰
副主编　赵桂梅　李文鸿

北京邮电大学出版社
www. buptpress. com

内 容 简 介

本书在介绍数理统计的基本概念和基本理论的基础上，利用 Python 处理随机数据。

本书共分 6 章，内容包括 Python 基础、随机样本与抽样分布、参数估计、假设检验、方差分析、一元线性回归分析。另外，本书设置了 4 个 Python 上机编程实验。

本书可以作为统计专业的教材以及非统计专业高年级、非统计专业研究生的参考书，也可以供其他工程技术人员参考。

图书在版编目(CIP)数据

基于 Python 的数理统计学 / 崔玉杰主编. -- 北京 ：北京邮电大学出版社，2022.6

ISBN 978-7-5635-6639-6

Ⅰ. ①基… Ⅱ. ①崔… Ⅲ. ①数理统计—应用软件 Ⅳ. ①O212-39

中国版本图书馆 CIP 数据核字(2022)第 073455 号

策划编辑：马晓仟　　**责任编辑**：刘春棠　　**封面设计**：七星博纳

出版发行：北京邮电大学出版社
社　　址：北京市海淀区西土城路 10 号
邮政编码：100876
发 行 部：电话：010-62282185　传真：010-62283578
E-mail：publish@bupt.edu.cn
经　　销：各地新华书店
印　　刷：保定市中画美凯印刷有限公司
开　　本：787 mm×1 092 mm　1/16
印　　张：15.5
字　　数：402 千字
版　　次：2022 年 6 月第 1 版
印　　次：2022 年 6 月第 1 次印刷

ISBN 978-7-5635-6639-6　　定价：42.00 元

前　言

Python是由荷兰国家数学和计算机科学研究院的Guido van Rossum在20世纪90年代初开发的。现在Python由一个核心开发团队维护，Guido van Rossum指导其工作进展。所有这些工作都为自由、开源的Python的快速发展奠定了坚实的基础。

Python是一款开源、免费的自由软件，具有很好的跨平台性，它有UNIX、Linux、MacOS和Windows版本，这些版本都可以免费下载和使用，这也促进了Python在欧美等发达国家的企业界、学术界快速、广泛的应用。

随着Python在各个领域的进一步开发和应用，它在传统的数理统计教学中也得到了应用，并且起到了重要的作用，不仅可以帮助学习者理解掌握数理统计的基础知识和基本概念，还有助于激发学习者学习数理统计学的积极性。

本书在介绍初等数理统计基础理论的基础上，把Python引入数理统计的多个方面，包括各种统计图形的制作，从可视化的角度认识各种统计分布，通过正态分布、卡方分布、t分布、F分布随机数的抽取及密度函数的可视化等去认识常用的统计量。

本书共6章，第1章Python基础，包括Python简介、Python的安装、Python的计算功能、字符串、列表、Python控制语句、Python函数、Python中的数据结构等。

第2章随机样本与抽样分布，介绍了随机样本统计量分布的χ^2分布、t分布、F分布的基本概念及理论，利用Python绘制了各种密度函数的可视化图形，给出了基于Python的抽样分布知识。

第3章参数估计，介绍了点估计、估计量的评价标准、区间估计等基本概念和基本理论，并结合各种Python包或自编函数给出具体Python区间估计的函数或代码，方便读者根据书中所讲原理进行编程学习。

第4章假设检验，介绍了假设检验的基本概念及参数检验的基本概念和基本理论，同时借助于Python编写了各种检验程序，并结合具体案例进行讲解。

第5章方差分析，介绍了方差分析的基本概念及基本理论、使用Python进行单因素等重复和不等重复方差分析的方法、双因素等重复试验考虑交互作用和无重复试验不考虑交互作用的应用。

第6章一元线性回归分析，介绍了一元线性回归分析的基本概念、基本理论及利用Python进行回归分析的基本内容。

附录A给出了每章习题的参考答案，供读者参考。

附录B给出了近10年(2012—2021年)全国硕士研究生招生考试数学(数理统计部分)试题及参考答案。

附录C给出了利用Excel、Python获取正态分布、χ^2分布、t分布、F分布等各种分布的分位数的方法。

另外，本书在第 2 章、第 4 章、第 5 章、第 6 章共设置 4 个 Python 上机编程实验，进一步帮助读者对数理统计的基本理论有更全面的理解。

本书和传统教材相比，有以下几点突出变化。

(1) 在传统数理统计的基本概念和基本原理的基础上将 Python 应用于数理统计的各个方面，加深了学习者对数理统计原理的理解，为学习者进一步学习大数据及人工智能奠定了坚实的基础。

(2) 增加了数理统计的 Python 上机编程实验，让学习者通过编程解决实际问题。

(3) 增加了数理统计的 Python 编程习题，让学习者通过编程巩固数理统计的基本理论。

(4) 增加了近 10 年(2012—2021 年)全国硕士研究生招生考试数学(数理统计部分)试题及参考答案。

(5) 附录 C 不仅给出了各种常用统计分布表，还给出了使用 Excel、Jupyter Notebook (Python)查概率及分位数的方法，以便帮助学习者快速掌握相关知识。

本书只是抛砖引玉，给出了 Python 解法中的一种(我们强调一种，是因为解法非常多，不一一列举)。

本书可作为统计专业的教材以及非统计专业高年级、非统计专业研究生的参考书。

本书由崔玉杰担任主编，赵桂梅、李文鸿担任副主编。本书第 3 章由李文鸿编写，第 4 章由赵桂梅编写，其余章节由崔玉杰编写，全书由崔玉杰审核。

本书的编写得到了北方工业大学统计学系全体教师以及教务处的大力支持，编者在此表示诚挚的谢意。编者参阅了大量公开出版的相关教材，在此对相关教材的作者一并表示感谢。

由于编者水平有限，书中难免存在错误，望读者不吝赐教。

编　者

于北京

目　　录

第1章　Python基础

1.1　Python 简介

本节思维导图

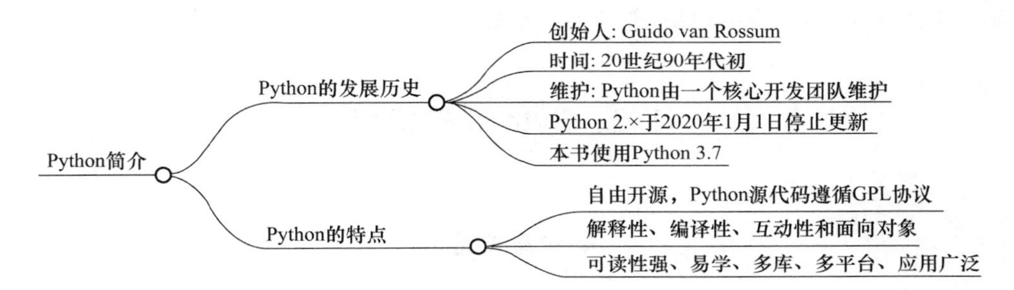

1.1.1　Python 的发展历史

Python 是由荷兰国家数学和计算机科学研究院的 Guido van Rossum 在 20 世纪 90 年代初开发的。现在 Python 由一个核心开发团队维护，Guido van Rossum 指导其工作进展。所有这些工作为自由、开源的 Python 的快速发展奠定了坚实的基础。

Python 是一门简单易学且功能强大的编程语言。它拥有高效的高级数据结构，能够用简单而又高效的方式进行面向对象编程。Python 优雅的语法和动态类型，再加上它的解释性，使其在大多数平台的许多领域成为编写脚本或开发应用程序的理想语言。

Python 有两个版本，一个是 Python 2.×，另一个是 Python 3.×。官方于 2020 年 1 月 1 日宣布停止 Python 2.×的更新，Python 2.7 被确定为最后一个 Python 2.×版本，它除了支持 Python 2.×语法外，还支持部分 Python 3.1 语法。

现在最流行的是 Python 3.×，本书采用 Python 3.7 进行分析。

1.1.2　Python 的特点

Python 是由诸多其他语言发展而来的，它的源代码遵循 GNU 通用公共许可证(GNU

General Public License,GPL)协议。

Python 是一种高层次的结合了解释性、编译性、互动性和面向对象的脚本语言。

(1) Python 是一种具有很强的可读性的语言。相较其他语言来说,Python 不会经常使用英文关键字和其他语言的一些标点符号,所以它的语法结构更有特色。

(2) Python 是一种解释型语言。这意味着开发过程中没有编译这个环节,更易于学习和使用。

(3) Python 具有相对较少的关键字,结构简单,语法有明确的定义,所以读者学习起来简单,非常容易上手。

(4) Python 是一种交互式语言。这意味着使用者可以在提示符“>>>”后直接执行代码,这在 Python IDE 和 Python Spider 等集成编辑器中是适用的,而在 Python Jupyter Notebook 中不显示提示符“>>>”,是按上下语句的方式自上而下地逐步执行每个模块代码或语句代码。

(5) Python 是一种面向对象语言。这意味着 Python 支持面向对象的编写风格或代码封装。

(6) Python 的优势之一是具有丰富的跨平台(UNIX、Windows 和 Macintosh)的标准库,并且第三方库非常丰富,安装便捷,兼容性也很好。

1.2 Python 的安装

本节思维导图

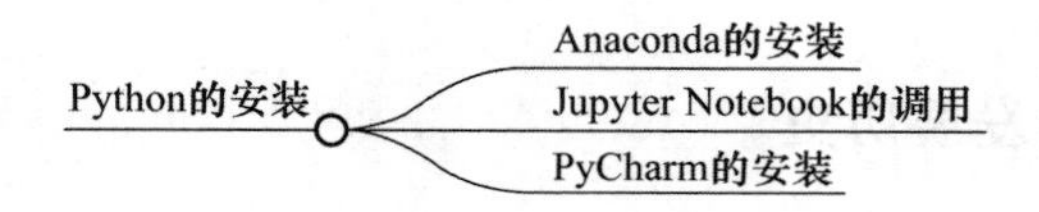

Anaconda 是利用 Python 进行数据科学研究的高效包(库)管理器,事实上 Anaconda 包管理器除了管理 Python 包以外,还管理其他的一些数据科学研究常用软件,如基于 R 语言的 RStudio 等。初学者可以认为 Anaconda 就是一个开源的 Python 发行版本,它包含了 180 多个进行科学计算的依赖包,初学者可以将“包”理解为进行数据科学研究的有效“工具”。利用 Anaconda 可以轻松解决使用 Python 的不同版本遇到的很多问题,降低学习的难度,使安装变得简单且易掌握。

Anaconda 还可以利用终端模式方便地安装第三方库(包),如非常有用的 NumPy、SciPy、Pandas 以及图形库 Matplotlib 等。

另外,Jupyter Notebook 集成了在线版本 IPython 的编辑工具,PyCharm 是专业级的 Python 编辑工具,可以方便地查询 Python 程序的源代码。

因此,本书建议在学习使用 Python 解决数理统计问题时可以先安装 Anaconda,再借助于 Anaconda 方便地安装 Jupyter Notebook、PyCharm。

1.2.1　Anaconda 的安装

Anaconda 可以直接在网址：https://www.Anaconda.com/downloads 进行下载。该页面上有关于 Anaconda 的详尽说明，读者可以仔细研读。在该页面底部有 3 种操作系统的免费安装文件(如图 1.2.1 所示)。

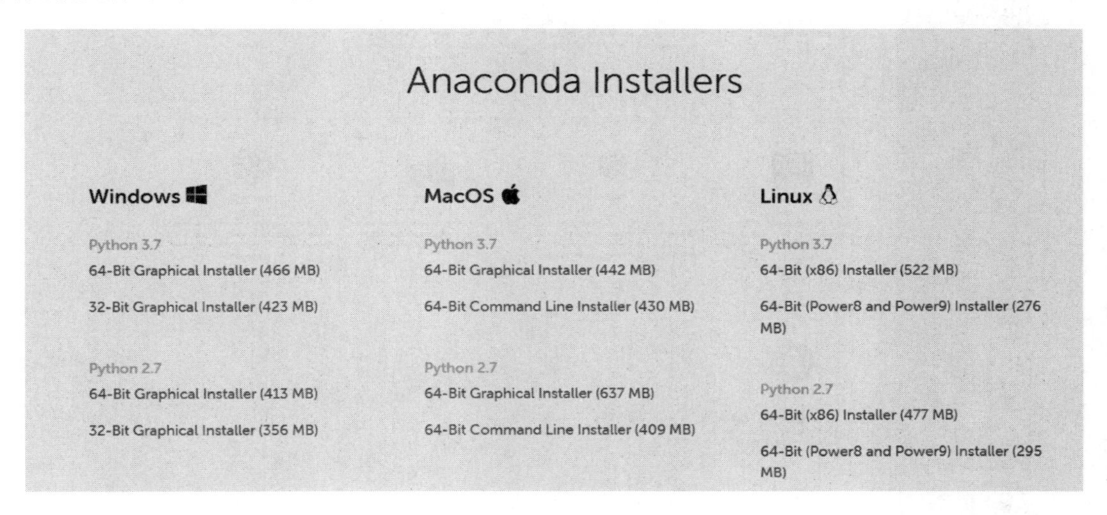

图 1.2.1　Anaconda Installers

选择合适的安装文件进行安装，以后及时更新即可。本书选择 Python 3.7，以 Windows 操作系统为例，其他操作系统的方法，读者可以自行查阅相关资料。

Anaconda 安装成功后，首先会出现一个表示正在进行初始化的标志，如图 1.2.2 所示。

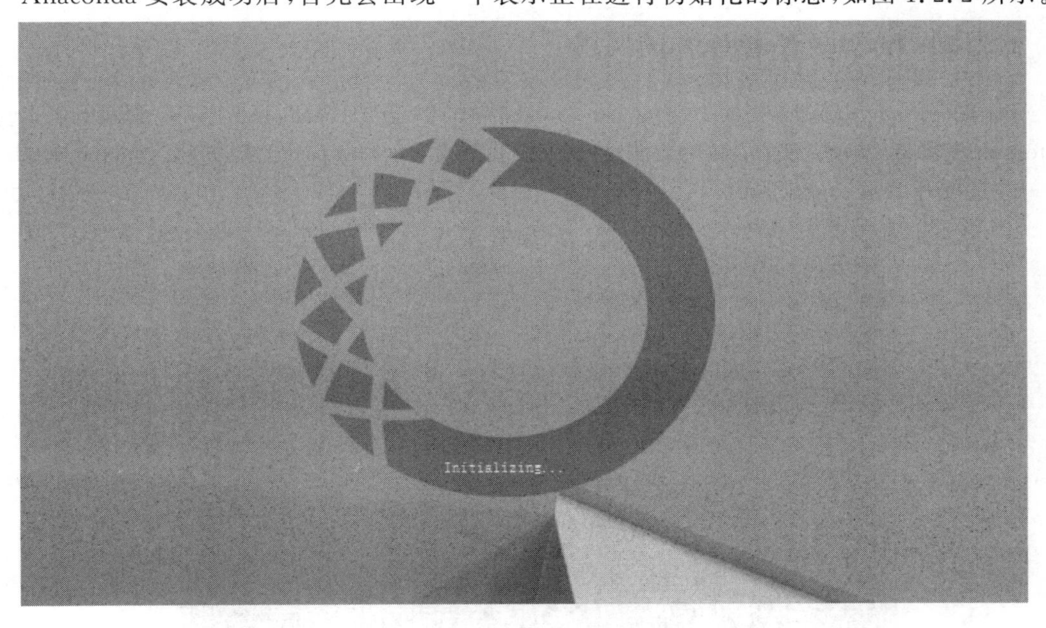

图 1.2.2　进行初始化的标志图

然后会出现安装导航页面，如图 1.2.3 所示。

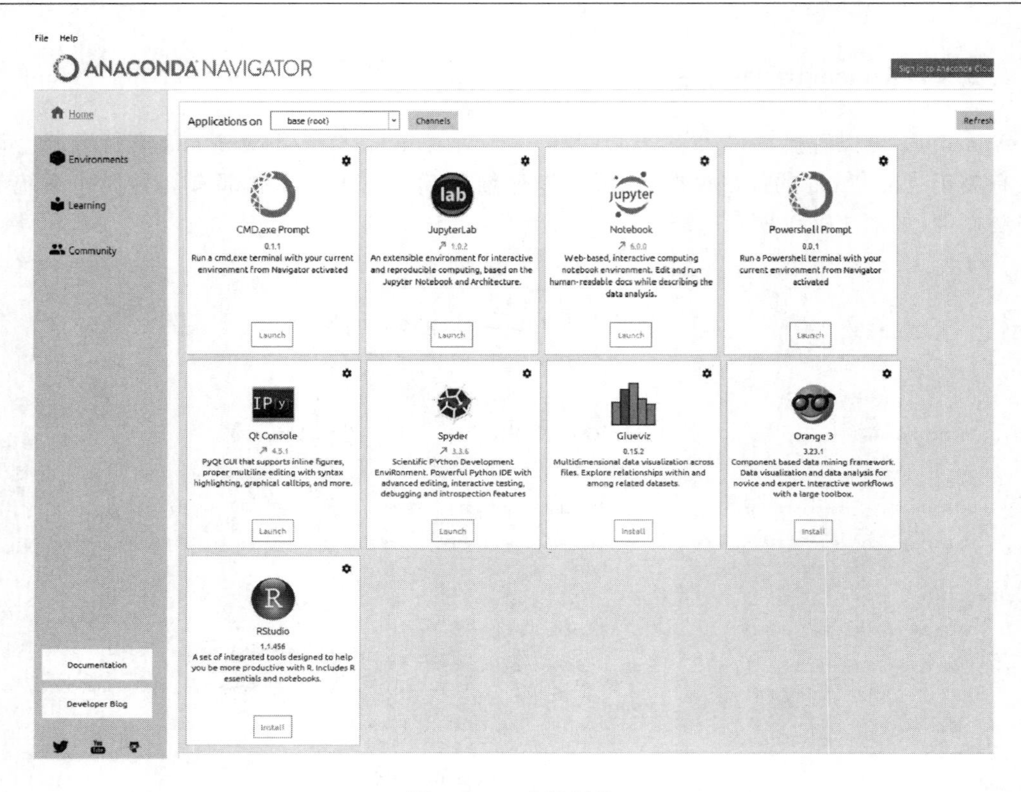

图 1.2.3 安装导航

在图 1.2.3 中,最后一个选项是统计软件中非常有名的 RStudio。你可以选择自己需要的软件进行加载或安装。

1.2.2 Jupyter Notebook 的调用

我们在学习 Python 时,使用 Jupyter Notebook 非常简单、方便、快捷、容易操作。直接安装 Jupyter Notebook 步骤非常烦琐,较为有效的方法是:首先安装集成平台 Anaconda,然后加载 Jupyter Notebook。

首先打开 Anaconda 的命令行窗口,如图 1.2.4 所示。

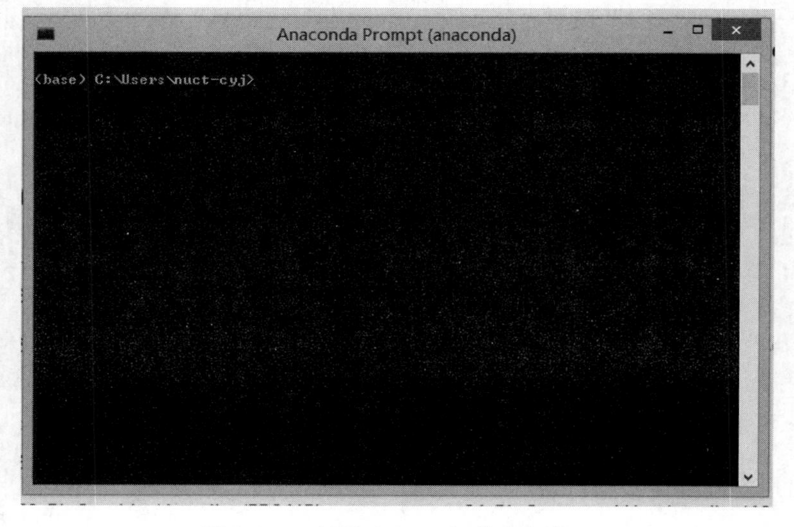

图 1.2.4 打开 Anaconda 的命令窗口

输入“jupyter notebook”(图 1.2.5),按“Enter”键,稍等片刻,就会打开 Jupyter Notebook 的主页,如图 1.2.6 所示。

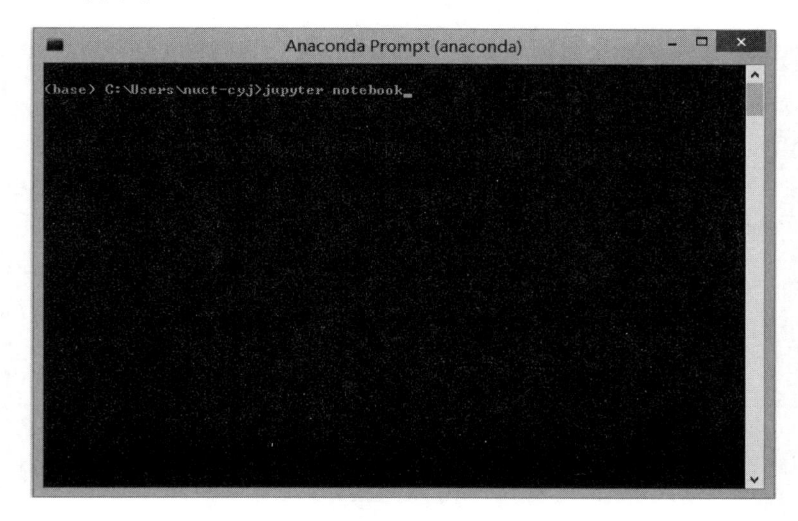

图 1.2.5　在 Anaconda 命令行窗口调用 Jupyter Notebook

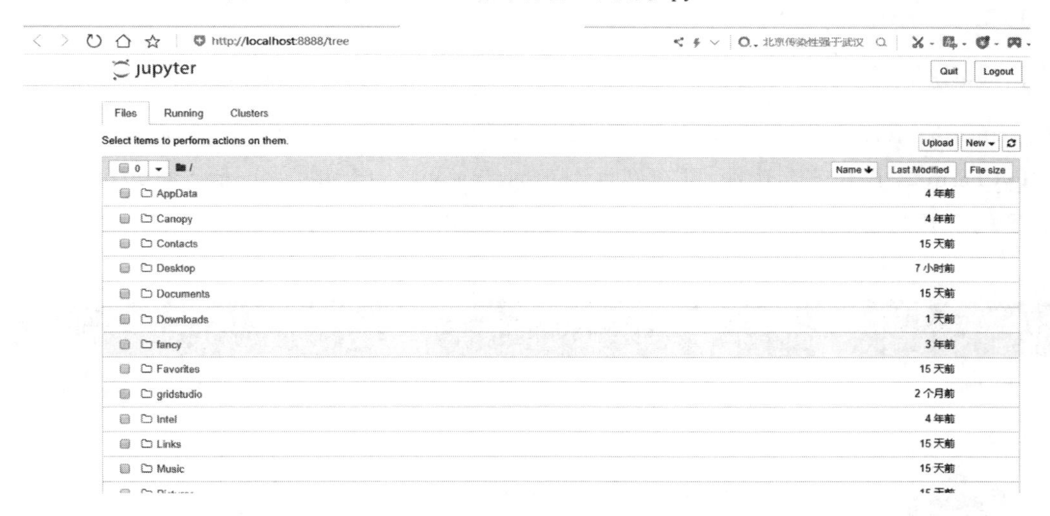

图 1.2.6　Jupyter Notebook 调用成功后浏览器中显示的主页

新建一个 Python 3 文件,如图 1.2.7 所示。

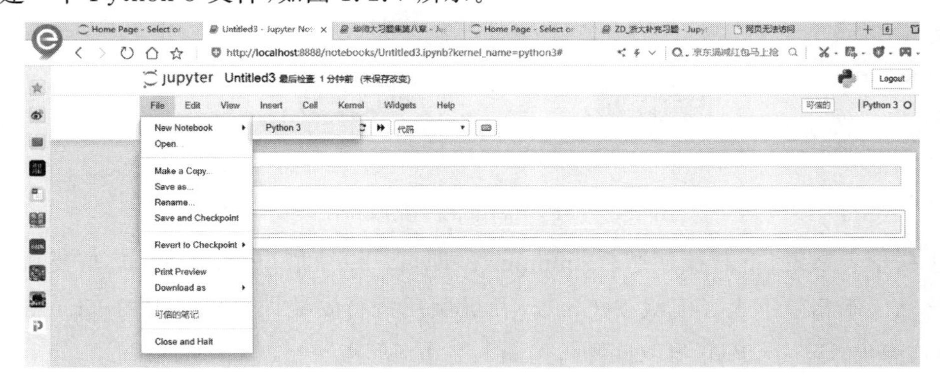

图 1.2.7　新建 Python 3 文件

如图 1.2.8 所示，输入“2＋3”并运行，运行结果是 5，说明已经成功调用 Jupyter Notebook。

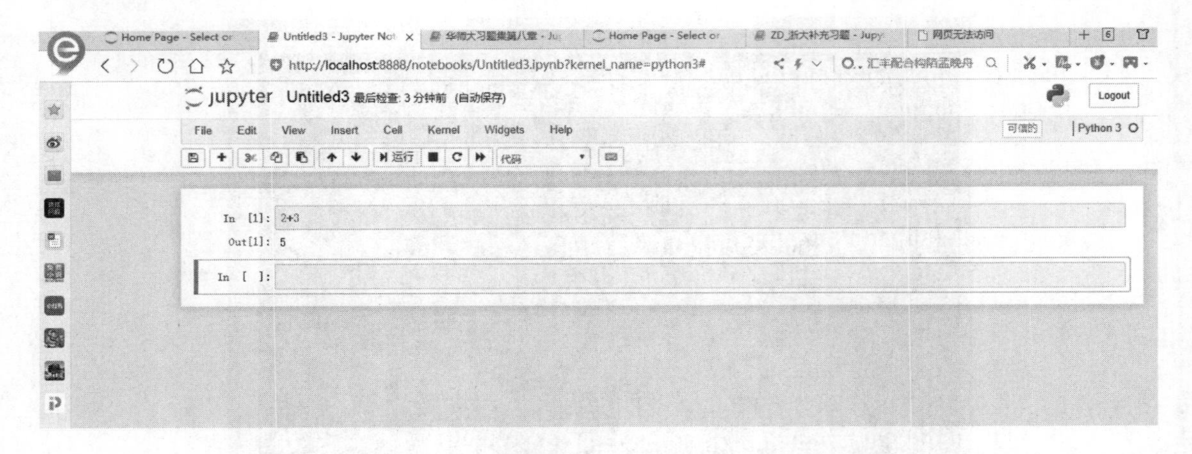

图 1.2.8　检查运行情况

1.2.3　PyCharm 的安装

如果想利用 Python 做一些大型复杂的项目，使用 PyCharm 是非常方便的。之所以选择 PyCharm 进行编程，是因为 PyCharm 安装比较方便，但需要对它进行细致的设置。

PyCharm 属于第三方软件，可在网址：https://www.jetbrains.com/pycharm/download/进行下载。如图 1.2.9 所示，PyCharm 分为专业版(Professional)和社区版(Community)。

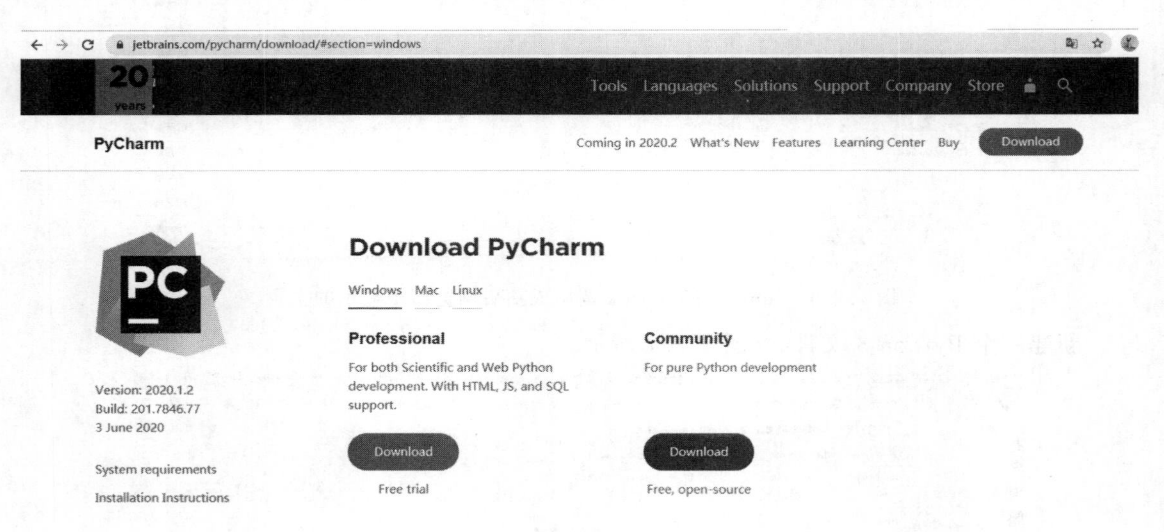

图 1.2.9　PyCharm 的专业版和社区版

对于初学者来说，下载社区版(Community)即可。专业版(Professional)需要付费，其基本功能与社区版相差不大。下载 PyCharm 社区版后进行安装即可。双击 PyCharm 图标，运行成功后，弹出“Create Project”对话框，如图 1.2.10 所示。

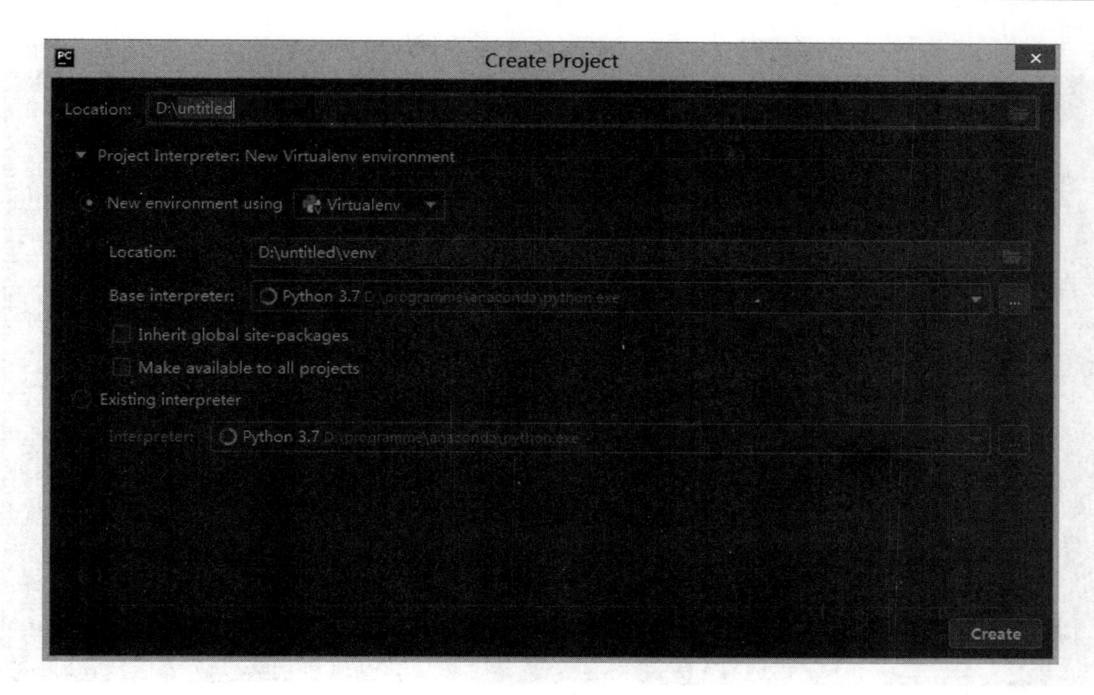

图 1.2.10　“Create Project”对话框

注意，“Base interpreter”项一定要选择解释器，如 Python3.7，否则，在项目下创建的文件将无法使用 Python。

“Location”项默认为软件安装所在的盘，如“D:\untitled”，也可以进行修改。一般情况下，项目所在文件夹应该和 Anaconda 运行程序在同一目录下，否则需要重新设置。单击“Create”按钮创建项目，可以给项目新命名，也可以使用默认设置，如图 1.2.11 所示。

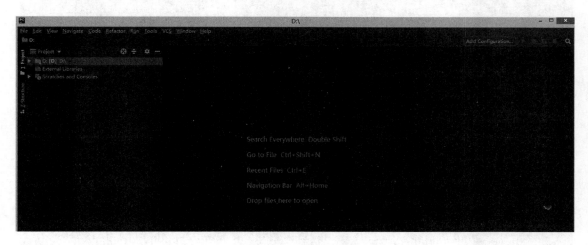

图 1.2.11　默认设置

注意，项目解释器的设置如图 1.2.12 所示。

在项目解释器“Project Interpreter:”后的下拉列表中选择“Python 3.7 ”，单击“ok”按钮，初步设置即可完成，如图 1.2.13 所示。其他选项可以根据自己的需要进行设置。

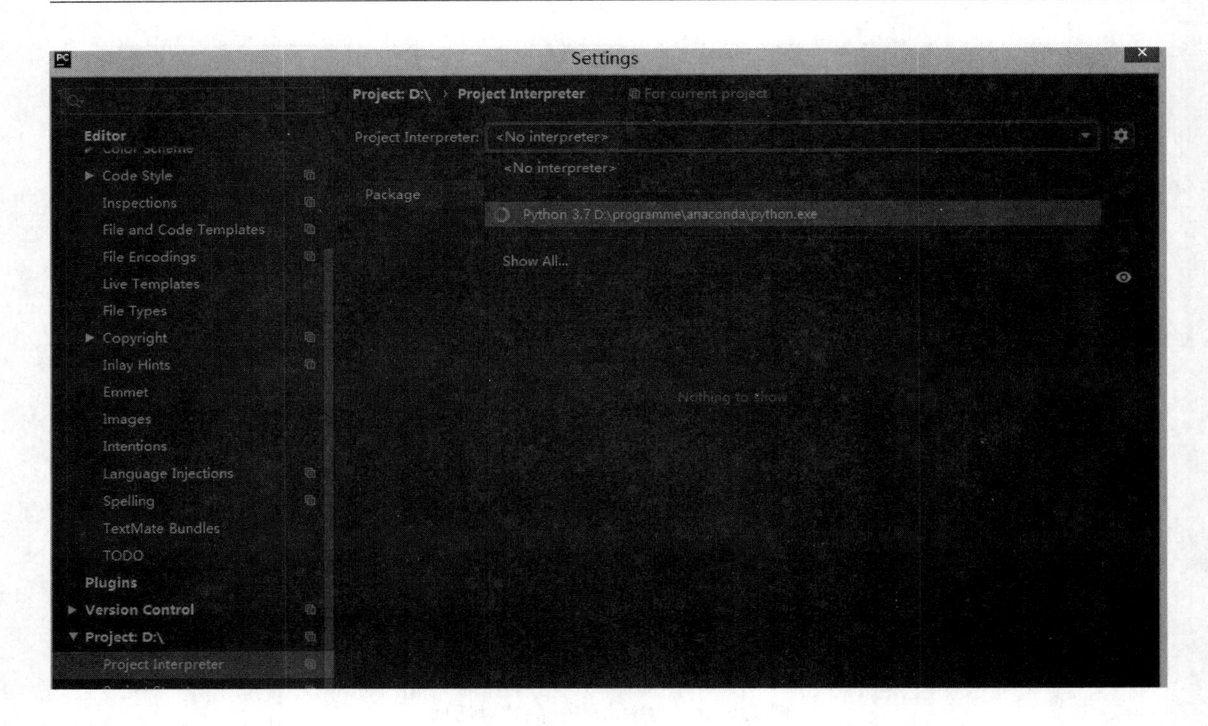

图 1.2.12　项目解释器的设置

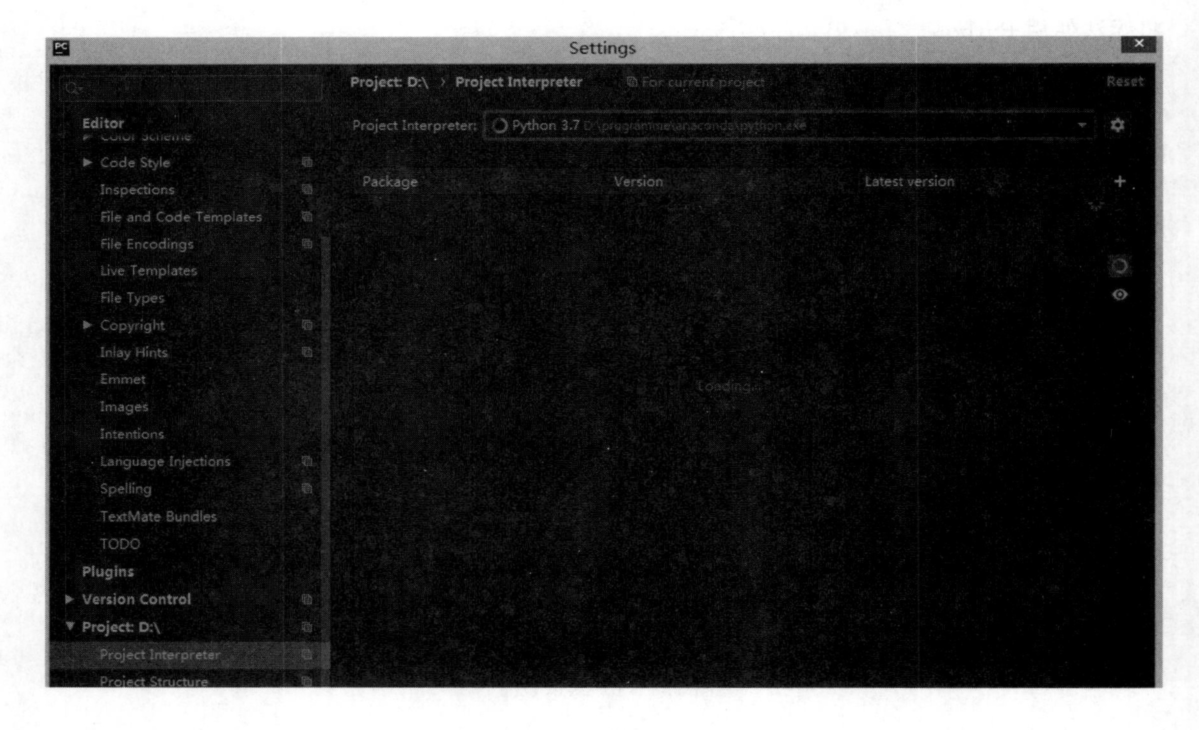

图 1.2.13　初步设置完成

出现图 1.2.14 所示页面即说明解释器设置完成。注意:最重要的步骤是一定要选择解释器,否则程序无法运行。

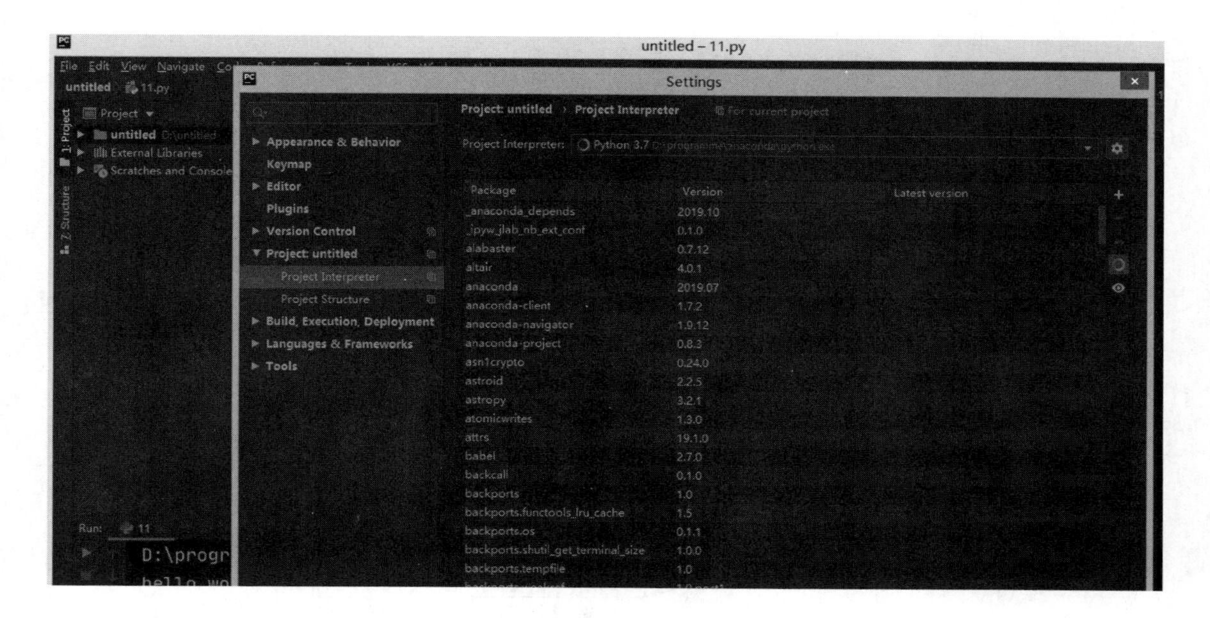

图 1.2.14　解释器设置完成

依次选择“File”→“New”→“Python File”选项，输入“print(‘hello，world!’)”，如图 1.2.15 所示。

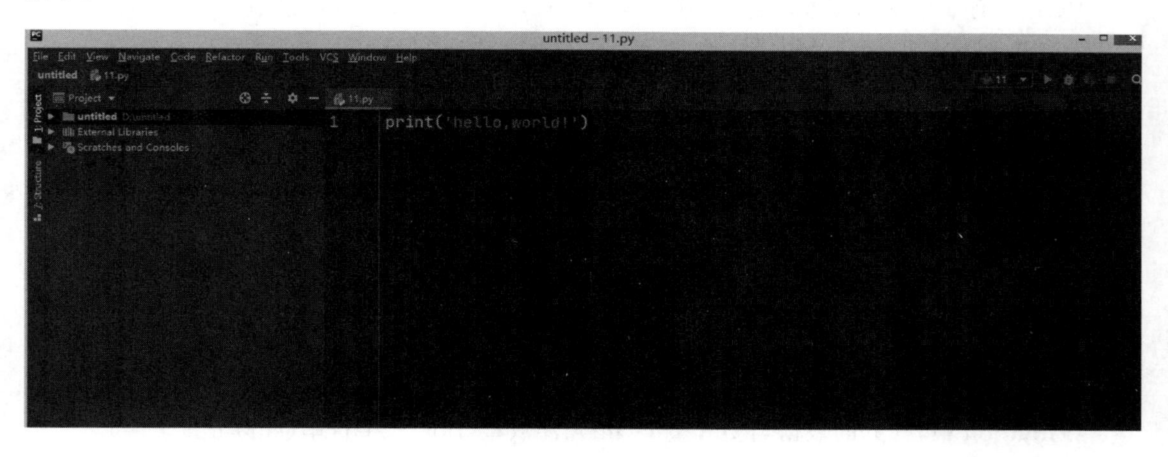

图 1.2.15　输入“print(‘hello，world!’)”

按“Enter”键，出现 “hello，world!”(图 1.2.16)，这是安装并运行成功的标志。

```
D:\programme\anaconda\python.exe D:/untitled/11.py
hello,world!

Process finished with exit code 0
```

图 1.2.16　运行成功

1.3 Python的计算功能

本节思维导图

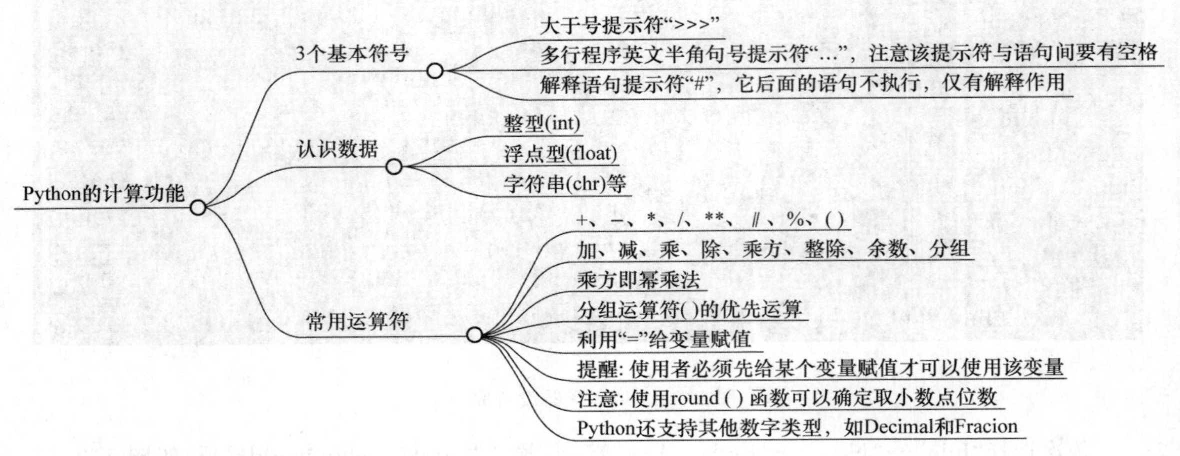

1. 3 个基本符号

Python 有 3 个基本符号，它们分别是大于号提示符“>>>”、多行程序英文半角句号提示符“...”、解释(不执行)语句提示符“#”。

在数学中大于号“>”并不陌生，3 个大于号放在一起就是 Python 的大于号提示符“>>>”。在 Python 的基本软件 IDE 中，只有这个提示符出现后才可以开始编程。本书主要使用 Python 在线编程软件 Jupyter Notebook，所以不需要“>>>”。

如果需要多行表达，那么就可以使用英文半角句号提示符“...”，但要注意“...”与语句表达式之间要有空格，否则程序执行时会报错。

“#”是解释语句提示符，“#”后面的语句只起到解释说明作用，Python 解释器并不执行该语句，但在字符串里面的“#”符号仅仅是一个字符。

2. 认识数据

在 Python 中，常见的数据类型有整型(int)、浮点型(float)、字符串(chr)等。

数据像 2、3、15 等就是整型 int，像 3.0、4.1、20.8 等带有小数部分的就是浮点型。

3. 常用运算符

在 Python 中，常用的运算符包括加+、减-、乘*、除/、乘方**、整除//、余数%、分组()等。

接下来我们解释某些运算符的用法及注意事项。

(1) 加法+输入与输出形式如下。

```
 In[1]: 2 + 2 # Jupyter Notebook 中的输入语句，下同
Out[1]: 4 # Jupyter Notebook 中的输出语句，如果输入语句最后是 print()，
          #该输出就不会有 Out 标识，下同
```

使用加法进行运算时应注意：整型+浮点型返回结果变为浮点型。例如：

```
 In[2]: 2 + 8.5
Out[2]: 10.5
```

(2) 在进行与除法相关的运算时，应注意以下几点。

① 首先要分清楚除法、整除、余数的运算符，它们分别为/、//和%。

② 在除法运算中，如果有一个浮点型数据，则返回结果就是浮点型；当浮点型数据与整型数据混合计算时，返回结果会自动转为浮点型。例如：

```
 In[3]: 5 + 8.5 - 3 + 20/3
Out[3]: 17.166666666666668
```

③ 在运算环境中首次使用除法，返回的类型取决于它的操作数。如果两个操作数都是整型，则采用地板数除法(如 5/3，返回 1)并返回一个整型。如果两个操作数中有一个是浮点型，则采用传统的除法并返回一个浮点型。例如：

```
 In[4]: 20/3.0
Out[4]: 6.666666666666667
```

④ 运算符//可以进行取整运算。例如：

```
 In[5]: 20//3
Out[5]: 6
```

无论操作数是什么类型，Python 的运算符//都用于地板数除法。

整数除以浮点数，结果取整。例如：

```
 In[6]: 20//3.0
Out[6]: 6.0
```

⑤ 运算符%用于计算余数。例如：

```
 In[7]: 20 % 3
Out[7]: 2
```

(3) 乘方即幂乘法，例如，5 * 5 可以用乘方形式 5 * * 2 表示，运算形式如下：

```
 In[8]: 5 * * 2
Out[8]: 25
```

(4) 分组运算符()有优先运算功能，例如：

```
 In[9]: (4 - 1) * * 2 - 8
Out[9]: 1
```

(5) 另外，在 Python 运算中还可以借助于“=”先给变量赋值，再进行变量运算。例如：

```
 In[10]: x = 2
         a = 3
         a * x
Out[10]: 6
```

如果我们不给变量赋值，直接使用变量进行运算，程序就会报错，出现有变量没有定义的提示。例如：

```
In[11]: 3 + b
```

错误提示如下：

```
NameError                         Traceback(most recent call last)
<iPython-input-9-9d8085f59477> in <module>
----> 1 3+b
NameError: name 'b' is not defined
```

只有先给变量 b 赋值,才可以使用该变量进行运算。

(6) 使用 round()函数可以确定取小数的位数。例如:

```
 In[12]: round(20/3.0,2)
Out[12]: 6.67
 In[13]: round(20/3.0,5)
Out[13]: 6.66667
```

除了整型和浮点型外,Python 还支持其他数字类型,如 Decimal 和 Fraction。

Python 还支持复数,而不依赖于标准库或者第三方库,复数使用后缀 j 或 J 表示虚数部分(例如,3+5j)。这部分内容本书不作介绍,感兴趣的读者可以自行学习。

1.4 字 符 串

本节思维导图

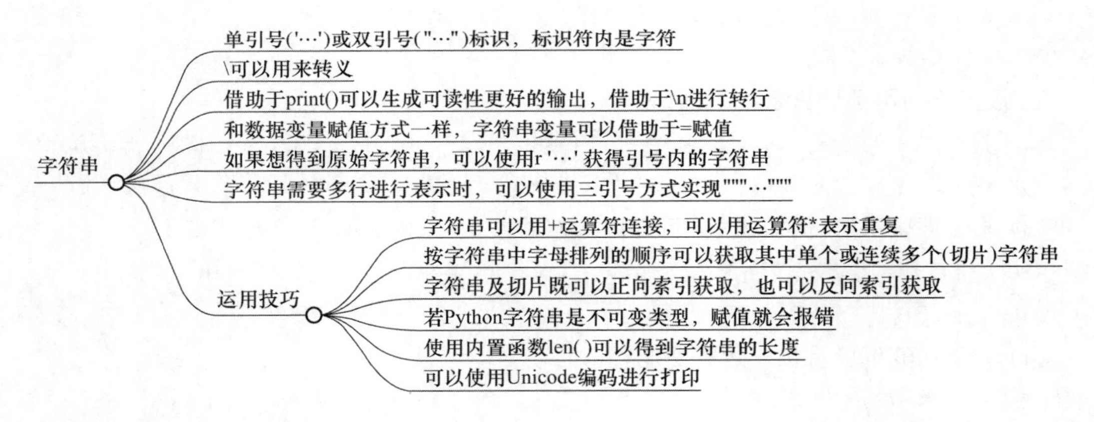

Python 提供了几种不同方式表示字符串。

字符串可以用单引号('…') 或双引号("…") 进行标识,标识符内的是字符。

```
 In[14]: 'hello,Python' # 使用单引号字符串,不使用单引号就会报错
Out[14]: 'hello,Python'
```

字符串可以用\来转义引号,进行转义需要注意以下几点。

① 单引号内的 ' 需要转义符。

② 双引号内的 ' 不需要转义符。

③ 单引号内的双引号不需要转义符。

```
 In[15]: 'doesn\'t' # 单引号内的 ' 需要转义符
Out[15]: "doesn't"
 In[16]: "doesn't" # 双引号内的 ' 不需要转义符
Out[16]: "doesn't"
 In[17]: '"yes",He said.' # 单引号内的双引号不需要转义符
Out[17]: '"yes",He said.'
```

单、双引号的意义是相同的。

借助于 print()可以生成可读性更好的输出，借助于\n 进行转行。例如：

```
In[18]: print('"Isn\'t",he said. \n I like it very much') # \n 换行
             "Isn't",he said.
             I like it very much
```

注意：iPython 使用 print( )打印输出，不再有 Out 提示，下同。

和数据变量赋值方式一样，字符串变量也可以借助于"="进行赋值。例如：

```
In[19]: s = 'I like it very much'
        print(s) # 打印字符串变量的值
        I like it very much
```

在包含一些特殊符号（如转义符\）的字符串中，如果想得到原始字符串，就可以使用 r '…'获得引号内的字符串，否则就会转义。例如：

```
In[20]: print(r'I like Python very much. \number one.')
        I like Python very much. \number one.
```

若不加 r，就会转义：

```
In[21]: print('I like Python very much. \number one.')
        I like Python very much.
        umber one. # 转义符\n 的作用产生了转行
```

如果表示多行字符串文本时不使用符号"\n"进行多分行，则可以借助于三引号方式"""…"""或者'''…'''来实现多分行字符串文本操作。例如：

```
In[22]:print(''' I like Python very much!
       You like Python very much!
       He likes Python very much! ''')   # 3 个单引号或 3 个双引号打印多行
       I like Python very much!
       You like Python very much!
       He likes Python very much!
```

可以用"+"运算符连接字符串，可以用运算符"*"表示重复。例如：

```
In[23]: print(3 * 'one'+'two') # one 重复 3 次
        'oneoneonetwo'
```

相邻的字符串无须加号即可自动连接在一起，并且在字符串操作中可以使用()。例如：

```
In[24]:text = ('Put several string with parentheses'
        'to have them joined')
        print(text)
        Put several string with parentheses to have them joined
```

但是如果使用形如 In[25]的形式,不但不会自动连接,程序还会报错。

```
In[25]: (3 *'one')'two'
         File "< iPython-input-29-8939c3933fa3 >", line 1
              (3 *'one')'two'
                        ^
         SyntaxError: invalid syntax
```

接下来重点介绍如何获取字符串中的单个字符或连续多个字符。可以按字符串中字母排列的顺序获取其中单个或连续多个字符串(切片)。

借助于简单字符串'abcde'了解一下正向索引,字符串'abcde'的正向索引表示如下:

| a | b | c | d | e |
0 1 2 3 4

可以利用正向索引获取字符串字符及字符串切片。例如,利用正向索引获取字符串'PYTHONabcdefg'的字符及切片。

```
 In[26]: T = 'PYTHONabcdefg'
         T[0]  # 获取字符串 T 中的第一个字符
Out[26]: 'P'
 In[27]: T = 'PYTHONabcdefg'
         T[1:5] # 切片
Out[27]: 'YTHO'
 In[28]: T = 'PYTHONabcdefg'
         T[:] # 全部获取
Out[28]: 'PYTHONabcdefg'
```

注意,当:左右都有数值时,切片含左边索引值,不含右边索引值,即含两个字符之间的所有字符及左边数字确定的字符;如果想获取所有字符,可以使用[:]不加数字,实际上这是浅拷贝,即副本。

当然,字符串获取后可以使用连接符+进行操作。例如:

```
 In[29]: T = 'PYTHONabcdefg'
        T[:6] + T[6:9]
Out[29]: 'PYTHONabc'
```

字符串字符及切片除进行正向索引获取外,还可以进行反向索引获取。我们仍以字符串'abcde'为例,反向索引的形式如下:

| a | b | c | d | e |
−5 −4 −3 −2 −1

```
 In[30]: T = 'abcde'
         T[0]
Out[30]: 'a'
 In[31]: T = 'abcde'
         T[-5]
Out[31]: 'a'
```

T[0]、T[−5]都是取得字符串'abcde'中的字符'a',其他不再举例。

最后,我们将同一个字符串'abcde'的正向索引和反向索引放在一起对比一下:

```
| a | b | c | d | e |
  0   1   2   3   4
 -5  -4  -3  -2  -1
```

注意:(1)索引超出范围就会报错。例如:

```
In[32]: T = 'abcde'
        T[30] # 无论正向、反向索引,超出索引数值范围就会报错
        IndexError                     Traceback (most recent call last)
        <iPython-input-36-afdfcf335541> in <module>
        ----> 1 T[30]
        IndexError: string index out of range
```

(2) 若Python字符串是不可变类型,赋值就会报错。例如:

```
In[32]:T[0] = 'A' # T[0]本身是字符A,不可以再进行其他赋值,否则程序报错
       TypeError                     Traceback (most recent call last)
       <iPython-input-37-9fa744a22e8b> in <module>
       ----> 1 T[0] = 'A'
       TypeError: 'str' object does not support item assignment
```

可以使用Python的内置函数len()得到字符串的长度。仍以T='abcde'为例,len(T)就可以获取字符串的长度,输入及输出形式如下:

```
 In[33]: len(T)
Out[33]: 5
```

另外,还可以借助于Unicode编码进行打印。Unicode编码是为了解决传统的字符编码方案的局限而产生的,它为每种语言中的每个字符设定了统一并且唯一的二进制编码,以满足跨语言、跨平台进行文本转换、处理的要求。例如,字符'x'、'A'、'a'的Unicode的编码分别为'\u0078'、'\u0041'、'\u0061'。进行打印时,形式如下:

```
In[34]: print(u"my'x is \u0078 ")
        my'x is x
In[35]: print(u"my'A is \u0041 ")
        my'A is A
In[36]: print(u"my'a is \u0061 ")
        my'a is a
```

1.5 列 表

本节思维导图

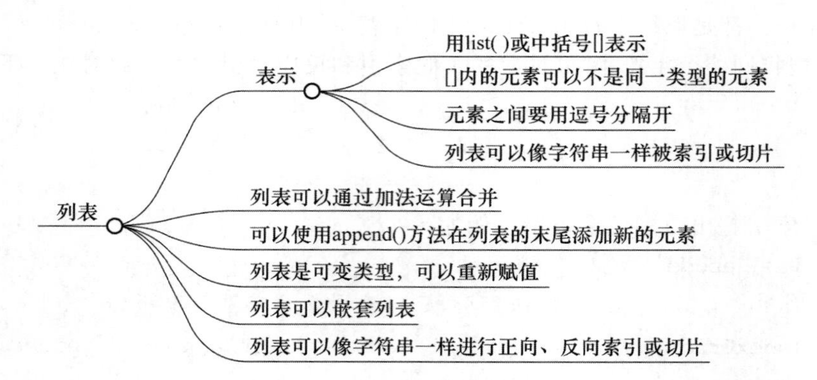

列表用 list()或中括号[]表示，[]内的元素无论是否为同一类型的元素，元素之间都要用逗号分隔开。列表和字符串一样也有索引，列表的索引也是从 0 开始。例如：

列表：　[1,2,3,4,5]

对应索引：0 1 2 3 4

列表可以像字符串一样进行索引或切片，索引或切片包含左边的索引数值，不包括右边的索引数值。例如：

```
 In[37]: x = [1,2,3,4,5]
         x
Out[37]: [1,2,3,4,5]
 In[38]: x = ['one','two',3,4,5]
         x[2:4]
Out[38]: [3,4]
 In[39]: x[:]
Out[39]: ['one','two',3,4,5]
```

可以通过加法运算合并列表。例如：

```
 In[40]: x = [1,2,3,4,5]
         y = [50,60,100]
         x + y
Out[40]: [1,2,3,4,5, 50,60,100]
```

可以使用 append()方法在列表的末尾添加新的元素。例如：

```
 In[41]: y.append('apple')
         y
Out[41]: [50, 60, 100, 'apple']
```

列表是可变类型,可以重新赋值。例如:

```
 In[42]: y = [50, 60, 100, 'apple']
         y[3] = 'and' # 对 y 中索引数值为 3 的元素重新赋值
Out[42]: [50, 60, 100, 'and']
```

列表可以嵌套列表。例如:

```
 In[43]: Matrix = [[1,2,3],[4,5,6],[7,8,9]]
         Matrix
Out[43]: [[1,2,3],[4,5,6],[7,8,9]]
 In[44]: Matrix[0][1]
Out[44]: 2
```

和字符串一样,列表可以进行正向、反向索引或切片,获取列表中的单个或切片子列表,这里不再举例。

1.6 Python 控制语句

本节思维导图

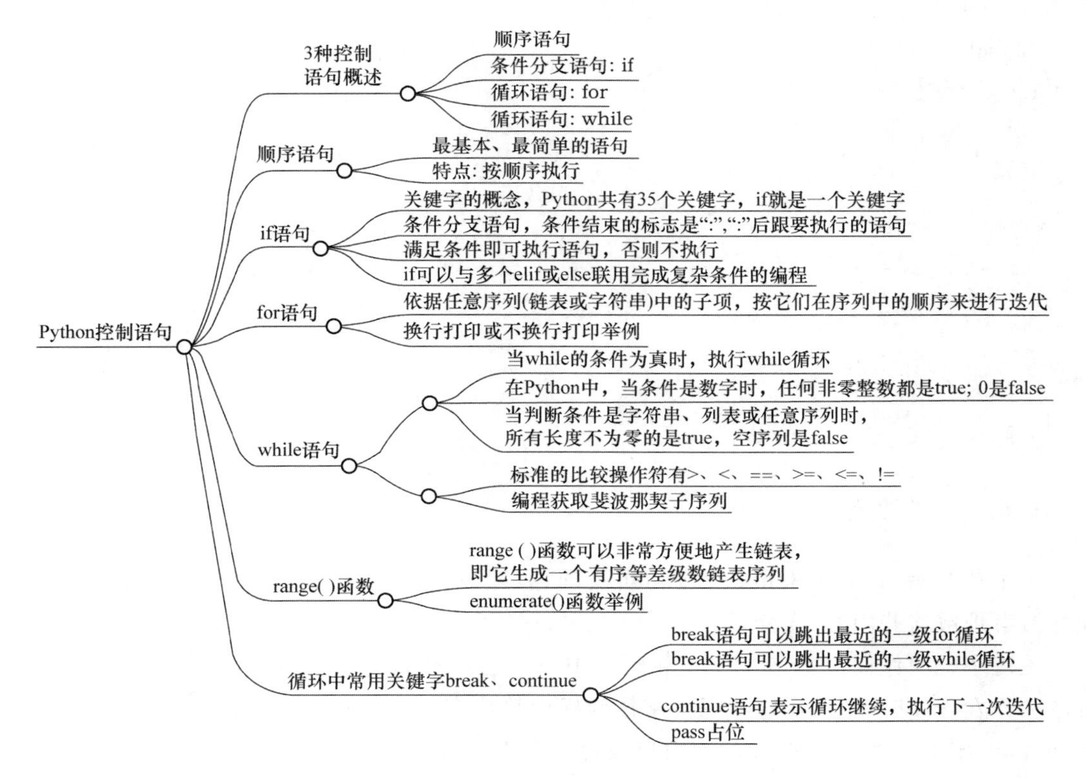

Python 除了具有计算功能外,还可以完成非常复杂的任务。那么,如何通过 Python 来完成这些复杂的任务? Python 和其他编程语言一样有 3 种流程控制语句:第一种是 Python 最基本的控制语句,即顺序语句;第二种是 Python 的条件分支控制语句,即 if 语句及其变形;第三种是循环语句,即 for 循环语句、while 循环语句。控制语句的简单操作顺序如图 1.6.1 所示。

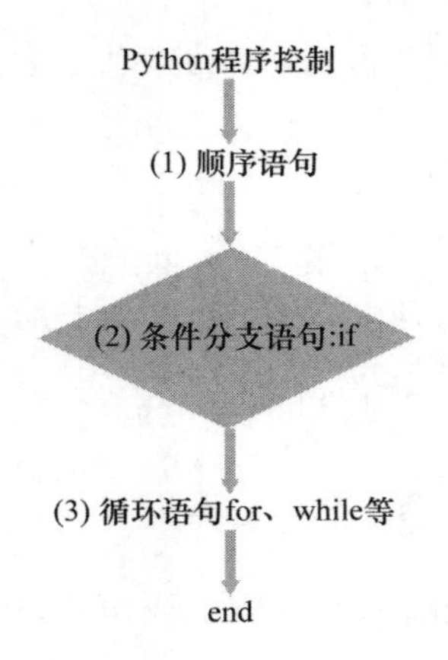

图 1.6.1　控制语句的简单操作顺序

1.6.1　顺序语句

顺序语句比较简单,也容易理解,按照从前到后、从上向下的顺序执行语句,这就是 Python 控制语句的最基本的方法。例如:

```
 In[45]: a = 2
         b = 3
         c = a+b
         c
Out[45]: 5
 In[46]: a = 2
         b = 3
         d = a-b
         d
Out[46]: -1
```

1.6.2　if 语句

从本节开始,我们将用到一个非常重要的词,即"关键字",if 就是一个"关键字"。为了方便学习者理解这些内容,先介绍一下什么是"关键字"。

关键字也叫作保留字,是 Python 语言中一些已经被赋予特定意义的单词。这就要求开发者在开发程序时,不能用这些保留字作为标识符给变量、函数、类、模板以及其他对象命名。Python 共有 35 个"关键字"。我们可以通过以下方式获得:

```
In[47]: import keyword          # 导入关键字模块
        print(keyword.kwlist) # 查看所有关键字
Out[47]:
        ['False', 'None', 'True', 'and', 'as', 'assert', 'async', 'await', 'break',
        'class', 'continue', 'def', 'del', 'elif', 'else', 'except', 'finally', 'for',
        'from', 'global', 'if', 'import', 'in', 'is', 'lambda', 'nonlocal', 'not',
        'or', 'pass', 'raise', 'return', 'try', 'while', 'with', 'yield']
```

if 的条件结束标志是"："，"："后面就是满足条件后要执行的语句，这些语句仍然是按顺序执行的。"："后面可以换行开始，但要按照 Python 语句的习惯缩进 4 个空格。缩进是 Python 编程的显著特点，否则执行程序时会报缩进错误。

条件语句的开始以关键字 if 引导，根据实际需要可以有零到多个 elif 部分，else(else 也是关键字)是可选的。语句中的变量名要避免与关键字相同，语句才能正常执行。

关键字 elif 是"else if"的缩写，可以有效避免过深的缩进。if…elif…elif…用于替代其他语言中的 switch…case 语句。例如：

```
In[48]:x = int(input("please enter an integer: "))
       if x < 0:
           x = 0
           print("Navigative changed to zero")
       elif x == 0:
           print("Zero")
       elif x == 1:
           print("Single")
       else:
           print("More")
       please enter an integer: 55
       More
```

1.6.3 for 语句

Python 的 for 语句进行循环时依据任意序列(链表或字符串)中的子项，按它们在序列中的顺序来进行迭代。例如：

```
In[49]: s = 'Python'
       for x in s: # 按字符串 s 的每一个字符进行循环
           print(x)# 循环体是按顺序打印 s 中的每一个字符
       P
       y
       t
       h
       o
       n
```

```
In[50]: L = [1,2,3,4,5,6]
        for i in L:
            print(i) # 换行打印
        1
        2
        3
        4
        5
        6
In[51]: L = [1,2,3,4,5,6]
        for i in L:
            print(i,end = " ")  # 连续打印不换行
        1 2 3 4 5 6
In[52]: L = [1,2,3,4,5,6]
        for i in L:
            print("a",end = " ")  # 连续打印 a 不换行
        a a a a a a
In[53]: words = ['dog','door','mountain']
        for w in words:
            print(w,len(w)) # 同时打印列表元素及含字符个数
        dog 3
        door 4
        mountain 8
```

1.6.4 while 语句

while 语句是重要的循环语句之一，当 while 的条件为真(true)时，执行 while 循环，因此 while 是具有条件控制的循环。在 Python 中，当条件是数字时，任何非零数字都被认为是 true;0 被认为是 false。当判断条件是字符串、列表或任意序列时，所有长度不为零的都被认为是 true，空序列是 false。

标准的比较操作符有大于(>)、小于(<)、等于(==)、小于等于(<=)、大于等于(>=)和不等于(! =)。

和 if 条件一样，while 条件后面也要加":"。":"后面就是循环内容，我们一般把循环体部分放在下一行。注意，整个循环体都是缩进的形式。

Python 没有提供集成的行编辑功能，所以我们要为每一个缩进行输入 Tab 或空格。

再次提醒:Python 的缩进是 4 个空格，也可以用 Tab 缩进(为了避免某些情况下发生错误，建议不用)。

Jupyter Notebook 以及大多数文本编辑器在":"后回车会自动缩进 4 个空格，即提供自动

缩进。

在交互式录入复合语句时，必须在最后输入一个空行来标识结束，解释器会依据空行判断这是最后一行。需要注意的是，同一个语句块中的每一行必须缩进同样数量的空格。

下面我们以编写非常有名的斐波那契子序列程序为例说明如何使用 while 进行循环。

```
 In[53]: x, y = 0, 1 # 多项赋值,a 赋值 0,b 赋值 1,下同,不再解释
         while y < 1000:
             print(y,end = '') # 注意加 end = ''后会按行打印
             x, y = y, x + y
out[53]: 1 1 2 3 5 8 13 21 34 55 89 144 233 377 610 987
```

1.6.5　range()函数

在执行 Python 语句时，range()函数可以非常方便地生成链表，即它生成一个有序等差级数链表序列，但并不是列表。一个列表的每一个元素我们都能“看得到”，但是我们无法“看到”链表的每一个元素。使用 for 循环可以打印出一个链表。例如，range(5)可以生成一个从 0 开始的长度为 5、等差为 1 的链表，但不包含 5。

```
 In[54]: for i in range(5):
             print(i,end = '')
Out[54]: 0 1 2 3 4
```

可以借助于 list()将由 range()函数产生的链表转成列表。例如：

```
 In[55]: list(range(10))
Out[55]: [0, 1, 2, 3, 4, 5, 6, 7, 8, 9]
```

如果仅仅输入 range(10)，运行后得到是 range(0,10)，而不是如 Out[55]所示的完整列表。

链表的默认等差是 1，当然，我们也可以给出具体的起点和等差。例如：

```
 In[56]: list(range(1,10,2)) # range(起始值 1,终值 10,步长 2)
Out[56]: [1, 3, 5, 7, 9]
 In[57]: list(range(10,1,-2)) # range(起始值 10,终值 1,步长 -2)
Out[57]: [1, 3, 5, 7, 9]
```

我们可以使用函数 len()获得列表的长度，并借助于生成链表的函数 range()进行列表索引和对应列表元素同时获取。例如：

```
 In[58]: s = ['Bob', 'has', 'a', 'little','dog']
         for i in range(len(s)):
             print(i,s[i]) # i 是列表索引,s[i]是列表对应的元素
Out[58]: 0 Bob
         1 has
         2 a
         3 little
         4 dog
```

enumerate()函数可以同时打印产生列表的索引和元素。例如：

```
 In[59]:s = ['Bob','has','a','little','dog']
        for i,word in enumerate(s): # enumerate 同时得到 index 和列表元素
            print(i,word)
Out[59]: 0 Bob
         1 has
         2 a
         3 little
         4 dog
```

1.6.6 break 语句和 continue 语句

1. break 语句

break 语句可以跳出最近的一级 for 循环，并不终止程序。例如：

```
In[60]: for i in range(2,9):
        for j in range(2,i):
            if i % j == 0:
                print(i,"equals",j," * ",i/j)
                break # 注意跳出内层 for 循环，但不终止程序
        print('end')   # 程序最后一步打印'end'
        4 equals 2 * 2.0
        6 equals 2 * 3.0
        8 equals 2 * 4.0
        end
```

对于 In[60]这个例子，可以使用 break 语句与 else 语句找出给定范围内的所有素数，程序如下：

```
In[61]:for i in range(2,9):
            for j in range(2,i):
                if i % j == 0:
                    print(i,"equals",j," * ",i/j)
                    break #注意跳出的是内层 for，但不终止程序
            else:
                print(i,'是一个素数')
            print('end')   # 程序最后一步打印'end'
       2 是一个素数
       3 是一个素数
       4 equals 2 * 2.0
       5 是一个素数
       6 equals 2 * 3.0
       7 是一个素数
       8 equals 2 * 4.0
       end
```

break 语句可以跳出最近的一级 while 循环。例如：

```
In[62]: while i < 9:
            i -= 1 #即 i = i - 1
            print(i)
            if i == 2:
                break
        print('end')
        7
        6
        5
        4
        3
        2
        end
```

2. continue 语句

continue 语句表示继续执行下一次迭代。通过下面的例子可以看到 continue 与 break 的不同。

```
In[63]: for num in range(2,10):
            if num % 2 == 0:
                print("Found an even",num)
                continue
            print("Found an odd number",num)
        Found an even 2
        Found an odd number 3
        Found an even 4
        Found an odd number 5
        Found an even 6
        Found an odd number 7
        Found an even 8
        Found an odd number 9
```

如果不在 In[63]中使用关键词 continue,每一步都会打印最后一个 print("Found an odd number",num),读者可以尝试运行去掉关键词 continue 的程序,并进行结果对比。

最后,我们了解一下在循环语句中如何使用占位语句 pass,这种形式表示只是占位,其他什么也不做。例如:

```
In[64]:for i in range(10):
           pass
```

执行该程序后没有任何输出内容。pass 用于那些语法上必须要有语句,但程序什么也不做的情形。

1.7 Python 函数

本节思维导图

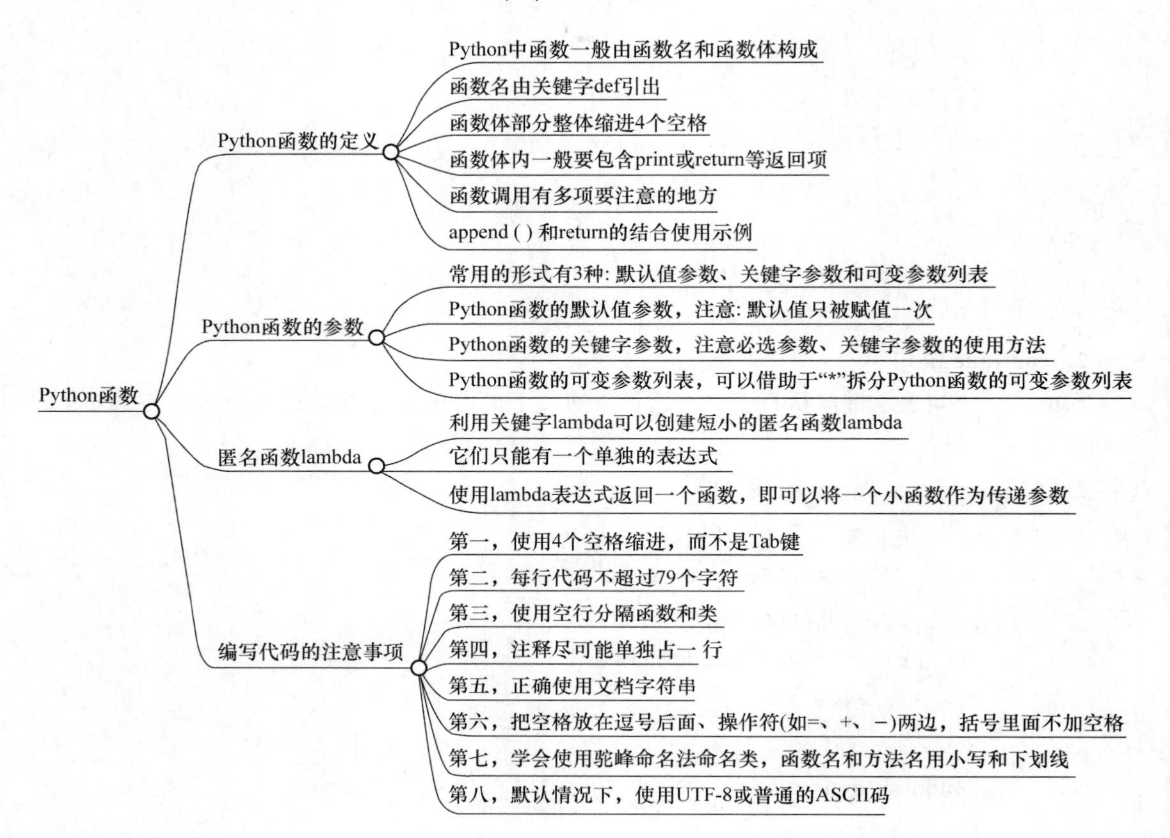

1.7.1 Python 函数的定义

Python 函数一般由函数名和函数体构成，函数名由关键字 def 引出，在空格后给出函数的名称，函数名称后带有圆括号，圆括号内包含参数。下面以斐波那契子序列为例，介绍借助于函数来实现任意项斐波那契子序列的打印。函数名称部分定义如下：

```
def fib(n):   # 写出 n 之前的斐波那契子序列，首先写出关键字，接着是空格，空格后
              # 是函数名 fib(n)，函数名称后是圆括号及参数 n，即要打印到 n 之前的
              # 所有斐波那契子序列的所有项，接下来就是函数体部分
    x, y = 0, 1  # 注意，函数体开始在函数名＋冒号回车后空 4 个格开始
    while x < n:
        print(x,end='') #注意，冒号回车后进一步 4 个空格开始，横向打印
        x, y = y, x + y # 多项赋值
```

函数定义完成后就可以调用函数，例如，直接调用 fib(100)，程序执行后结果如下：

```
fib(100):
0 1 1 2 3 5 8 13 21 34 55 89
fib(1000):
0 1 1 2 3 5 8 13 21 34 55 89 144 233 377 610 987
fib(2000):
0 1 1 2 3 5 8 13 21 34 55 89 144 233 377 610 987 1597
```

利用fib(n)函数可以方便地给出n之前的斐波那契各项，而不用重复同样的语句进行编程。

我们编写程序时，第一步是定义函数，写出函数名及函数体：

```
In[65]:def fib(n):
           x,y = 0,1 # 冒号后一行空4格,同时给x,y赋值
           while x < n:
               print(x,end = " ")
               # 增加end = " "横向打印,不换行,否则就进行换行打印
               x,y = y,x+y
```

第二步是调用fib(n)函数。例如：

```
In[66]: fib(100)
        0 1 1 2 3 5 8 13 21 34 55 89
In[67]: fib(1000)
        0 1 1 2 3 5 8 13 21 34 55 89 144 233 377 610 987
In[68]: fib(2000)
        0 1 1 2 3 5 8 13 21 34 55 89 144 233 377 610 987 1597
```

注意：(1)函数体内一般要包含print或return等返回项，以得到函数运行后的结果。没有return语句的函数会返回一个值None，这个值一般会被忽略。如果想看到这个结果，可以用print函数查看。例如，print(fib(0))结果是None。

(2)对于函数体的第一行，要注意缩进，还可以增加注释，用来说明函数要完成的任务。这是一个良好的习惯，方便自己或别人以后正确使用该程序。当然对于简单的函数来说，也可以省略这些注释。

(3)函数调用是编写函数的重要目的。在调用函数时，函数会为局部变量生成一个新的符号表，即所有函数中的变量赋值都是将值存储在局部符号表。变量查找按照一定的顺序进行：首先是在局部符号表中查找，其次是包含函数的局部符号表，再次是全局符号表，最后是内置名字表。全局变量可以在函数中被引用，也可以在函数中借助global语句命名进行赋值，否则会报错。这部分内容读者可以参考有关作用域的内容，本书不再赘述。

(4)函数引用的实际参数在函数调用时会被引入局部符号表，因此，实参总是作为一个对象引用，即传值调用，而不是该对象的值。一个函数被另一个函数调用时，一个新的局部符号表在调用过程中被创建。一个函数定义会在当前符号表内引入函数名。

前面的例子fib(100)中的100就是函数调用的实际参数，函数fib(n)中的n就是形式参数。

(5) Python 通过重命名机制也可以调用已有的函数。例如:

```
fib #已经定义过的函数
<function fib at 10042ed0>
f = fib # 给 fib 重新命名为 f
f(100)   # f(100)与 fib(100)运行效果相同
0 1 1 2 3 5 8 13 21 34 55 89
```

具体输入及输出形式如下:

```
 In[69]:fib
Out[69]:<function __main__.fib(n)>
 In[70]:f = fib
        f(100)
Out[70]: 0 1 1 2 3 5 8 13 21 34 55 89
```

可见,f(100)与 fib(100)结果相同。

(6) 我们在学习列表时学过列表的一个重要方法 append(),append()可以在列表的最后增加一个元素,我们可以借助于 append()得到 n 之前的斐波那契子序列并放在列表中,使用 return 返回该函数值,而不是简单地打印链表。

```
 In[71]:def fib2(n):#写出 n 项之前的斐波那契数列每一项,并放在列表中
            result = []
            a,b = 0,1
            while a < n:
                a,b = b,a+b
                result.append(a)
            return result
 In[72]: fib2(100) # 查看 n=100 的函数运行结果
Out[72]: [1, 1, 2, 3, 5, 8, 13, 21, 34, 55, 89, 144]
```

(7) 前面使用了列表的 append()方法,一般的方法是指什么呢?方法是一个"属于"某个对象的函数,它被命名为 obj. methodename,这里的 obj 是某个对象,methodename 是某个在该对象类型定义中的方法的命名。不同类型的对象定义不同的方法。不同类型的对象可能有同样名字的方法,但不会混淆。例如,(6)中示例的列表方法即 result. append()仅允许一个一个地添加元素,添加多个会报错。

```
In[72]: fib2(100).append(144,233)
        ypeError                              Traceback (most recent call last)
        <iPython-input-118-674b08726eed> in <module>
        ---->1 fib2(100).append(144,233)
        TypeError: append() takes exactly one argument (2 given)
```

对象的方法与属性非常相似，但对象的属性可以是一个具体值且不带小括号，这里不再详述。

1.7.2 Python函数的参数

在斐波那契子序列函数fib(*n*)中，我们称*n*是Python函数的参数。事实上，Python函数可以带有一个或多个这样的参数。常用的形式有3种：默认值参数、关键字参数和可变参数列表。

1. Python函数的默认值参数

Python函数的默认值参数常常在参数较少的时候使用，最常用的一种形式是为一个或多个参数指定默认值。如果调用Python函数没有重新给出参数，Python函数就按默认值进行运算，这样就可以使用比定义时允许的参数更少的参数调用的函数。例如：

```
 In[73]: def P_value(name,alpha = 0.05,n = 2,m = 3):#3种常用上分位数
             from scipy.stats import norm,t,f
             if name == 'norm':
                 return norm.isf(alpha)
             elif name == 't':
                 return t.isf(alpha,n)
             elif name == 'f':
                 return f.isf(alpha,n,m)
 In[74]: P_value('norm') #概率0.05的标准正态上分位数
Out[74]: 1.6448536269514729
 In[75]: P_value('norm',alpha = 0.025)#用alpha新值代替默认的0.05
Out[75]: 1.959963984540054
 In[76]: P_value('t',n = 8)#自由度为8的概率为alpha = 0.05的上分位数
Out[76]: 1.8595480375228428
 In[77]: P_value('t',alpha = 0.025,n = 8)
           #自由度为8的概率为alpha = 0.025的上分位数
Out[77]: 2.306004135033371
 In[78]: P_value('f',n = 5,m = 7)
           #自由度为(5,7)的概率为0.05的F上分位数
Out[78]: 3.9715231506113415
```

从运行结果可以看出，name是必须的参数，默认值参数可以重新赋值，如果没有重新赋值，就会按默认值给出计算结果，这样复杂的查找分布上分位数就可以使用简单的函数非常容易地进行调用。

注意：默认值只被赋值一次，在被定义的函数作用域被解析。例如：

```
In[79]: a = 3
        def func(arg = a):
        #函数默认值参数只赋值一次,以后不给新值就可以省略
            print(arg)
        a = 8
        func()
Out[79]: 3
```

从程序运行结果可以看出,输出结果仍是第一次的赋值。

实践中我们会遇到这样的问题:当默认值是可变对象(如列表、字典或者大多数类的实例)时会有所不同。这时 Python 函数在后续调用过程中会累积(前面)传给它的参数。例如:

```
In[80]: def f(a,L = []):
            L.append(a)
            return L
        print(f('a'))
        print(f('b'))
        print(f('c'))
        ['a']
        ['a','b']
        ['a','b','c']
```

这和想要的结果(例如,输入字符'c',得出['c'])有差异。我们稍做变化就可以解决这些问题,例如,在函数名称中参数 L 不是可变的列表形式,而是默认为 None,经过判断知"L==None"后,设置"L=[]"再添加元素,就可以得到不包含前面元素的结果。

```
In[81]: def f(a,L = None):
            if L == None:
                L = []
                L.append(a)
            return L
        print(f('a'))
        print(f('b'))
        print(f('c'))
        ['a']
        ['b']
        ['c']
```

2. Python 函数的关键字参数

在 Python 函数中,关键字参数也非常重要,什么是关键字参数?如果 P_value(name, alpha = 0.05, n = 2, m =3)函数中的参数 alpha、n、m 的表达形式都是 keywords = value,那么 alpha、n、m 就是 Python 函数的关键字参数。我们通过下面的例子进一步理解 Python 函数的关键字参数。

```
In[82]: def parrot(voltage,state = 'a stiff',action = 'voom',type = 'Norwegian Blue'):
            print(" - - This parrot wouldn't",action,)
            print("if you put",voltage,"volts through it.")
            print(" - - Lovely plumage, the ",type)
            print(" - - It's",state,"!")
```

其中,voltage 是必选参数,state、action、type 是可选参数,如果不提供,则默认已经给出的值。以下几种调用是合理的(注意理解注释语)。

```
In[83]: parrot(1000)                        #1 个位置参数
         parrot(voltage = 1000)              # 1 个必选参数以关键字参数形式给出
         parrot(voltage = 1000000,action = 'VOOOOM')# 2 个关键字参数
         parrot(action = 'VOOOOM',voltage = 1000000)
              #2 个关键字参数,改变位置
         parrot('a million', 'bereft of life ','jump')   #3 个位置参数
         parrot('a thousand',state = 'pushing up the daisies')
              # 1 个位置参数,1 个关键字参数
         --This parrot wouldn't voom
         if you put 1000 volts through it.
         --Lovely plumage, the Norwegian Blue
         --It's a stiff !
         --This parrot wouldn't voom
         if you put 1000 volts through it.
         --Lovely plumage, the Norwegian Blue
         --It's a stiff !
         --This parrot wouldn't VOOOOM
         if you put 1000000 volts through it.
         --Lovely plumage, the Norwegian Blue
         --It's a stiff!
         --This parrot wouldn't VOOOOM
         if you put 1000000 volts through it.
         --Lovely plumage, the Norwegian Blue
         --It's a stiff !
         --This parrot wouldn't jump
         if you put a million volts through it.
         --Lovely plumage, the Norwegian Blue
         --It's bereft of life!
         --This parrot wouldn't voom
         if you put a thousand volts through it.
         --Lovely plumage, the Norwegian Blue
         --It's pushing up the daisies !
```

注意:缺少必选参数、关键字参数后面有非关键字参数、给一个参数重复赋值、出现了定义中没有的关键字参数都会产生无效调用。例如:

```
In[84]: parrot(voltage = 5.0,'dead')  # 关键字参数后面有非关键字参数
        --------------------------------------------------------
        File"< iPython - input - 143 - 850fe9a0c2e7 >", line 1
        parrot(voltage = 5.0,'dead')
        SyntaxError: positional argument follows keyword argument

In[85]: parrot() # 缺少必选参数
        --------------------------------------------------------
        TypeError                              Traceback (most recent call last)
        < iPython-input-144-1fa32faf15ff > in < module >
        ----> 1 parrot()
        TypeError: parrot() missing 1 required positional argument: 'voltage'

In[86]: parrot(110,voltage = 220) # 给一个参数重复赋值
        --------------------------------------------------------
        TypeError                              Traceback (most recent call last)
        < iPython-input-145-26565eb3bf48 > in < module >
        ----> 1 parrot(110,voltage = 220)
        TypeError: parrot() got multiple values for argument 'voltage'

In[87]: parrot(actor = 'John Cleese') # 出现了未定义的参数
        --------------------------------------------------------
        TypeError                              Traceback (most recent call last)
        < iPython-input-146-738094f0ea28 > in < module >
        ----> 1 parrot(actor = 'John Cleese')
        TypeError: parrot() got an unexpected keyword argument 'actor'
```

特别强调:在函数调用中,关键字的参数必须跟在位置参数的后面。

3. Python 函数的可变参数列表

Python 函数还可以调用可变个数的参数,这些参数被封装在一个元组中,这个元组还可以以序列或列表的形式出现,一般记作 * args,放在零到多个普通参数之后。例如:

```
def write_multiple_items(file, separator, * args):
    file.write(separator.join(args))
```

提示:如果传递的参数已经是一个列表,但要调用的函数却接受一个个分开的参数值,则可以借助于"*"拆分 Python 函数的可变参数列表。例如,Python 内置函数 range()至少需要两个参数 start、stop,我们可以借助于"*"拆分如下:

```
In[88]: args = [2,8]
        list(range(*args))
Out[88]: [2, 3, 4, 5, 6, 7]
```

还可以进一步给出步长参数 step 的值。例如：

```
In[89]: args = [2,8,2]
        list(range(*args)) # 注意输出结果不是[2,8,2],最后的 2 是步长
Out[89]: [2, 4, 6]
```

1.7.3　匿名函数 lambda

我们可以利用关键字 lambda 创建短小的匿名函数 lambda。例如：

```
In[90]: f = lambda x,y: x + y
        f(2,3)
Out[90]: 5
In[91]: f = lambda x,y: x - y
        f(2,3)
Out[91]: -1
In[92]: f = lambda x,y: x * y
        f(2,3)
Out[92]: 6
In[93]: f = lambda x,y: x/y
        f(2,3)
Out[93]: 0.6666666666666666
```

这个函数返回的是加、减、乘、除运算结果，当然 lambda 形式可以用在多种函数对象中。由于语法的限制，它们只能有一个单独的表达式。

对于嵌套函数定义，lambda 形式需要从外部作用域引用变量，使用 lambda 表达式返回一个函数。例如：

```
In[94]: def make_multiple(n): # 将变量扩大 n 倍
            return lambda x: n * x
        f = make_multiple(3)
In[95]: f(0)
Out[95]: 0
In[96]: f(1)
Out[96]: 3
In[97]: f(6)
Out[97]: 18
```

lambda 还可以将一个小函数作为传递参数。例如：

```
In[98]: kinds = [(1,'green'),(2,'blue'),(3,'white'),(4,'yellow')]
        kinds.sort(key = lambda kind: kind[1])
        kinds
Out[98]: [(2, 'blue'), (1, 'green'), (3, 'white'), (4, 'yellow')]
```

1.7.4 编写程序的注意事项

怎样才能使程序更加具有可读性？答案是养成良好的编写代码的习惯和风格。这要求我们在使用 Python 编写程序时注意以下几点。

第一，使用 4 个空格缩进，而不是用 Tab 键，因为 Tab 键容易引起混乱，最好不用。

第二，每行代码不要过多，一般不超过 79 个字符。

第三，使用空行分隔函数和类，使用空行分隔函数中的大块代码是一个比较好的习惯。

第四，注释要尽可能单独占一行。

第五，正确使用文档字符串。

第六，把空格放在逗号后面或操作符(如=、+、-)两边，括号里面不加空格。

第七，学会使用驼峰命名法命名类，函数名和方法名用小写和下划线，类中函数用 self 作为第一个参数。函数名和类名要统一。

第八，默认情况下，使用 UTF-8 或普通的 ASCII 码，不使用非国际化的编码，以及非 ASCII 字符的标识符。

1.8 数据结构浅析

列表的思维导图

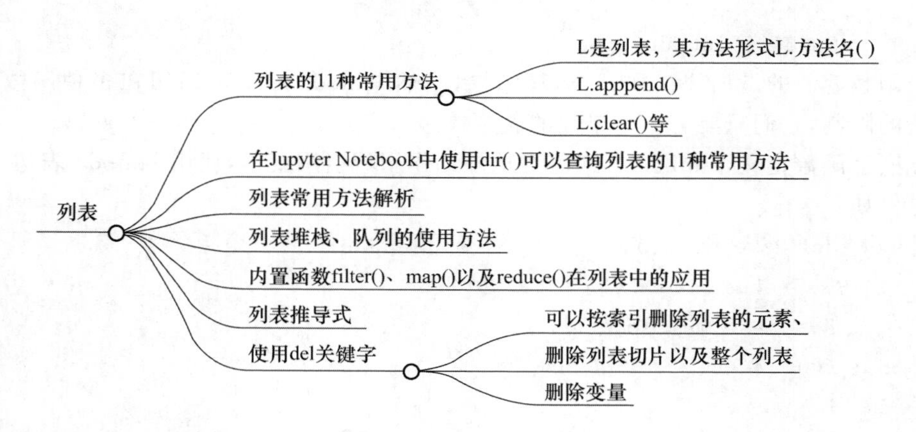

1.8.1 列表的 11 种常用方法

在 Jupyter Notebook 中给出一个简单列表，如 L=[1,2,3]，使用 dir(L)可以查询到列表的 11 种常用方法，即'append'、'clear'、'copy'、'count'、'extend'、'index'、'insert'、'pop'、'remove'、'reverse'、'sort'。其使用形式分别为 L. append()、L. clear()、L. copy()、L. count()、L. extend()、L. index()、L. insert()、L. pop()、L. remove()、L. reverse()、L. sort()。

例如：

```
In[99]:L = [1,2,3]
       print(dir(L),end = " ") #打印列表中初始化及常用的方法
       ['__add__','__class__','__contains__','__delattr__','__delitem__','__dir__',
       '__doc__', '__eq__', '__format__', '__ge__', '__getattribute__',
       '__getitem__','__gt__','__hash__','__iadd__','__imul__','__init__',
       '__init_subclass__','__iter__','__le__','__len__','__lt__','__mul__',
       '__ne__','__new__','__reduce__','__reduce_ex__','__repr__','__reversed__',
       '__rmul__', '__setattr__', '__setitem__', '__sizeof__', '__str__',
       '__subclasshook__','append', 'clear', 'copy', 'count', 'extend', 'index',
       'insert', 'pop', 'remove', 'reverse', 'sort']
```

1.8.2 列表常用方法解析

列表的 11 种常用方法具体含义如下。

- L.append(x):把一个元素添加到列表的结尾,即 L[len(L):] = [x]。
- L.copy():得到 L 列表的一个副本,即得到一个与 L 包含元素相同的列表,L 本身没有变。
- L.count(x):返回 x 在列表中的个数。
- L.extend(L1):把 L1 列表的所有元素添加到 L,即 L[len(L):] = L1。
- L.index(x):x 在 L 中的索引编号,如果没有这个元素,就会返回一个错误。
- L.insert(i, x):在指定位置插入一个元素。第一个参数是准备插到其前面的那个元素的索引。例如,a.insert(0,x)会插到整个列表 a 之前,而 a.insert(len(a),x)相当于 a.append(x)。
- L.pop():如果没有指定索引,就会把 L 的最后一个元素弹出来。例如,L=[1,2,3], L.pop()=3,L 减少了 3 这个元素,此时 L = [1,2]。如果指定索引,即 L.pop(i),就会弹出 L 中该索引的元素,列表删除该元素,并将该元素返回来。例如,L=[1,2,3], L.pop(1)=2。如果没有该索引,就会抛出一个错误。
- L.remove(x):删除列表中值为 x 的第一个元素。如果没有这样的元素,就会返回一个错误。
- L.reverse():逆序排列 L 中的所有元素。例如,L = [1,2,3],L.reverse()=[3,2,1],即 L 就变为[3,2,1]。
- L.sort(cmp=None,key=None,reverse=False):有 3 个关键字选择,默认是正序排列,如果是字符或字典也可以选择 key 等。
- L.clear():清空 L 列表包含的所有元素,得到一个空列表,即 L = []。

注意:在 Python 中,对于所有可变的数据类型,这是统一的设计原则,像 insert、remove 或 sort 这些修改列表的方法没有打印返回值,它们返回 None,一般不打印。

编程举例如下:

```
 In[100]: L = [1,2,3,11,12,13,21,18]
          L.append(35)
          L
Out[100]: [1, 2, 3, 11, 12, 13, 21, 18, 35]
```

```
In[101]: L1 = L.copy()
         L1
Out[101]: [1, 2, 3, 11, 12, 13, 21, 18, 35]
In[102]: print(L.count(18),L.count(100))
Out[102]: 1 0
In[103]: L2 = [5,4,6]
         L.extend(L2)
         L
Out[103]: [1, 2, 3, 11, 12, 13, 21, 18, 35, 5, 4, 6]
In[104]: print(L.index(35))
Out[104]: 8
In[105]: L.insert(7,100)
         L
Out[105]: [1, 2, 3, 11, 12, 13, 21, 100,18, 35, 5, 4, 6]
In[106]: print(L.pop(),L.pop(3))
Out[106]: 6 11
In[107]: L.remove(5)
         L
Out[107]: [1, 2, 3, 12, 13, 21, 100, 18, 35, 4]
In[108]: L.reverse()
         L
Out[108]: [4, 35, 18, 100, 21, 13, 12, 3, 2, 1]
In[109]: L.sort()
         L
Out[109]: [1, 2, 3, 4, 12, 13, 18, 21, 35, 100]
In[110]: L.sort(reverse = True)
         L
Out[110]: [100, 35, 21, 18, 13, 12, 4, 3, 2, 1]
In[111]: L.clear()
         L
Out[111]: []
```

1.8.3 列表堆栈、队列的使用方法

堆栈数据结构遵循先进后出的方法，即最先进入的元素最后一个被释放。用 append()方法可以把一个元素添加到堆栈顶，用不指定索引的 pop()方法可以把一个元素从堆栈顶释放出来，append()方法和 pop()方法结合实现了列表的堆栈，即列表也可以作为堆栈使用。例如：

```
In[112]: stack = ['a','b','c']
         stack.append('d')
         stack
```

```
Out[112]: ['a', 'b', 'c', 'd']
 In[113]: stack.pop()
Out[113]: 'd'
```

队列也是一种特定的数据结构，队列和堆栈的不同之处是队列遵循先进先出的原则。为了提高效率，在实现列表的队列结构时可以调用 collections.deque，它是为队列在首尾两端快速插入和删除而设计的。例如：

```
 In[114]: from collections import deque # 调用 deque 模块
          queue = deque(['c','c','e'])
          queue.append('f')
          queue
Out[114]: deque(['c', 'c', 'e', 'f'])
 In[115]: queue.popleft() # 弹出并返回序列最左边的元素
Out[115]: 'c'
```

注意：queue.popleft()与 L.pop()的用法区别，queue.popleft()弹出并返回序列最左边的元素，L.pop()弹出并返回最右边的元素。

1.8.4 内置函数 filter()、map()以及 reduce()在列表中的应用

1. filter()

filter()函数有两个参数，第一参数是一个函数，第二参数是一个列表或更一般的序列，返回一个序列，具体使用形式如下：

```
filter(function,sequence)
```

返回一个序列(sequence)，包括给定序列中所有调用 function(item)后返回值为 true 的元素(如果可能的话，就会返回相同的类型)。

如果该序列是一个 str、unicode 或者 tuple，则返回值必定是同一类型；否则，它总是列表。例如，以下程序可以判断哪些是偶数，可以得到一个偶数序列：

```
 In[116]: def is_even(x): # 判断是否是偶数的函数
              return x % 2 == 0 # x 除以 2 余数是 0 返回 x
          print(list(filter(is_even,range(1,13))))
Out[116]: [2, 4, 6, 8, 10, 12]
```

2. map()

Python 内置函数 map()与 filter()函数的使用方法相似，具体分析如下。

map(function,sequence)为每一个元素依次调用 function(item)，并将返回值组成一个列表返回。例如，用以下程序计算平方：

```
 In[117]: def Squares(x):
              return x * * 2
          list(map(Squares,range(1,7)))
Out[117]: [1, 4, 9, 16, 25, 36]
```

map 也可以处理传入的多个序列，函数必须要有对应数量的参数，如果序列的长度不同，以长度短的为准，执行时会依次用各序列上对应的元素来调用函数。例如：

```
 In[118]: def multiplication(x,y):
               return x * y # 返回 x 与 y 的乘积
          seq1 = [1,3,5,7]
          seq2 = [2,4,6,8] # seq1 与 seq2 长度相等
          list(map(multiplication,seq1,seq2))
Out[118]: [2, 12, 30, 56]
 In[119]: def multiplication(x,y):
              return x * y
              seq1 = [1,3,5,7]
              seq2 = [2,4,6] # seq1 与 seq2 长度不等，以短的为基准
              list(map(multiplication,seq1,seq2))
Out[119]: [2, 12, 30]
```

3. reduce()

和 filter 及 map 函数的返回序列不同，reduce(function,sequence)返回一个单值，它是这样构造的：先以序列的前两个元素调用函数 function，再以返回值和第三个参数调用，依此类推，执行下去。

(1) 在 Python 中 tuple、list、dictionary、string 以及其他可迭代对象作为参数 sequence 的值。reduce 有 3 个参数：function、sequence 和 initial，其中前两个参数是必需的，第三个参数是可选项。例如，计算数字 1 到 100 之和。

```
 In[120]: def add(x,y):
               return x + y
          from functools import reduce #Python 调用 reduce 模块
          reduce(add,range(1,101)) # 计算数字 1 到 100 之和
Out[120]:5050
```

(2) 如果序列中只有一个元素，就返回它；如果序列是空的，就抛出一个异常。

1.8.5 列表推导式

列表推导式是通过序列创建列表的简明有效的方法，可以将满足某些条件的元素组成子序列，也可以将序列的元素通过函数或表达式返回值组成列表。例如，可以像如下 3 种方式创建一个立方列表，其中第一种方式就是列表推导式。

```
 In[121]: def cubes(x):
               return x * * 3
          [cubes(x) for x in range(1,9)]
Out[121]: [1, 8, 27, 64, 125, 216, 343, 512]
 In[122]: list(map(lambda x:x * * 3,range(1,9)))
Out[122]: [1, 8, 27, 64, 125, 216, 343, 512]
```

```
In[123]: cubes = []
         for i in range(1,9):
             cubes.append(i * * 3)
         cubes
Out[123]: [1, 8, 27, 64, 125, 216, 343, 512]
```

注意:列表推导式由包含一个表达式的括号组成,表达式后面跟随一个 for 子句,之后可以有零或多个 for 子句或 if 子句。结果是一个列表,由表达式依据其后面的 for 子句和 if 子句上下文计算而来的结果构成。

例如,产生不同元素的组合:

```
In[124]: print([(a,b) for a in [1,2,3,5] for b in
         [2,3,4,5] if a ! = b],end = " ")
Out[124]: [(1, 2), (1, 3), (1, 4), (1, 5), (2, 3), (2, 4), (2, 5), (3, 2), (3, 4),
         (3, 5), (5, 2), (5, 3), (5, 4)]
```

列表推导式还可以完成更复杂的表达式,这里不再举例。

注意:使用 del 关键字可以按索引删除列表的元素、列表切片以及整个列表,甚至是变量。例如:

```
In[125]: L = [1,2,5,8,10,7]
         L
Out[125]: [1,2,5,8,10,7]
In[126]: del L[3] # 删除索引是 3 的元素
         L
Out[126]: [1, 2, 5, 10, 7]
In[127]: del L[1:2] # 删除切片,实际上该切片只有元素 2
         L
Out[127]: [1, 5, 10, 7]
In[128]: del L[:] # 删除所有的列表元素
         L
Out[128]:[]
In[129]: del L # 删除不存在列表会报错
         L
         NameError                          Traceback (most recent call last)
         < iPython-input-56-3d34887b5ede > in < module >
               1 del L
         ----> 2 L
         NameError: name 'L' is not defined
```

1.8.6 元组

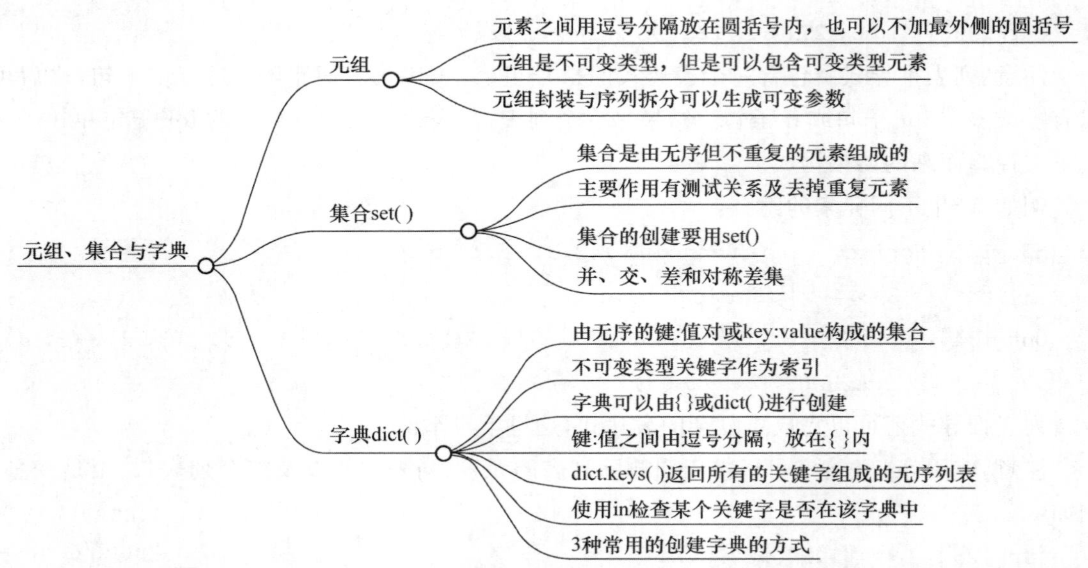

我们知道，字符串、列表是标准的序列类型，这些序列类型可以进行索引、切片。元组也是一种重要的标准序列类型，它由逗号分隔的值组成，最外两侧可以加圆括号，也可以不加。例如：

```
 In[130]: t = 1,2,3,'a' # 外面也可以加圆括号
          t[0]
Out[130]: 1
 In[131]: t
Out[131]: (1, 2, 3, 'a')
 In[132]: L = [1,2,3]
          T = t,L
          T
Out[132]: ((1, 2, 3, 'a'), [1, 2, 3])
 In[133]: T[0]
Out[133]: (1, 2, 3, 'a')
 In[134]: T[1]
Out[134]: [1, 2, 3]
 In[135]: T[2] #不存在的索引会报错
          IndexError                           Traceback (most recent call last)
          <iPython-input-63-cc29bd116d45> in <module>
          ----> 1 T[2]
          IndexError: tuple index out of range
```

元组是不可变类型，但可以包含可变类型元素，如上面例子中的 T[1]=[1,2,3]就是可变类型。

注意：(1)即使元组只含一个元素，也要使用逗号。例如：

```
 In[136]: t = 'a',
          t
Out[136]: ('a',)
 In[137]: len(t)
Out[137]: 1
```

(2) 元组封装与序列拆分可以生成可变参数。

```
 In[138]: t = 0,1 #元组封装
          t
Out[138]:( 0,1)
 In[139]: t1,t2 = t #序列拆分
          t1
Out[139]: 0
 In[140]: t2
Out[140]: 1
 In[141]: t1,t2
Out[141]: (0,1)
```

可以利用元组进行方便地封装与拆分，正确的拆分方式是左边的变量个数等于右边序列的长度。

1.8.7 集合 set()

Python 中还有一类简单的数据结构是集合，它由无序但不重复的元素组成，这些元素放在{}内，元素之间用逗号分隔。集合的主要作用有测试关系及去掉重复元素。

我们用 set()创建集合，不能用{}创建集合，{}用来创建字典类数据 dict。

集合还可以进行求并、交、差和对称差集等数学运算。例如：

```
 In[142]: alphabet_frame = ['a','b','c','d','a','c','m','b','d']
          alphabet = set(alphabet_frame)
          alphabet
Out[142]: {'a', 'b', 'c', 'd', 'm'}
 In[143]: 'c' in alphabet
          #使用 in 判断元素是否在某个集合中，如果在返回 True，否则返回 False
Out[143]: True
 In[144]: 'x' in alphabet
Out[144]: False
 In[145]: A = set('abcdefabcmlaefdn')
          A
Out[145]: {'a', 'b', 'c', 'd', 'e', 'f', 'l', 'm', 'n'}
 In[146]: B = set('ablmndekj')
          B
Out[146]: {'a', 'b', 'd', 'e', 'j', 'k', 'l', 'm', 'n'}
```

```
 In[147]: A - B # 差集
Out[147]: {'c', 'f'}
 In[148]: A|B # 并集
Out[148]: {'a', 'b', 'c', 'd', 'e', 'f', 'j', 'k', 'l', 'm', 'n'}
 In[149]: A&B # 交集
Out[149]: {'a', 'b', 'd', 'e', 'l', 'm', 'n'}
 In[150]: A^B # 对称集
Out[150]: {'c', 'f', 'j', 'k'}
```

集合和列表一样也可以使用列表推导式的形式。例如：

```
 In[151]: C = {x for x in 'abracadabra' if x not in 'abc'}
          C
Out[151]: {'d', 'r'}
```

使用集合可以快速去掉重复元素，但因为集合是无序元素，所以不能进行索引获取。

1.8.8 字典 dict()

字典是非常有用的内建数据类型，但是它与序列以连续整数作为索引不同，字典通常以字符串或数字等不可变类型关键字作为索引。如果直接或间接地包含了可变类型，就不能作为字典的关键字。例如，列表就不能作为关键字，因为列表是可变类型，可以索引、切片、增加等。

1. 字典的创建

字典可以由{}或 dict()进行创建。

2. 字典的构成

可以认为字典是由无序的键：值对或 key：value 构成的集合，在同一个字典内键必须不同，每一对键：值之间由逗号分隔，放在{}内。

3. 字典的使用方法及应用

可以使用 dict.keys()获得所有的由关键字组成的无序列表，还可以使用 in 检查某个关键字是否在该字典中。下面，我们通过例子来学习字典元素的添加和删除。

```
 In[152]: code_k = {'cat':1001,'dog':1002,'fish':1003}
          code_k['apple'] = 1004 # 字典元素的添加
          code_k
Out[152]: {'cat': 1001, 'dog': 1002, 'fish': 1003, 'apple': 1004}
 In[153]: del code_k['fish']
                        # 字典元素的删除，即删除键就是删除掉字典中包含该键的元素
          code_k
Out[153]: {'cat': 1001, 'dog': 1002, 'apple': 1004}
 In[154]: 'cat' in code_k # 使用 in 检查元素是否在该字典中
```

```
Out[154]: True
 In[155]: code_k.keys() # 得到所有元素无序键的列表
Out[155]: dict_keys(['cat', 'dog', 'apple'])
 In[156]: sorted(code_k.keys()) # 键排序
Out[156]: ['apple', 'cat', 'dog']
```

3 种常用的创建字典的方式有 dict 利用成对集合创建字典、利用列表推导式创建字典、dict 利用赋值形式创建字典。

```
 In[157]: dict([('cat', 1001), ('dog', 1002), ('fish', 1003), ('apple',1004)])
          #dict 利用成对集合创建字典
Out[157]: {'cat': 1001, 'dog': 1002, 'fish': 1003, 'apple': 1004}
 In[158]: {a:a * * 2 for a in (1,2,3)} # 利用列表推导式创建字典
Out[158]: {1: 1, 2: 4, 3: 9}
 In[159]: dict(cat = 1001,dog = 1002,fish = 1003)
          #dict 利用赋值形式创建字典
Out[159]: {'cat': 1001, 'dog': 1002, 'fish': 1003}
```

注意:字典中字符串、数字、元组等不可变类型可以作为键,可变类型不能作为键。字典也可以按键进行索引获得该键对应的值,这里不再举例。

1.8.9　与 for 循环相关的重要函数及其应用

本节思维导图

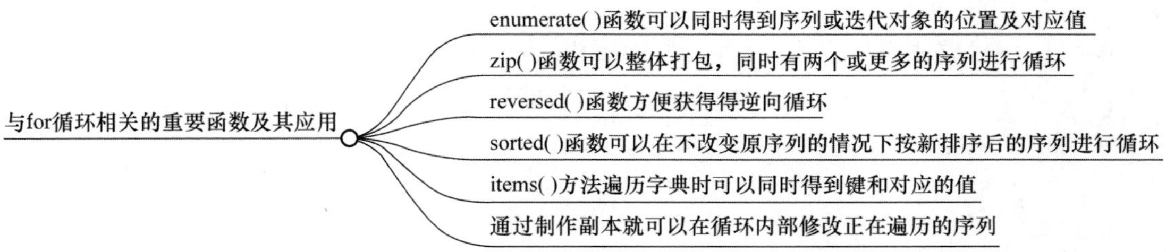

与for循环相关的重要函数及其应用
- enumerate( )函数可以同时得到序列或迭代对象的位置及对应值
- zip( )函数可以整体打包，同时有两个或更多的序列进行循环
- reversed( )函数方便获得得逆向循环
- sorted( )函数可以在不改变原序列的情况下按新排序后的序列进行循环
- items( )方法遍历字典时可以同时得到键和对应的值
- 通过制作副本就可以在循环内部修改正在遍历的序列

在 Python 中,有几个特别重要的、在 for 循环中应用广泛的函数,这些函数有 enumerate()、zip()、reversed()、sorted()、items(),下面我们分别学习这些函数的应用方法。

(1) 在序列中循环时使用 enumerate()函数,既可以得到索引位置,又可以得到对应值,即 enumerate()函数可以同时得到序列或迭代对象的位置及对应值,这就是 enumerate()函数的重要作用。

```
In[160]: for i,v in enumerate(['cap','cat','cup']):
             print(i,v)
         0 cap
         1 cat
         2 cup
```

(2) zip()函数可以整体打包,同时有两个或更多的序列进行循环。

```
In[161]: three_colors = ['black','blue','green']
         Encodes = ['#000000','#0000FF','#008000']
         for col,enc in zip(three_colors,Encodes):
             print("what encode is {0} color? {0} color'encode is {1}.".format
             (col,enc))
         what encode is black color? black color'encode is #000000.
         what encode is blue color? blue color'encode is #0000FF.
         what encode is green color? green color'encode is #008000.
```

(3) reversed()函数在逆向循环时使用非常方便。例如:

```
In[162]: for i in reversed(range(5,10)):
             print(i, end = " ")
Out[162]: 9 8 7 6 5
```

(4) sorted()函数可以在不改变原序列的情况下按新排序后的序列进行循环。例如:

```
In[163]: cities = ['shanghai','beijing','shenzhen','guangzhou']
             for name in sorted(set(cities)):
                 print(name)
         beijing
         guangzhou
         shanghai
         shenzhen
```

(5) items()方法遍历字典时可以同时得到键和对应的值。例如:

```
In[164]: colors_encodes = {'black':'#000000','blue':'#0000FF','green':'#008000'}
         for k,v in colors_encodes.items():
             print(k,v)
         black #000000
         blue #0000FF
         green #008000
```

说明:由于在序列上循环不会隐式地创建副本,所以先制作副本,就可以在循环内部修改正在遍历的序列,如复制指定元素。例如:

```
In[165]: weights = [58,49,62,77]
         for x in weights[:]: # 创建了 weights 的副本 weights[:]并在循环中使用
             if x < 50:
                 weights.insert(0,x) # 插入 x 到 weights 的第一个位置
         weights
Out[165]: [49, 58, 49, 62, 77]
```

1.8.10　数值操作符、比较操作符以及逻辑操作符

本节思维导图

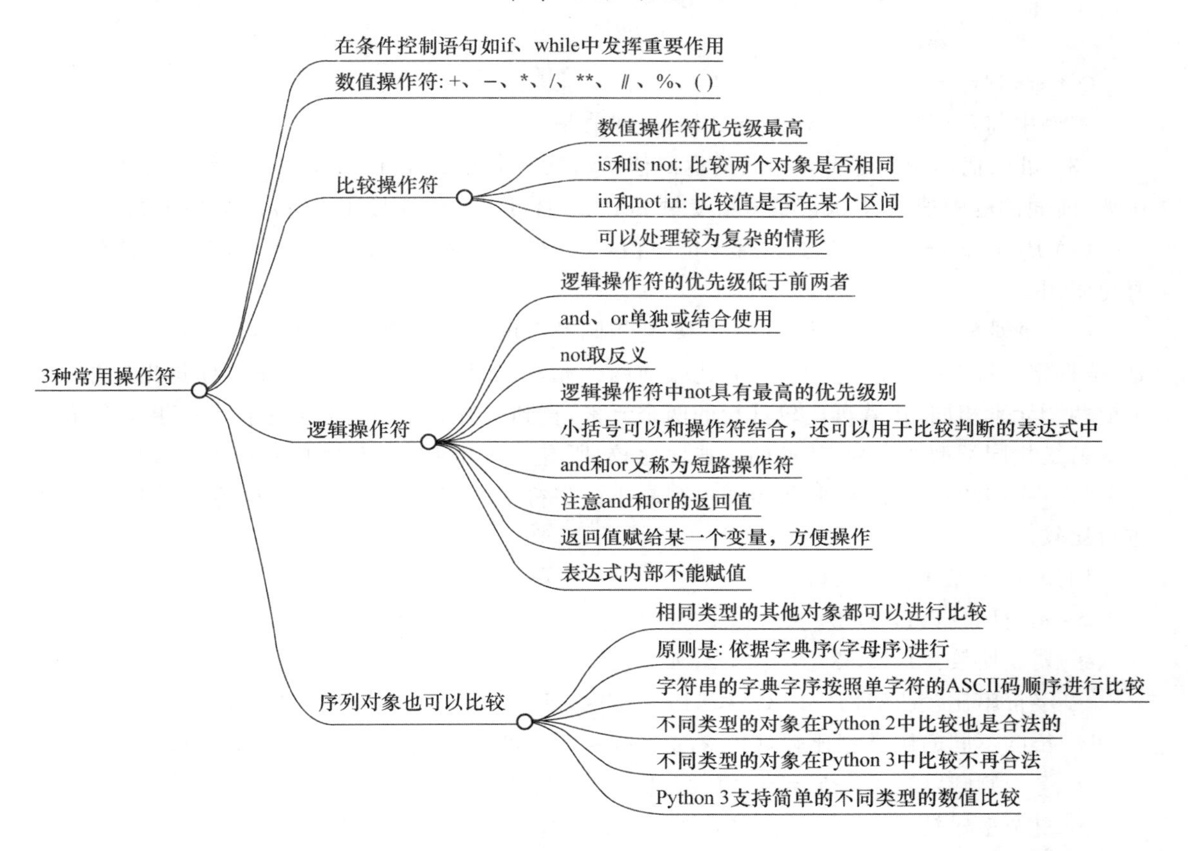

在 Python 中，按使用优先级从高到低的顺序依次是数值操作符、比较操作符、逻辑操作符，这些操作符在条件控制语句如 if、while 中发挥了重要作用。

数值操作符优先级最高，也最容易操作。我们使用操作符 is 和 is not 比较两个对象是否相同，用 in 和 not in 判断某个值、字符、对象是否在一个区间之内、字符串内、对象集内及序列内。

比较操作符是可以传递的，形如 a < b == c，可以用来判断 a 是否小于 b 同时再判断 b 是否等于 c 这种复杂关系。

逻辑操作符的优先级别低于前两者，既可以单独使用 and、or，也可以将二者结合起来使用，还可以进一步用 not 取反义。在逻辑操作符中，not 具有最高的优先级别。

小括号可以和操作符结合，也可以用于比较判断的表达式中。

逻辑式 A and not B or C 中 not 优先于 and，or 的优先级别最低，这个式子等价于(A and (not B)) or C。

注意：(1)and 和 or 的参数从左向右解析，一旦有结果就停止(因此 and 和 or 又称为短路操作符)。例如，如果 A、C 为真且 B 为假，那么 A and B and C 不解析 C 就已经可以得出为假的结果了。

(2) and 返回值通常是遵循都非空返回最后一个非空变量值或返回第一个空含义相同的值,or 返回值通常是第一个非空变量值或都为空的第一个含义为空的变量值。例如：

```
 In[166]: s1,s2,s3 = '',[],'dog'
          non_null = s1 or s2 or s3
          non_null
Out[166]: 'dog'
```

本例中前两项“'',[]”被认为空,因此返回值是 s3。

(3) 可以把比较或逻辑表达式的返回值赋给某一个变量,这样就能方便后续打印或使用。例如,前面例题中把结果'dog'赋值给变量 non_null,可以方便地打印出 non_null 的值。

(4) Python 程序在表达式内部不能赋值,一定要区分逻辑运算符 == 和赋值运算符 =,避免误用。

(5) 序列对象也可以进行比较,只要是相同类型的其他对象都可以进行比较。比较原则是:依据字典序(字母序)进行。首先比较前两个元素,如果不同就可以按字典序排出结果;如果前两个元素相同,接着再比较其后的两个元素,直到所有的序列都完成为止。如果两个元素本身就是相同类型的序列,就递归字典序比较,所有子项都相同才认为序列相等。如果一个序列是另一序列的初始子序列,较短的序列较小。字符串的字典序按照单字符的 ASCII 码顺序进行比较。

例如:以下结果都为真(true)。

- 元组比较:(1, 2, 3) < (1, 2, 4)。
- 列表比较:[1, 2, 3] < [1, 2, 4]。
- 字符串比较:'ABC' < 'C' < 'Pascal' < 'Python'。
- 长度不同的同类型比较:(1, 2, 3, 4) < (1, 2, 4);(1, 2) < (1, 2, −1)。
- 等于判断:(1, 2, 3) == (1.0, 2.0, 3.0)。
- 复杂型比较:(1, 2, ('aa', 'ab')) < (1, 2, ('abc', 'a'), 4)。

(6) 不同类型的对象在 Python 2 中比较也是合法的,但是结果不一定合理,类型仅仅按名称排序,并不强调其合理性。一般认为列表小于字符串,字符串小于元组。但这些在 Python 3 中不再合法,都会报错。例如：

```
In[167]: (1,2) < [1,2]
         TypeError                                Traceback (most recent call last)
         < iPython-input-100-e03b8ce60a36 > in < module >
         ----> 1 (1,2) < [1,2]
         TypeError:'<' not supported between instances of 'tuple' and 'list'
```

(7) Python 3 支持简单的不同类型的数值比较,如认为整型 2 和浮点型 2.0 是相同的,其他类推。例如：

```
 In[168]: 2 == 2.0
Out[168]: True
 In[169]: 0 == 0.0
Out[169]: True
```

习　题　1

1.1　简述 Python 的发展过程及应用领域。

1.2　简述 Anaconda 和 Jupyter Notebook 的安装过程。

1.3　Python 的数据类型及运算有哪些？

1.4　在 Python 中如何对变量赋值？如何比较大小？

1.5　字符串有哪些运用技巧？

1.6　在 Python 中有哪些控制语句？对每种语句做简单介绍。

1.7　Python 函数是如何定义的？结合本书给出斐波那契函数的定义。

1.8　Python 常用的数据结构有哪些？

1.9　数理统计中常用的模块有哪些？

1.10　在使用 Python (Jupyter Notebook)时如何引入重要模块？

第 2 章　随机样本与抽样分布

2.1　概　　述

本节思维导图

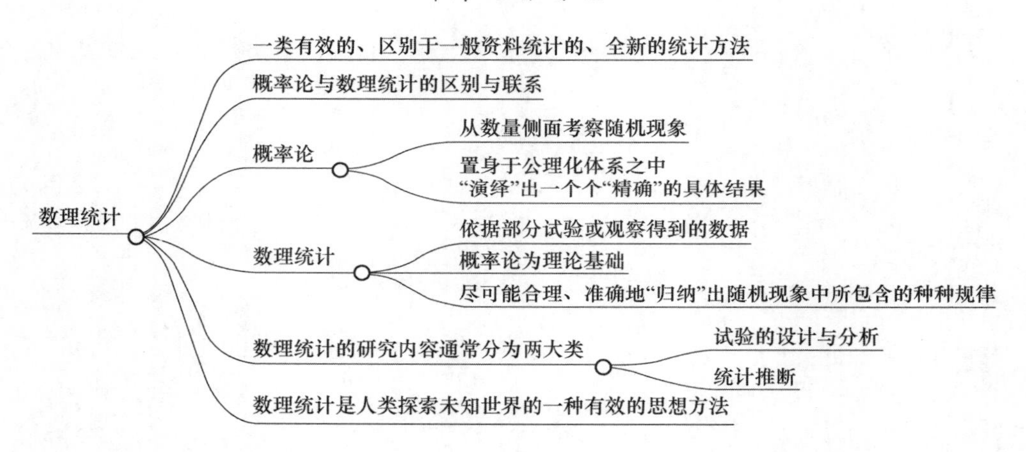
数理统计
一类有效的、区别于一般资料统计的、全新的统计方法
概率论与数理统计的区别与联系
概率论
从数量侧面考察随机现象
置身于公理化体系之中
“演绎”出一个个“精确”的具体结果
数理统计
依据部分试验或观察得到的数据
概率论为理论基础
尽可能合理、准确地“归纳”出随机现象中所包含的种种规律
数理统计的研究内容通常分为两大类
试验的设计与分析
统计推断
数理统计是人类探索未知世界的一种有效的思想方法

统计学是一门关于数据资料的收集、整理、分析和推断的科学。随着概率论的理论和思想向各个基础学科、工程技术学科以及社会学科的不断渗透，数理统计，作为一类有效的、区别于一般资料统计的、全新的统计方法，已逐渐发展成为一个具有广泛应用的数学分支。它以概率论作为理论基础，又为概率论的应用提供了广阔的天地。两者相互推动，迅速发展，已建立起完整的理论构架，并获得了大量丰富而重要的结果。

那么，究竟什么是数理统计？或者说，它在研究随机现象的方法以及考察问题的角度上与概率论有哪些主要区别呢？

概率论研究问题的方式几乎总是从“一般”到“个别”，或者说，总是假定已经知道了研究对象的整体情况，想要求出某些具体情况下的结果，以获得对随机现象中某些数量规律的认识。例如：在产品质量检验中，假定整批产品中的不合格品数是已知的，求随机抽取的 100 件产品中不合格品数为 5 的概率；在保险公司索赔的事例中，假定全部索赔中被盗索赔占 15%，求 10 个索赔中有 3 个被盗索赔的概率；在癌症诊断中，假定每 10 000 人中癌症患者的人数是 4，求试验反应是阳性的人确实患有癌症的概率。另外，在我们遇到的问题中也常常要求具备如下的一些先决条件：假定某地区城镇居民的年收入服从 $N(50\,000,40^2)$；假定某元器件寿命服从参数为 0.5 的指数分布；假定某一时间间隔内电话交换台收到的呼叫次数服从参数为 4 的泊松分布；等。总之，在这些问题的讨论中，一直假定随机试验总体的整个情况是已知的，或者说随机变量所服从的分布甚至包括分布的具体参数是确切知道的。在这样一个基本假定之下，概率论研究了随机试验出现各种结果的可能性以及随机变量取值的规律性。

然而，在实际问题中，上述这些基本假定往往是不能成立或是无法预知的。事实上，一个随机试验的总体情况，或者说一个随机变量所服从的分布不但不是已知的，相反却正是人们所希望了解的，是研究的目的。在很多情况下，人们一般只能通过试验取得研究对象的一部分信息，然后利用这一部分信息来推断研究对象的总体信息，从而获得有关研究对象总体的一些规律性的认识。这就是统计推断的一般过程，也正是数理统计研究问题的常用方法。

因此，概率论与数理统计虽然都是研究随机现象规律性的数学分支，但它们所要解决和处理的问题是完全不同的，在考察问题的角度和过程上甚至是截然相反的。具体地说，概率论是从数量侧面考察随机现象，注重随机现象中有关数量规律的研究，置身于公理化体系之中，从而“演绎”出一个个“精确”的具体结果；而数理统计则是依据部分试验或观察得到的数据，以概率论为理论基础，试图尽可能合理、准确地“归纳”出随机现象中所包含的种种规律。所有这些有关“归纳”方法的研究结果，在加以整理并形成一定的数学模型之后，便构成了数理统计的主要内容。

当然，严格地说，数理统计研究的内容通常应该分为两大类。一类是试验的设计与分析，即研究如何更合理、更有效地获得观察资料的方法；另一类则是统计推断，即研究如何利用一定的数据资料对所关心的问题作出尽可能精确、可靠的结论。限于篇幅，本书将主要讨论统计推断问题。

统计推断，就是“从部分推断整体”，它是在对有关信息没有完全掌握的情况下进行的，因而所得结论便不能担保一定准确无误。尽管一个好的统计推断方法可以让结论出错的可能性非常小并使误差得到最有效的控制，然而从根本上避免还是不可能的。此源于人类认识上的局限性，反映了人类对于偶然性的作用无力完全掌握的事实。这是一个无法逾越的缺憾，但同时也是一个能使我们容忍推断结论“不精确”的理由。既然“从部分推断整体”是人类最终认识未知世界的必由之路，那么从某种意义上说，“不精确”的便不是统计推断这个方法本身，而是我们所面对的世界过于纷繁复杂。

可以这样说，数理统计作为人类探索未知世界的一种有效的思想方法，提供了在不定性占优势的情况下进行判断的工具，也提供了从大量现象中发现某些事物发展规律的途径，更体现了人类在自身局限的约束下认识自然的一种努力。同时，它也揭示了一种原本最为朴素的辩证观，即一种事物从总的方面所呈现出的规律性不应该因为存在一些例外的个案而遭到一味抹杀。

统计学是 20 世纪给人类生活带来巨大影响的 20 项新科技之一，是工农业生产、科学技术深层次、高层次管理的重要工具,而其应用一般不需要增加投资、添置设备就能带来显著的经济效益。

2.2 随机样本

本节思维导图

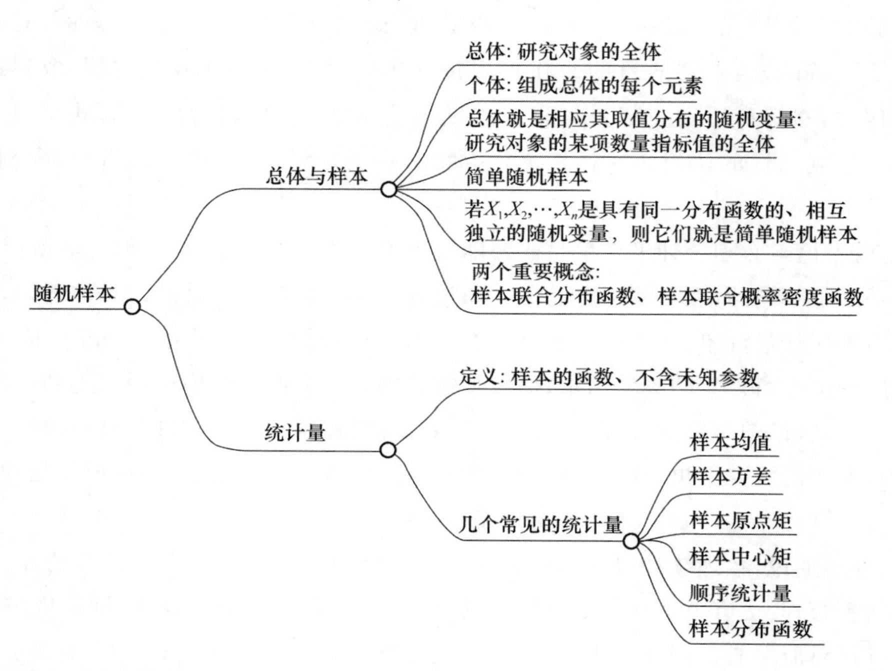

2.2.1 总体与样本

在数理统计中,可直观地将研究对象的全体称为总体,而把组成总体的每个元素称为个体。通过对一部分个体信息的观察来估计、推断总体的某些信息,正是数理统计所要研究的课题。在这里,我们关于对象的研究不是泛泛的,而是常常要具体到研究对象的一项或几项数量指标值,如灯泡的寿命、人的身高和体重、股票的当日收盘价格等。在这个意义上,研究对象的全体实际上体现为研究对象的某项数量指标值的全体。又由于这些数值可能有重复,如灯泡的寿命,可能有许多灯泡的寿命是 5 000 小时,而只有一只灯泡的寿命是 10 000 小时,这就是说,这些数量指标的每个值所占的比重不一样,即每个数值在这些数据中出现的概率不一样。这样,总体就对应了一个具有一定概率分布的随机变量。因此,在数理统计问题的研究中,所谓总体就是相应其取值分布的随机变量,如图 2.2.1 所示。

由于总体的取值在客观上具有一定的分布,因此相应随机变量的分布和数字特征就是总体的分布和数字特征,而关于总体的研究实际上就是对相应随机变量 X 的分布的研究。所以,有时在讨论中将总体、随机变量、分布这三者不加区分。

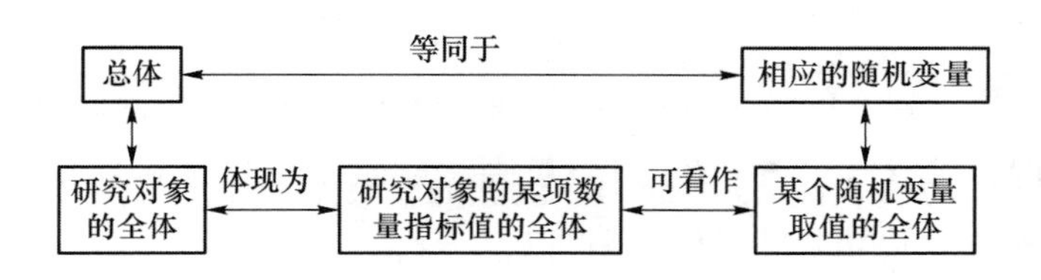

图 2.2.1　总体与相应随机变量对应图

那么,为什么不能对每一个个体进行试验或观察,从而"精确"掌握研究对象的整体情况,而只能按照所谓数理统计的方式通过部分来推断整体呢?归纳起来有如下几个方面的原因。

(1) 检验全部对象有时是不可能的。例如,对某些产品的质量检验是破坏性的,像灯泡的寿命检验、钢丝拉力强度的检验、电视机显像管无故障工作时间的检验等都是如此。如果我们对所有产品进行这种破坏性检验,就没有产品可供销售了。再如:研究某区域海水中微生物的繁殖情况,我们无法将全部海水装进试管里进行检验;在石油勘探中,人们只能选取有限个点进行试钻,绝不可能将所有可能储油的区域钻得遍地窟窿;等等。

(2) 对全部对象进行检验需要的成本很高,或所需的时间很长,或两者兼而有之。例如,自新中国成立以来,我国共进行了 7 次全国性的人口普查,进行一次普查需要花费大量的人力物力,而取得的全部数据也需要相当长的时间甚至几年才能处理完毕,因此我们不可能每年都进行人口普查,对大多数年份只能进行抽样调查。再如,由于城镇居民收入与消费结构调查所涉及的内容广泛,对全体城镇居民进行这类调查的费用和工作量可能比人口普查还要多几十倍,但我们从各种媒体中却常常可以看到此类年度、季度甚至是月度数据,可见这些数据只能来自抽样调查。

(3) 虽然通过部分信息来推断整体的情况必定会带来误差,但在许多情况下,这种误差是可以容忍的。因为并不是所有问题都需要一个精确的估量,也不是所有问题都能够得到一个非常精确的估量(即使对所有对象进行调查),何况任何统计数据都需要有一个明确的计量单位,在不同的计量单位下,"精确"与"不精确"本身就是可以转换的。例如,在全国性人口普查中,我们不可能也没有必要将统计数据精确到"个",通常精确到"万"、"十万"甚至"百万"即可。再如,在消费者意愿调查中,我们知道每个个人的"意愿"都是可以改变的,即使我们对全体消费者进行了调查,但是"精确"的调查却得到"不精确"的结果,无疑是得不偿失的。

因此,一般说来,对于相当多的实际问题,我们总是从总体中抽取一部分个体进行观察,然后依据所得数据来推断总体的性质。这样被抽出的部分个体称为来自总体的一个样本。就是说,在相同的条件下对总体 X 进行了 n 次独立重复的观察(即进行了 n 次独立重复的试验),并记录到 n 个观察结果,通常总是按照试验的次序把这些样本记为 $X_1,X_2,\cdots,X_n$(它们是 n 个随机变量)。这 n 次观察一经完成,我们便得到一组具体的实数 $x_1,x_2,\cdots,x_n$,它们依次是 $X_1,X_2,\cdots,X_n$ 的观察值,称为样本值。统计推断就是根据这些数据来判断总体的。

抽取样本的目的是对总体的分布规律进行各种分析和推断,因而要求抽取的样本能够很好地反映总体的特性和变化规律,这就必须对随机抽样的方法提出一定的要求,通常包括以下两点。

(1) 代表性:即要求样本的每个分量 X_i 与所考察的总体具有相同的分布 $F(x)$。

(2) 独立性:即要求 $X_1,X_2,\cdots,X_n$ 为相互独立的随机变量,也就是说,每个观察结果既不影响其他结果,也不受其他观察结果的影响。

满足以上两点性质的样本 $X_1,X_2,\cdots,X_n$ 称为简单随机样本,获得简单随机样本的方法或过程称为简单随机抽样。在本书中,我们所讨论的样本都是指简单随机样本。

定义 2.2.1 设 X 的分布函数为 $F(x)$,若 $X_1,X_2,\cdots,X_n$ 是具有同一分布函数 $F(x)$ 的、相互独立的随机变量,则称 $X_1,X_2,\cdots,X_n$ 为从分布函数 $F(x)$ 或总体 X 得到的容量为 n 的简单随机样本,简称样本,它的观察值 $x_1,x_2,\cdots,x_n$ 称为样本值,又称为 X 的 n 个独立的观察值。

于是,$X_1,X_2,\cdots,X_n$ 的联合分布函数为

$$F^*(x_1,x_2,\cdots,x_n)=\prod_{i=1}^{n}F(x_i)$$

在连续型情形下,$X_1,X_2,\cdots,X_n$ 的联合概率密度函数为

$$f^*(x_1,x_2,\cdots,x_n)=\prod_{i=1}^{n}f(x_i)$$

2.2.2 统计量

样本是总体的代表和反映,是进行统计推断的基本依据。但是,对于不同的总体,甚至对于同一个总体,我们所关心的问题往往是不一样的,有时可能只需要估计出总体的均值,而有时则可能希望了解总体的分布情况。因此,在实际应用中我们并不是直接利用样本进行推断,而是首先对样本进行必要的"加工"和"提炼",把样本中所包含的我们关心的信息集中起来。就是说,我们需要针对不同的问题对样本进行不同的处理,这种处理就是构造出样本的某种函数,然后利用这些样本的函数进行统计推断。

定义 2.2.2 设 $X_1,X_2,\cdots,X_n$ 是来自总体 X 的样本,$g(X_1,X_2,\cdots,X_n)$ 是样本的函数,且 $g(X_1,X_2,\cdots,X_n)$ 中不含任何未知参数,则称 $g(X_1,X_2,\cdots,X_n)$ 是一个统计量。若 $x_1,x_2,\cdots,x_n$ 是相应于 $X_1,X_2,\cdots,X_n$ 的样本值,则称 $g(x_1,x_2,\cdots,x_n)$ 是 $g(X_1,X_2,\cdots,X_n)$ 的观察值。

以下介绍几个常见的统计量。

设 $X_1,X_2,\cdots,X_n$ 是来自总体 X 的样本,定义:

(1) 样本均值为

$$\overline{X}=\frac{1}{n}\sum_{i=1}^{n}X_i$$

(2) 样本方差为

$$S^2=\frac{1}{n-1}\sum_{i=1}^{n}(X_i-\overline{X})^2=\frac{1}{n-1}\left(\sum_{i=1}^{n}X_i^2-n\overline{X}^2\right)$$

(3) 样本原点矩为

$$A_k = \frac{1}{n}\sum_{i=1}^{n} X_i^k, \quad k = 1,2,\cdots$$

(4) 样本中心矩为

$$B_k = \frac{1}{n}\sum_{i=1}^{n} (X_i - \overline{X})^k, \quad k = 1,2,\cdots$$

(5) 顺序统计量与样本分布函数。

记$(x_1,x_2,\cdots,x_n)$是上述样本的一组观察值,将其各个分量 x_i 按照大小递增的次序排列,得到 $x_{(1)}\leqslant x_{(2)}\leqslant\cdots\leqslant x_{(n)}$。当$(X_1,X_2,\cdots,X_n)$取值$(x_1,x_2,\cdots,x_n)$时,定义 $X_{(k)}$ 取值 $x_{(k)}$,由此得到的$(X_{(1)},X_{(2)},\cdots,X_{(n)})$或它们的函数都称为顺序统计量。

显然,$X_{(1)}\leqslant X_{(2)}\leqslant\cdots\leqslant X_{(n)}$,$X_{(1)}=\min(X_1,X_2,\cdots,X_n)$,$X_{(k)}=\max\limits_{(i_1,\cdots,i_{n-k+1})}(\min(X_{i_1},\cdots,X_{i_{n-k+1}}))$,$X_{(n)}=\max(X_1,X_2,\cdots,X_n)$,且$(X_1,X_2,\cdots,X_n)$依赖于$(x_1,x_2,\cdots,x_n)$的取值而取值。较常用的顺序统计量有以下两种。

① 样本中位数:

$$\mathrm{Me}=\begin{cases} X_{(\frac{n+1}{2})}, & n\text{ 为奇数} \\ \frac{1}{2}[X_{(\frac{n}{2})}+X_{(\frac{n+1}{2})}], & n\text{ 为偶数} \end{cases}$$

② 样本极差:

$$R=X_{(n)}-X_{(1)}$$

记

$$F_n^*(x)=\begin{cases} 0, & x<x_{(1)} \\ \frac{k}{n}, & x_{(k)}\leqslant x<x_{(k+1)},\ k=1,2,\cdots,n-1 \\ 1, & x\geqslant x_{(n)} \end{cases} \tag{2.2.1}$$

显然,$0\leqslant F_n^*(x)\leqslant 1$,它作为 x 的函数具有一个分布函数所要求的性质,故称为总体 X 的样本分布函数或经验分布函数。$F_n^*(x)$是样本的函数,它是一个随机变量。$F_n^*(x)$的值表示在 n 次重复独立试验(n 次抽样)中,事件$\{X\leqslant x\}$发生的频率。因此,$nF_n^*(x)\sim B(n,p)$。其中,$p=P\{X\leqslant x\}$。

进一步的研究可以证明:若总体 X 的分布是 $F(x)$,则

$$P\{\lim_{n\to\infty}(\sup_{-\infty<x<+\infty}|F_n^*(x)-F(x)|=0)\}=1 \tag{2.2.2}$$

即 $F_n^*(x)$依概率 1 一致收敛到 $F(x)$。

这就是著名的格里汶科定理,是数理统计中的一个非常深刻的结果。它告诉我们,当样本容量 n 逐渐增大趋于无穷时,经验分布函数逐渐趋于总体分布函数,从而提供了一个寻求总体分布函数的实用而又精确的方法。随着计算机的迅速发展,该定理开辟了统计模拟的广阔天地。

2.3 抽样分布

本节思维导图

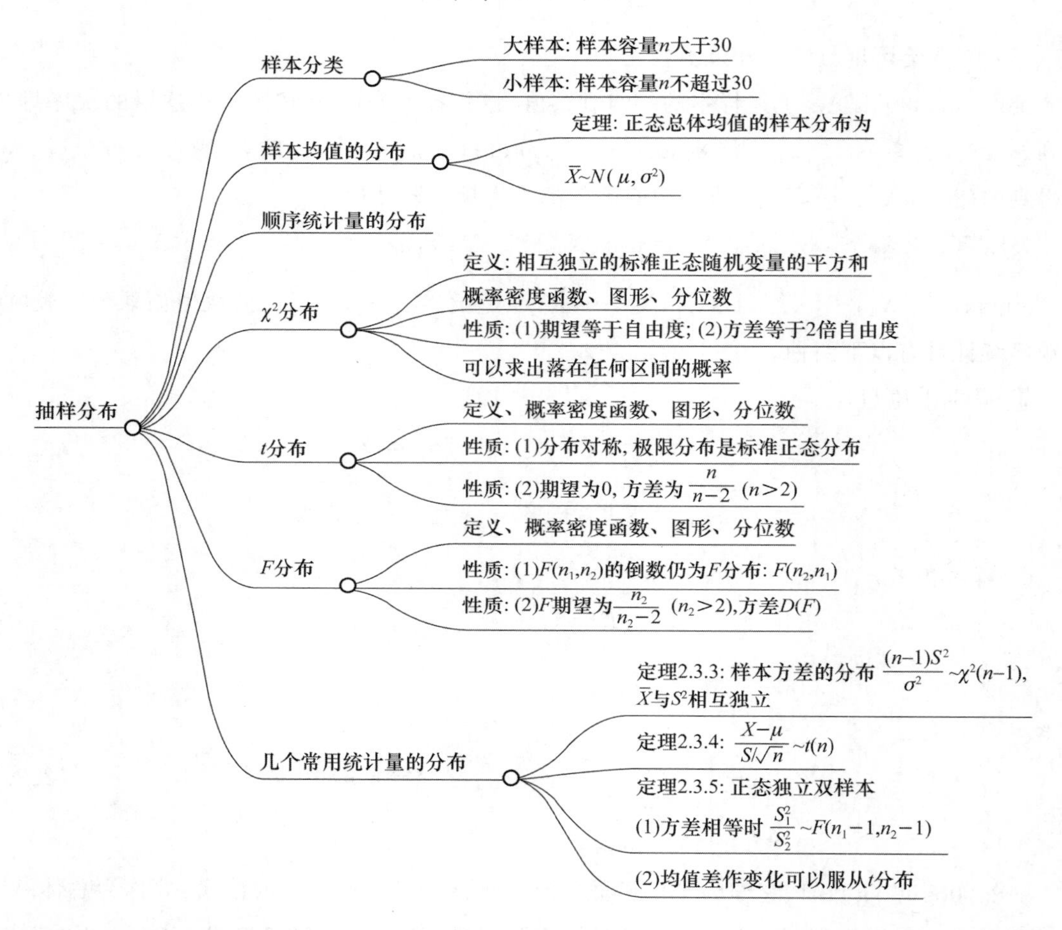

统计量是样本的函数,它是一个随机变量,其分布称为抽样分布。既然我们总是利用统计量对总体进行推断,因而统计量的分布,特别是一些常用统计量的分布我们应该有所了解。

在实际问题中,由于客观条件或研究目的的不同,在一些情况下我们只可能获得较少的数据,即样本容量 n 不可能很大,这类问题称为小样本问题;而在另外一些情况下,试验是可以大量重复进行的,从而我们可以获得容量很大(n 很大)的样本,这类问题称为大样本问题。对于大样本问题,正态分布常可以作为很好的近似,而对于小样本问题却未必能够这样做。因此,这是数理统计中两类性质很不相同的问题。一般说来,寻求统计量的精确分布主要是针对小样本问题而言的,但遗憾的是,在本书中无法展现这些分布的具体推导过程,只能给出一些相应的条件和结论。对于一个不从事数理统计理论研究的人来说,想来这并不会对他的学习和应用产生实质性的障碍。

以下介绍几个常用统计量的分布,它们主要来自正态总体。

2.3.1 样本均值的分布

定理 2.3.1 设 $X_1, X_2, \cdots, X_n$ 是来自总体 $N(\mu, \sigma^2)$ 的样本，$\overline{X}$ 是样本均值，则有

$$\overline{X} \sim N\left(\mu, \frac{\sigma^2}{n}\right) \tag{2.3.1}$$

证明： 由于 $X_i \sim N(\mu, \sigma^2)$，$i=1,2,\cdots,n$，且 $\overline{X}$ 是 X_i 的线性组合，$\overline{X}$ 服从正态分布，即

$$\overline{X} \sim N(E(\overline{X}), D(\overline{X}))$$

又因为

$$E(\overline{X}) = E\left(\frac{1}{n}\sum_{i=1}^{n} X_i\right) = \frac{1}{n}\sum_{i=1}^{n} E(X_i) = \mu$$

$$D(\overline{X}) = D\left(\frac{1}{n}\sum_{i=1}^{n} X_i\right) = \frac{1}{n^2}\sum_{i=1}^{n} D(X_i) = \frac{\sigma^2}{n}$$

所以

$$\overline{X} \sim N\left(\mu, \frac{\sigma^2}{n}\right)$$

在大样本场合下，我们也可以将这一结果应用在非正态总体的场合。

设 $X_1, X_2, \cdots, X_n$ 是来自任意总体 X 的简单随机样本，$E(X) = \mu$，$D(X) = \sigma^2$，记 $\zeta_n = \sum_{k=1}^{n} X_k$，则根据 Lindeberg-Levy 中心极限定理，有

$$\lim_{n \to \infty} P\left\{\frac{\zeta_n - n\mu}{\sqrt{n}\,\sigma} \leqslant x\right\} = \Phi(x)$$

即当 n 充分大（一般 $n>30$ 即可）时，随机变量 $\frac{\zeta_n - n\mu}{\sqrt{n}\sigma}$ 的精确分布与标准正态分布相当接近，一般认为，

$$\zeta_n = \sum_{k=1}^{n} X_k \sim N(n\mu,\ n\sigma^2)$$

因此，在大样本场合下，无论总体服从何种分布，均有

$$\overline{X} \sim N\left(\mu, \frac{\sigma^2}{n}\right)$$

2.3.2 顺序统计量的分布

定理 2.3.2 设 $f(x)$ 是总体 X 的概率密度函数，$X_1, X_2, \cdots, X_n$ 是来自总体的简单随机样本，$(X_{(1)}, X_{(2)}, \cdots, X_{(n)})$ 是它的一个顺序统计量，则其联合概率密度函数为

$$g(x_1, x_2, \cdots, x_n) = \begin{cases} n!\prod_{i=1}^{n} f(x_i), & x_1 < x_2 < \cdots < x_n \\ 0, & \text{其他} \end{cases} \tag{2.3.2}$$

证明略。

对于样本中位数和样本极差，我们也可以给出它们的概率密度函数，分别为

$$f_{\mathrm{Me}}(x) = \frac{n!}{\left(\frac{n}{2}\right)!\ \left[n - \left(\frac{n}{2}\right) - 1\right]!}[F(x)]^{\left(\frac{n}{2}\right)}[1 - F(x)]^{n - \left(\frac{n}{2}\right) - 1} f(x) \tag{2.3.3}$$

$$f_R(x)=\begin{cases}\int_0^{+\infty} n(n-1)[F(x+t)-F(t)]^{n-2}f(x+t)f(t)\mathrm{d}t, & x\geqslant 0\\ 0, & \text{其他}\end{cases} \tag{2.3.4}$$

其中，$F(x)=\int_{-\infty}^{x} f(t)\mathrm{d}t$。

2.3.3 χ^2 分布

定义 2.3.1 设 $X_1,X_2,\cdots,X_n$ 是来自总体 $N(0,1)$ 的样本，则称统计量 $\chi^2=\sum_{i=1}^{n}X_i^2$ 服从自由度为 n 的 χ^2 分布（也叫作卡方分布），记为 $\chi^2\sim\chi^2(n)$。

可以证明：$\chi^2(n)$分布的概率密度函数为

$$f(y)=\begin{cases}\dfrac{1}{2^{\frac{n}{2}}\Gamma(\dfrac{n}{2})}y^{\frac{n}{2}-1}\mathrm{e}^{-\frac{y}{2}}, & y>0\\ 0, & y\leqslant 0\end{cases} \tag{2.3.5}$$

其中，$\Gamma(\alpha)=\int_0^{+\infty}\mathrm{e}^{-x}x^{\alpha-1}\mathrm{d}x$，称为 Gamma 函数。

$f(y)$的图形如图 2.3.1 所示。

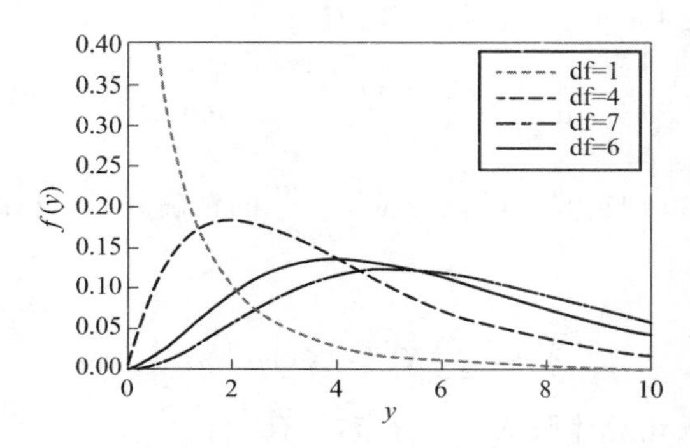

图 2.3.1 自由度不同的 χ^2 密度曲线

（基于 Python 绘制）

χ^2 分布具备如下一些性质。

（1）若 $\chi_1^2\sim\chi^2(n_1)$，$\chi_2^2\sim\chi^2(n_2)$，且 χ_1^2 与 χ_2^2 相互独立，则

$$\chi_1^2+\chi_2^2\sim\chi^2(n_1+n_2)$$

（2）若 $\chi^2\sim\chi^2(n)$，则

$$E(\chi^2)=n$$

$$D(\chi^2)=2n$$

我们就第二个性质说明如下。

因为 $X_i\sim N(0,1)$，所以

$$E(X_i^2)=D(X_i)=1$$

$$D(X_i^2)=E(X_i^4)-[E(X_i^2)]^2=\int_{-\infty}^{+\infty}x^4\frac{1}{\sqrt{2\pi}}\mathrm{e}^{-\frac{x^2}{2}}\mathrm{d}x-1=3-1=2$$

于是

$$D(\chi^2) = D\left(\sum_{i=1}^{n} X_i^2\right) = \sum_{i=1}^{n} D(X_i^2) = 2n$$

$$E(\chi^2) = E\left(\sum_{i=1}^{n} X_i^2\right) = \sum_{i=1}^{n} E(X_i^2) = n$$

当 $X_1, X_2, \cdots, X_n$ 是来自总体 $N(\mu, \sigma^2)$ 的样本时，我们也记 $\chi^2 = \sum_{i=1}^{n} (X_i - \mu)^2$。

事实上，令

$$Y_i = \frac{X_i - \mu}{\sigma}, \quad i = 1, 2, \cdots, n$$

显然，$Y_1, Y_2, \cdots, Y_n$ 相互独立，且服从同一分布 $N(0,1)$，所以由定义 2.3.1 知，

$$\frac{\chi^2}{\sigma^2} = \sum_{i=1}^{n} \left(\frac{X_i - \mu}{\sigma}\right)^2 = \sum_{i=1}^{n} Y_i \sim \chi^2(n)$$

关于 χ^2 分布，人们引入了分位数（也称分位点、临界值或阈值）的概念，并制成了相应的分位数值表（附表 C.4），可供查询。

定义 2.3.2 对任意正数 α，$0<\alpha<1$，若 $P\{\chi^2 > \chi_\alpha^2(n)\} = \alpha$，则称 $\chi_\alpha^2(n)$ 为 χ^2 分布的 $100\alpha\%$ 分位数。其图形如图 2.3.2 所示，自由度 $\mathrm{df}=n(n>2)$。

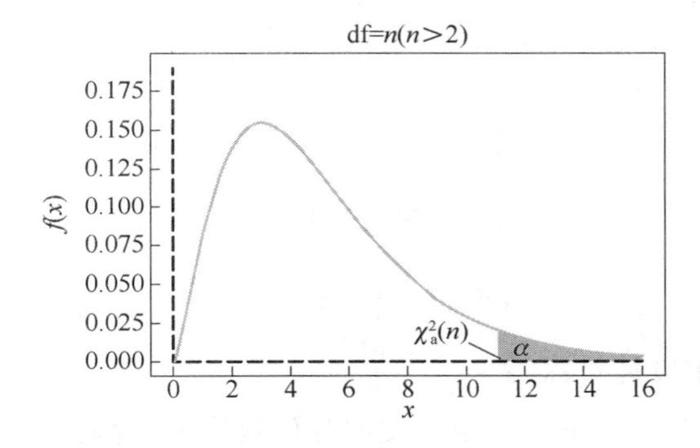

图 2.3.2 卡方分布的 $100\alpha\%$ 上分位数 $\chi_\alpha^2(n)$

从定义可以看出，

$$P\{\chi_\beta^2(n) \leqslant \chi^2 \leqslant \chi_\alpha^2(n)\} = P\{\chi^2 \leqslant \chi_\alpha^2(n)\} - P\{\chi^2 < \chi_\beta^2(n)\} = \alpha - \beta$$

因此，可利用 χ^2 分布的分位数值表求得 χ^2 随机变量落在任何一个区间内的概率。

2.3.4 *t* 分布

定义 2.3.3 设 $X \sim N(0,1)$，$Y \sim \chi^2(n)$，且 X 与 Y 相互独立，则称统计量 $T = \dfrac{X}{\sqrt{\dfrac{Y}{n}}}$ 服从自由度为 n 的 t 分布，记为 $t \sim t(n)$。

可以证明：$t(n)$ 分布的概率密度函数为

$$h(t)=\frac{\Gamma\left(\frac{(n+1)}{2}\right)}{\sqrt{n\pi}\Gamma\left(\frac{n}{2}\right)}\left(1+\frac{t^2}{n}\right)^{-\frac{n+1}{2}},\quad -\infty<t<+\infty \tag{2.3.6}$$

$h(t)$的图形如图 2.3.3 所示。

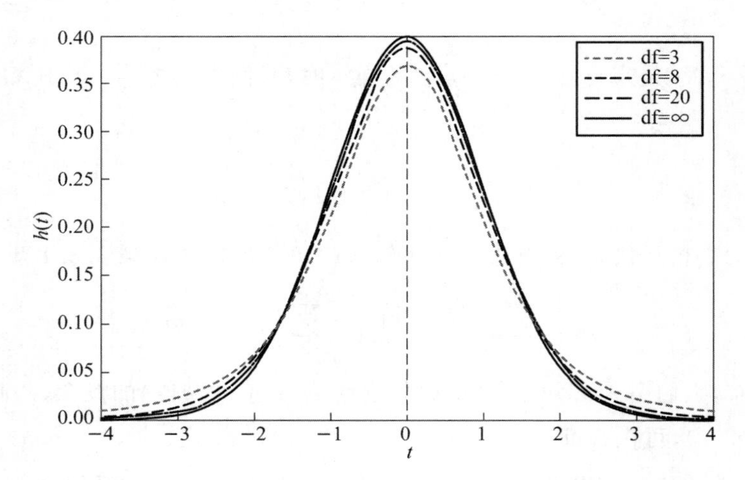

图 2.3.3　自由度不同的 t 分布密度曲线(基于 Python 绘制)

t 分布具备如下一些性质。

(1) $\lim\limits_{n\to\infty} h(t)=\frac{1}{\sqrt{2\pi}}e^{-\frac{t^2}{2}}$。

(2) 若 $T\sim t(n)$,则

$$E(T)=0$$

$$D(T)=\frac{n}{n-2},\quad n>2$$

(3) $h(t)$的图形关于纵轴对称。

关于 t 分布,也有分位数的概念以及相应的分位数值表(附表 C.3)。

定义 2.3.4　对任意正数 α,$0<\alpha<1$,若 $P\{T>t_\alpha(n)\}=\alpha$,则称 $t_\alpha(n)$为 t 分布的 $100\alpha\%$ 分位数。其图形如图 2.3.4 所示。

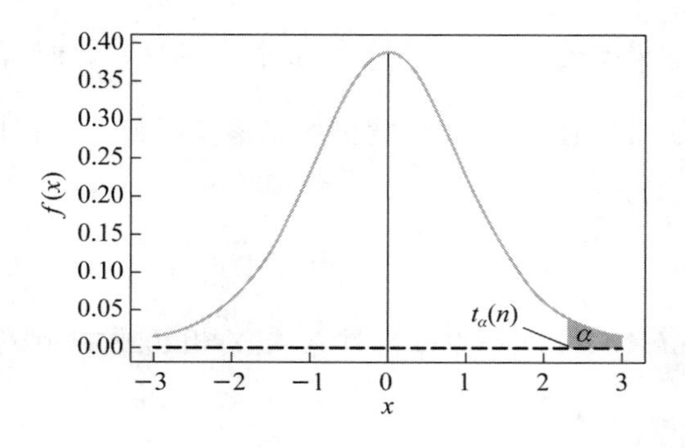

图 2.3.4　t 分布的 $100\alpha\%$分位数(基于 Python 绘制)

显然，$t_\alpha(n)=-t_{1-\alpha}(n)$，且 $P\{t_\beta(n)\leqslant T\leqslant t_\alpha(n)\}=\beta-\alpha$ 同样成立。

2.3.5　F 分布

定义 2.3.5　设 $U\sim\chi^2(n_1)$，$V\sim\chi^2(n_2)$，且 U 与 V 相互独立，则称统计量 $F=\dfrac{\frac{U}{n_1}}{\frac{V}{n_2}}$ 服从自由度为 (n_1,n_2) 的 F 分布，记为 $F\sim F(n_1,n_2)$。

可以证明：$F(n_1,n_2)$ 分布的概率密度函数为

$$\Psi(y)=\begin{cases}\dfrac{\Gamma\left(\dfrac{n_1+n_2}{2}\right)\left(\dfrac{n_1}{n_2}\right)^{\frac{n_1}{2}}y^{\frac{n_1}{2}-1}}{\Gamma(\dfrac{n_1}{2})\Gamma(\dfrac{n_2}{2})\left(1+\dfrac{n_1 y}{n_2}\right)^{\frac{n_1+n_2}{2}}}, & y>0\\ 0, & y\leqslant 0\end{cases} \tag{2.3.7}$$

$\Psi(y)$ 的图形如图 2.3.5 所示。

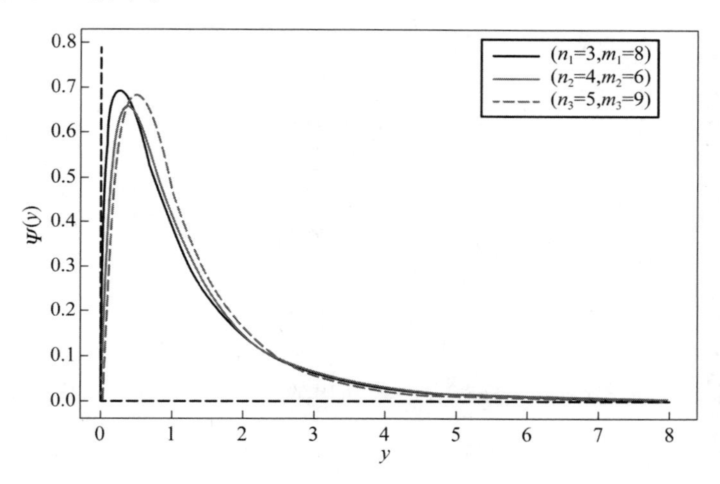

图 2.3.5　自由度不同的 F 密度函数(基于 Python 绘制)

F 分布具备如下一些性质。

(1) 若 $F\sim F(n_1,n_2)$，则

$$\frac{1}{F}\sim F(n_2,n_1)$$

(2) 若 $F\sim F(n_1,n_2)$，则

$$E(F)=\frac{n_2}{n_2-2},\quad n_2>2$$

$$D(F)=\frac{n_2^2(2n_1+2n_2-4)}{n_1(n_2-2)^2(n_2-4)},\quad n_2>4$$

关于 F 分布，我们也定义了分位数的概念并编制了相应的分位数值表(附表 C.5)。

定义 2.3.6　对任意正数 α，$0<\alpha<1$，若 $P\{F>F_\alpha(n_1,n_2)\}=\alpha$，则称 $F_\alpha(n_1,n_2)$ 为 F 分布的 $100\alpha\%$ 分位数。其图形如图 2.3.6 所示。

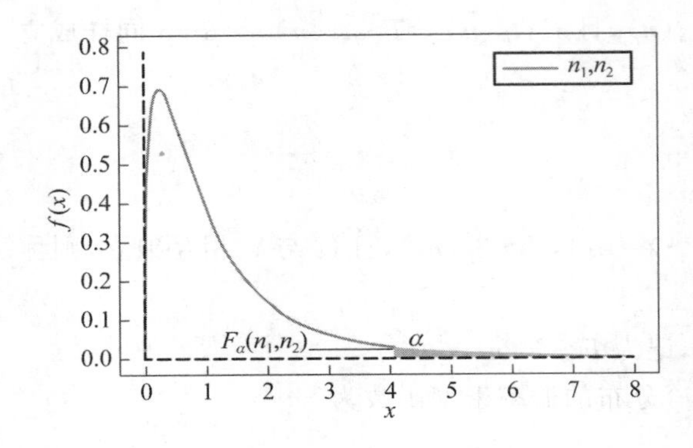

图 2.3.6 F 分布的 $100\alpha\%$分位数

这里,显然 $P\{F_\beta(n_1,n_2)\leqslant F\leqslant F_\alpha(n_1,n_2)\}=\beta-\alpha$ 成立。另外,因为

$$\alpha=P\{F<F_\alpha(n_1,n_2)\}=P\left\{\frac{1}{F}>\frac{1}{F_\alpha(n_1,n_2)}\right\}=1-P\left\{\frac{1}{F}\leqslant\frac{1}{F_\alpha(n_1,n_2)}\right\}=1-P\left\{\frac{1}{F}<\frac{1}{F_\alpha(n_1,n_2)}\right\}$$

所以

$$P\left\{\frac{1}{F}<\frac{1}{F_\alpha(n_1,n_2)}\right\}=1-\alpha$$

又因为

$$\frac{1}{F}\sim F(n_2,n_1)$$

所以

$$P\left\{\frac{1}{F}<F_{1-\alpha}(n_2,n_1)\right\}=1-\alpha$$

于是

$$F_\alpha(n_1,n_2)=\frac{1}{F_{1-\alpha}(n_2,n_1)} \tag{2.3.8}$$

式(2.3.8)常用来求当 α 较小时 F 分布表中未列出的一些 $100\alpha\%$分位数。例如:

$$F_{0.95}(5,4)=\frac{1}{F_{0.05}(4,5)}=\frac{1}{5.19}$$

2.3.6 正态总体中其他几个常用统计量的分布

以下我们给出几个涉及正态总体样本均值与样本方差的抽样分布。

定理 2.3.3 设 $X_1,X_2,\cdots,X_n$ 是来自总体 $N(\mu,\sigma^2)$的样本,$\overline{X}$ 和 S^2 分别是样本均值和样本方差,则有

(1)
$$\frac{(n-1)S^2}{\sigma^2}\sim\chi^2(n-1) \tag{2.3.9}$$

(2) $\overline{X}$ 与 S^2 相互独立。

证明略。

依据上述定理,当样本来自正态总体时,因为

$$E\left(\frac{(n-1)S^2}{\sigma^2}\right)=n-1$$

$$D\left(\frac{(n-1)S^2}{\sigma^2}\right)=2(n-1)$$

于是有如下结论：

$$E(S^2)=\sigma^2$$

$$D(S^2)=\frac{2\sigma^4}{n-1}$$

定理 2.3.4　设 $X_1,X_2,\cdots,X_n$ 是来自总体 $N(\mu,\sigma^2)$ 的样本，$\overline{X}$ 和 S^2 分别是样本均值和样本方差，则有

$$\frac{\overline{X}-\mu}{\frac{S}{\sqrt{n}}}\sim t(n-1) \tag{2.3.10}$$

证明：因为 $\overline{X}\sim N\left(\mu,\frac{\sigma^2}{n}\right)$，所以 $\frac{\overline{X}-\mu}{\frac{\sigma}{\sqrt{n}}}\sim N(0,1)$，而 $\frac{(n-1)S^2}{\sigma^2}\sim\chi^2(n-1)$，且与 $\frac{\overline{X}-\mu}{\frac{\sigma}{\sqrt{n}}}$ 相互独立，于是根据 t 分布的定义有

$$\frac{\frac{\overline{X}-\mu}{\sigma/\sqrt{n}}}{\sqrt{\frac{(n-1)S^2}{(n-1)\sigma^2}}}\sim t(n-1)$$

即

$$\frac{\overline{X}-\mu}{\frac{S}{\sqrt{n}}}\sim t(n-1)$$

定理 2.3.5　设 $X_1,X_2,\cdots,X_{n_1}$ 与 $Y_1,Y_2,\cdots,Y_{n_2}$ 分别是具有相同方差的两个正态总体 $N(\mu_1,\sigma^2)$ 与 $N(\mu_2,\sigma^2)$ 的样本，且这两个样本相互独立。记

$$\overline{X}=\frac{1}{n_1}\sum_{i=1}^{n_1}X_i$$

$$\overline{Y}=\frac{1}{n_2}\sum_{i=1}^{n_2}Y_i$$

$$S_1^2=\frac{1}{n_1-1}\sum_{i=1}^{n_1}(X_i-\overline{X})^2$$

$$S_2^2=\frac{1}{n_2-1}\sum_{i=1}^{n_2}(Y_i-\overline{Y})^2$$

则有

(1)
$$\frac{S_1^2}{S_2^2}\sim F(n_1-1,n_2-1) \tag{2.3.11}$$

(2)
$$\frac{(\overline{X}-\overline{Y})-(\mu_1-\mu_2)}{S_w\sqrt{\frac{1}{n_1}+\frac{1}{n_2}}}\sim t(n_1+n_2-2) \tag{2.3.12}$$

其中

$$S_w^2=\frac{(n_1-1)S_1^2+(n_2-1)S_2^2}{n_1+n_2-2}$$

证明：(1) 根据定理 2.3.3 有

$$\frac{(n_1-1)S_1^2}{\sigma^2}\sim\chi^2(n_1-1)$$

$$\frac{(n_2-1)S_2^2}{\sigma^2}\sim\chi^2(n_2-1)$$

又由于 $X_1,X_2,\cdots,X_{n_1}$ 与 $Y_1,Y_2,\cdots,Y_{n_2}$ 相互独立，因此$\frac{(n_1-1)S_1^2}{\sigma^2}$与$\frac{(n_2-1)S_2^2}{\sigma^2}$相互独立，于是按照 F 分布的定义

$$\frac{\frac{(n_1-1)S_1^2/\sigma^2}{(n_1-1)}}{\frac{(n_2-1)S_2^2/\sigma^2}{(n_2-1)}}\sim F(n_1-1,n_2-1)$$

即

$$\frac{S_1^2}{S_2^2}\sim F(n_1-1,n_2-1)$$

(2) 因为 $\overline{X}-\overline{Y}\sim N\left(\mu_1-\mu_2,\frac{\sigma^2}{n_1}+\frac{\sigma^2}{n_2}\right)$，所以

$$U=\frac{(\overline{X}-\overline{Y})-(\mu_1-\mu_2)}{\sigma\sqrt{\frac{1}{n_1}+\frac{1}{n_2}}}\sim N(0,1)$$

又因为

$$\frac{(n_1-1)S_1^2}{\sigma^2}\sim\chi^2(n_1-1)$$

$$\frac{(n_2-1)S_2^2}{\sigma^2}\sim\chi^2(n_2-1)$$

所以有

$$V=\frac{(n_1-1)S_1^2}{\sigma^2}+\frac{(n_2-1)S_2^2}{\sigma^2}\sim\chi^2(n_1+n_2-2)$$

于是根据 t 分布的定义有

$$\frac{U}{\sqrt{\frac{V}{n_1+n_2-2}}}=\frac{(\overline{X}-\overline{Y})-(\mu_1-\mu_2)}{S_w\sqrt{\frac{1}{n_1}+\frac{1}{n_2}}}\sim t(n_1+n_2-2)$$

补充说明：设 $X_1,X_2,\cdots,X_{n_1}$ 与 $Y_1,Y_2,\cdots,Y_{n_2}$ 分别是具有不相同方差的两个正态总体 $N(\mu_1,\sigma_1^2)$和 $N(\mu_2,\sigma_2^2)$的样本，且这两个样本相互独立。记

$$\overline{X}=\frac{1}{n_1}\sum_{i=1}^{n_1}X_i$$

$$\overline{Y}=\frac{1}{n_2}\sum_{i=1}^{n_2}Y_i$$

$$S_1^2=\frac{1}{n_1-1}\sum_{i=1}^{n_1}(X_i-\overline{X})^2$$

$$S_2^2=\frac{1}{n_2-1}\sum_{i=1}^{n_2}(Y_i-\overline{Y})^2$$

可以证明

$$\frac{\frac{S_1^2}{\sigma_1^2}}{\frac{S_2^2}{\sigma_2^2}} \sim F(n_1-1, n_2-1) \tag{2.3.13}$$

证明可以仿照两个样本方差相同时的步骤(略)。

2.4　基于 Python 的抽样分布知识简介

本节思维导图

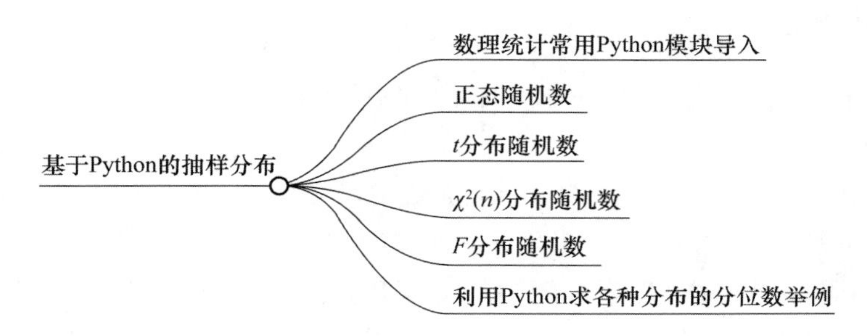

2.4.1　数理统计常用 Python 模块导入方式简介

说明:在 Python 中能完成这部分内容的模块有很多,我们以其中常用的模块为基础进行分析。

```
%matplotlib inline  # Jupyter Notebook 在线作图
import numpy as np  # numpy 是线性代数模块,np 是国际通用简称,可以更改,一般默认
import pandas as pd
# pandas 是 DataFrame 为数据结构模块,pd 是国际通用简称,可以更改,一般默认
from scipy.stats import norm,t,f,chi2
# 从科学计算库 scipy.stats 中导入正态分布、t 分布、F 分布和卡方分布
import matplotlib.pyplot as plt
# matplotlib 是非常有著名的作图模块,plt 是其简称
# 以下第 4、5 章开始使用
import statsmodels.api as sm # 统计模型模块简称
from statsmodels.formula.api import ols # 导入普通最小二乘回归模块
from statsmodels.stats.anova import anova_lm # 导入方差分析模块
```

数组是 numpy 模块中一种重要的数据结构,一般方式如 array([1,2,3]),内部像列表,在实际数据操作时非常有用,高效、简单、应用方便,内部结构也可以是高维的形式,但强调类型相同,今后我们会经常用到这种数据结构形式,在应用中要逐渐掌握。

随机数模块 random 在数理统计抽样中也会经常用到,导入方式如下:

```
import random
```

生成随机数可以先设定种子,随机种子是根据一定的计算方法计算出来的数值。所以,只要计算方法一定,随机种子一定,那么生成的随机数就不会变,当然也可以不设定直接调用模

块即可。

numpy. random 设置种子的方法有两种，如表 2. 4. 1 所示。

表 2. 4. 1　numpy. random 设置种子的方法

函数名称	函数功能	参数说明
RandomState	定义种子类	RandomState 是一个种子类，提供了各种种子方法，最常用 seed
seed([seed])	定义全局种子	参数为整数或者矩阵

例如：

```
np.random.seed(3456) #设置随机种子为 3456
```

2. 4. 2　正态随机数

(1) np. random. randn(n)：生成 n 个标准正态随机数。

例如：

```
np.random.randn(10) #生成 10 个标准正态随机数
array([ 1.02194148, 0.75867532, 1.46303026, -0.56244432, -0.23484352,
        -0.36657123, -0.63445795, 0.71996156, 2.27512956, -0.40370556])
```

(2) np. random. normal(mu, sigma, size)：生成均值为 mu、标准差为 sigma、大小为 size 的标准正态随机数。

例如：

```
np.random.normal(0,1,10) #结果同上,生成均值为 0、标准差为 1 的 10 个正态分布随机数
array([ 0.06525803, -0.53151385, 1.0471436, 0.66499394, 0.9824002,
        -0.782761, -1.28181906, -0.19989404, 1.10891986, -0.26325872])
np.random.normal(1,2,10) #生成均值为 1、标准差为 2 的 10 个正态分布随机数
array([ 3.41082783, 0.13330524, 3.14740971, -1.31504953, -0.20512188,
        -0.92322614, 3.76544348, 0.59292055, 2.70046234, 0.48699475])
```

(3) np. random. randn(n, m)：生成 n 行 m 列的标准正态随机数。

例如：

```
np.random.randn(4,4): 生成 4 行 4 列的标准正态随机数
array([[-1.89889847, -1.41298049, 0.14384785, 1.85885604],
       [ 1.88099323, 0.25895943, -0.87479751, 2.02669934],
       [ 0.33353881, -0.02660858, 0.69939445, 0.04964814],
       [-0.56979391, 0.9958136, 0.00589214, -0.45891578]])
#标准正态散点图
x = np.linspace(-3,3,100)
y = np.random.randn(100)
fig = plt.figure(figsize = (12,8))
plt.plot(x,[0 for i in x],'b--')
plt.scatter(x,y)
```

程序执行后得到图 2. 4. 1 所示的标准正态随机变量散点图。

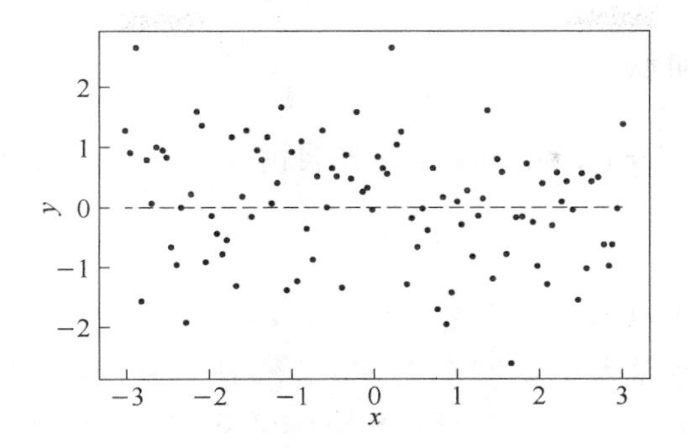

图 2.4.1　标准正态随机变量散点图

标准正态随机变量带核密度曲线及密度曲线的直方图(图 2.4.2)及程序如下。

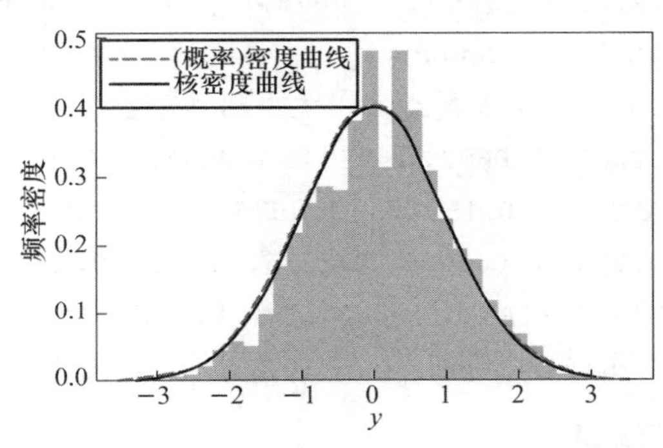

图 2.4.2　标准正态随机变量带核密度曲线及密度曲线的直方图

```
import numpy as np
from scipy.stats import norm
import matplotlib.pyplot as plt
fig = plt.figure(figsize = (12,8))
mu = 0  #期望为 1
sigma = 1  #标准差为 3
num = 1000  #个数为 10000
rand_data = np.random.normal(mu, sigma, num)
count, bins, ignored = plt.hist(rand_data, 30,density = 'normal')
x = np.linspace(-3.5,3.5,10000)
y = norm.pdf(x)
plt.plot(x,y,'b--',label = 'pdf')
plt.plot(bins, 1/(sigma * np.sqrt(2 * np.pi)) * np.exp( - (bins - mu) * * 2 /
(2 * sigma * * 2)), linewidth = 2, color = 'r',label = 'density')
plt.xlabel('$ y $',fontsize = 15)
plt.ylabel('$ density $',fontsize = 15)
plt.title('$ Histogram \\ of\\ y $')
plt.legend()
plt.show()
```

2.4.3 *t* 分布随机数

(1) np.random.standard_t(df,size)：生产自由度为 df、容量大小为 size 的标准 t 分布随机数。

例如：

```
np.random.standard_t(3,20)
#生产自由度为 3、容量大小为 20 的标准 t 分布随机数,用数组表示如下：
array([ 0.08329865, -0.46001968, 0.58219376, 2.6245228, -2.25231002,
       -0.15012974, 0.17792862, -1.0912789, -1.23405954, -0.17463307,
       -0.52665408, 0.32809062, -0.18232359, -0.21529005, -0.72820459,
        1.6722005, 2.6329263, -1.61467871, -0.03423456, 0.29163905])
np.random.standard_t(3,20).round(4)
# 上例调整小数点位数为 4 位以数组的形式表示如下：
array([-0.3627, 0.2804, 0.0683, 1.9394, 1.2097, -0.1027, 0.3903,
       -1.4197, 0.8723, -0.1537, -1.7876, -1.4424, -0.3138, -0.3051,
        0.1117, -0.275, -0.1008, 0.2336, -1.1759, 5.3124])
```

(2) t 分布随机数的程序(自由度 df = 3,size = 100)和散点图如下。

```
#  t 分布随机数散点图
x = np.linspace(-3,3,100)
y = np.random.standard_t(3,100)
fig = plt.figure(figsize = (12,8))
plt.plot(x,[0 for i in x],'r--')
plt.xlabel('$x$',fontsize = 15)
plt.ylabel('$y$',fontsize = 15)
plt.scatter(x,y)
plt.show()
```

程序运行完毕,图形如图 2.4.3 所示。

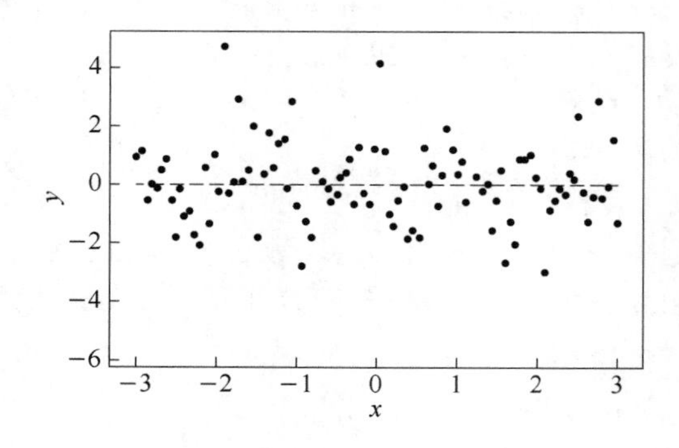

图 2.4.3 t 分布随机数的散点图

(3) 增加密度曲线的 t 分布随机数的程序和直方图如下。

```
import numpy as np
from scipy.stats import t
import matplotlib.pyplot as plt
fig = plt.figure(figsize = (12,8))
df = 8
num = 10000   #个数为 10000
rand_data = np.random.standard_t(df, num)
count, bins,ignored = plt.hist(rand_data, 30,density = 't')
x = np.linspace(-5,5,1000)
y = t(df).pdf(x)
plt.plot(x,y,'b--',label = 'pdf')
plt.xlabel('$ y $',fontsize = 15)
plt.ylabel('$ density $',fontsize = 15)
plt.title('$ Histogram \\ of\\ y $')
plt.legend()
plt.show()
```

程序运行完毕,图形如图 2.4.4 所示。

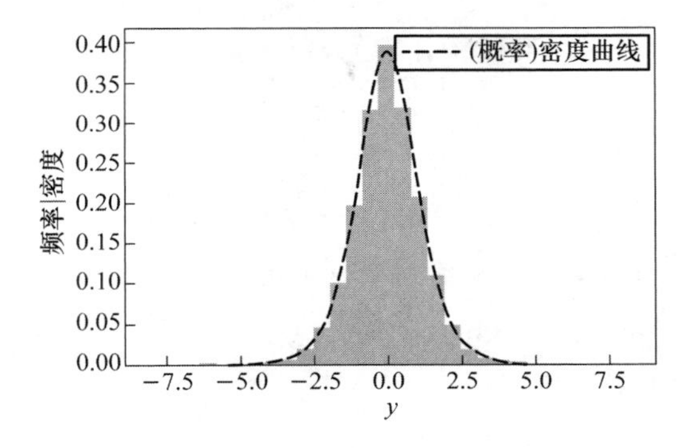

图 2.4.4　增加密度曲线的 t 分布随机数直方图

2.4.4　$\chi^2(n)$分布随机数

(1) np.random.chisquare(df,num):自由度为 df、容量为 num 个卡方随机数。

例如:

```
np.random.chisquare(5,20)
#自由度为 df=5,容量为 num = 20 个卡方随机数,用数组表示如下:
array([ 5.65221246, 7.96569588, 5.96806079, 2.38969277, 5.43266333,
        3.59929378, 11.37011031, 3.22254411, 8.65232106, 5.42152973,
        9.31305864, 4.53007716, 4.38183127, 4.5515398, 6.95697406,
        4.98569896, 4.35955773, 10.67287316, 8.11581398, 4.85569031])
np.random.chisquare(5,20).round(4)#保留小数点后 4 位,用数组表示如下:
array([2.4959, 4.3962, 9.4908, 5.8576, 4.2896, 2.6343, 0.8476, 0.488,
```

```
        3.3328, 6.0083, 8.565, 5.5237, 5.4273, 0.8384, 7.6394, 4.3551,
        2.0711, 1.2394, 1.5248, 5.3835])
```

(2) 卡方分布随机数的程序和散点图如下。

```
x = np.linspace(0,10,1000)
y = np.random.chisquare(5,1000)
fig = plt.figure(figsize = (12,8))
plt.plot(x,[0 for i in x],'r--')
plt.xlabel('$x$',fontsize = 15)
plt.ylabel('$y$',fontsize = 15)
plt.scatter(x,y)
plt.show()
```

散点图如图 2.4.5 所示。

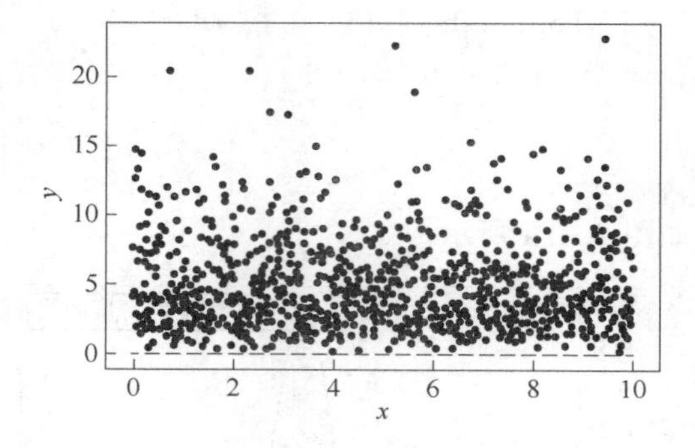

图 2.4.5　卡方分布随机数散点图

(3) 增加密度曲线的卡方分布随机数的程序和直方图如下。

```
import numpy as np
from scipy.stats import t
import matplotlib.pyplot as plt
fig = plt.figure(figsize = (12,8))
df = 8
num = 10000   #个数为 10000
rand_data = np.random.chisquare(df, num)
count, bins,ignored = plt.hist(rand_data, 30,density = 't')
x = np.linspace(0,10,1000)
y = chi2(df).pdf(x)
plt.plot(x,y,'b--',label = 'pdf')
plt.xlabel('$y$',fontsize = 15)
plt.ylabel('$density$',fontsize = 15)
plt.title('$Histogram \\ of\\ y $')
plt.legend()
plt.show()
```

程序执行完毕,图形如图 2.4.6 所示。

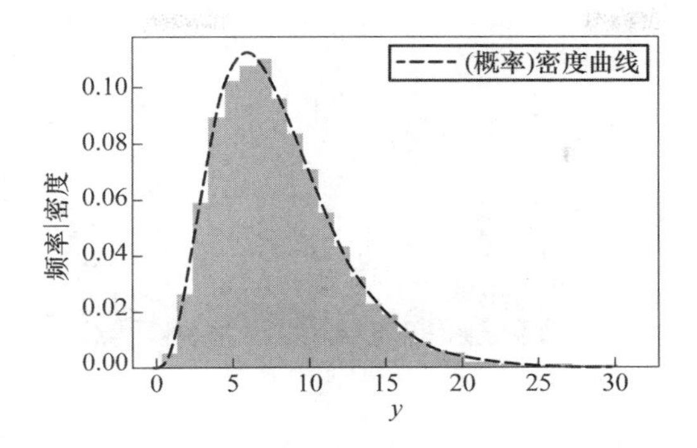

图 2.4.6　增加密度曲线的卡方分布随机数直方图

2.4.5　*F* 分布随机数

(1) np.random.f(df1,df2,num)：第一自由度为 df1、第二自由度为 df2、容量为 num 个 *f* 随机数。

例如：

```
np.random.f(5,8,20)
#第一自由度为 df1 = 5,第二自由度为 df2 = 8,容量为 20 个 f 随机数,用数组表示如下:
array([1.21085675, 1.40683307, 0.68211694, 1.3467419, 0.62145196,
       0.82840006, 3.71418055, 0.77747835, 0.24709601, 1.00289107,
       2.250664, 0.64109104, 2.78103798, 1.63449157, 0.72139056,
       0.73466289, 1.48535974, 0.85862664, 3.98617153, 1.06599821])
np.random.f(5,8,20).round(4)# f 随机数保留小数点后 4 位,以数组的形式存放
array([0.4832, 1.1138, 0.5189, 1.2427, 1.2286, 0.1826, 0.3619, 2.5679,
       0.3542, 0.451, 1.2434, 0.7889, 0.7003, 0.0109, 0.2222, 2.5395,
       1.0528, 0.2257, 0.7149, 0.879 ])
```

(2) *F* 分布随机数的程序和散点图如下。

```
#F 方分布随机数散点图
x = np.linspace(0,10,1000)
y = np.random.f(5,8,1000)
fig = plt.figure(figsize = (12,8))
plt.plot(x,[0 for i in x],'r--')
plt.xlabel('$x$',fontsize = 15)
plt.ylabel('$y$',fontsize = 15)
plt.scatter(x,y)
plt.show()
```

程序运行完毕,图形如图 2.4.7 所示。

(3) 增加密度曲线的 *F* 分布随机数的程序和直方图如下。

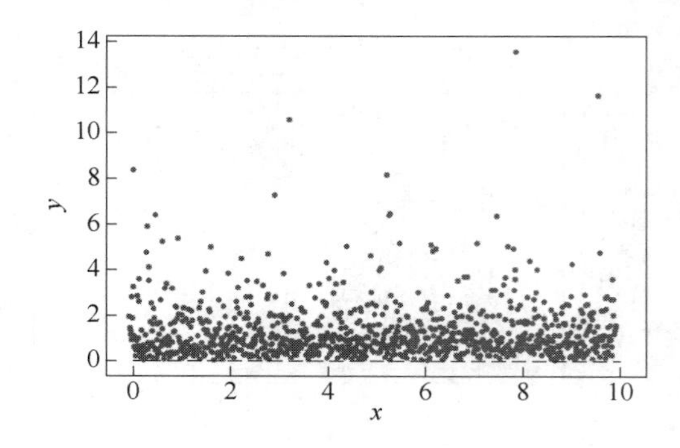

图 2.4.7　F 分布随机数散点图

```
#F 分布增加密度曲线随机数的直方图
import numpy as np
from scipy.stats import t
import matplotlib.pyplot as plt
fig = plt.figure(figsize = (12,8))
df1 = 5
df2 = 18
num = 10000  #个数为 10000
rand_data = np.random.f(df1,df2, num)
count, bins,ignored = plt.hist(rand_data, 30,density = 'f')
x = np.linspace(0,10,1000)
y = f(df1,df2).pdf(x)
plt.plot(x,y,'b--',label = 'pdf')
plt.xlabel('$y$',fontsize = 15)
plt.ylabel('$density$',fontsize = 15)
plt.title('$Histogram \\ of\\ y $')
plt.legend()
plt.show()
```

程序执行完毕,图形如图 2.4.8 所示。

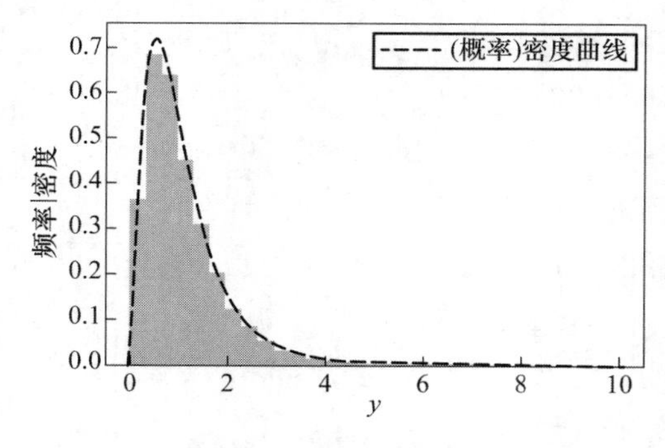

图 2.4.8　增加密度曲线的 F 分布随机数直方图

2.4.6　利用 Python 求各种分布的分位数举例

在 Python 中有很多模块都支持计算各种分布的概率及分位数，我们选择较为简单几种举例。

1. 利用 Python 求正态分布的概率及分位数

(1) 求正态分布的概率函数

```
from scipy.stats import norm #从 scipy 模块导入正态分布必需的语句
p = norm.cdf(1.96)#求标准正态随机变量小于 1.96 的概率值，即 p(X<=1.96)的值
p
 0.9750021048517795
```

也可以通过以下方式求出一般正态分布的概率，标准正态 mu=0，sigma=1 是默认的，可以省略：

```
mu = 2 #正态随机变量均值为 2
sigma = 4 #正态随机变量标准差是 4
p = norm(mu,sigma).cdf(9.84)
#计算均值是 2、方差是 16 的正态随机变量小于 9.84 的概率
p
 0.9750021048517795
```

(2) 求正态分布的上分位数函数

```
q = norm.isf(0.025) #查找概率为 0.025 的标准正态分布的上分位数
q
norm(mu,sigma).isf(p) #正态随机变量概率为 p 的上分位数计算函数，其中 p 是概率值，
# mu 是均值，sigma 是标准差，标准正态 mu=0，sigma=1 是默认的，可以省略
q = norm(2,4).isf(0.025) # 均值是 2、标准差是 4、概率为 0.025 的正态分布上分位数
q
  9.839855938160218
q.round(3) #保留 3 位有效数字
q
  9.84
```

2. 利用 Python 求卡方分布的概率及上分位数

(1) 求卡方分布的概率函数

```
from scipy.stats importchi2 #从 scipy 模块导入卡方分布必需的语句，注意导入的是
#chi2 而不是 chi，chi 是计算列联表的另一种模块
```

举例如下：

```
p =chi2(df).cdf( x)
#求自由度为 df、卡方随机变量小于 x 的概率值，即 p(X<=x)的值
p =chi2(5).cdf( 6.5)
#求自由度为 df=5、卡方随机变量小于 6.5 的概率值，即 p(X<=6.5)的值
p
```

```
  0.04995622155207728
p.round(4) # 保留小数点后 4 位
0.05
```

(2) 求卡方分布的上分位数函数

```
q = chi2(5).isf(0.95) # 查找自由度为 5、概率为 0.95 的卡方分布的上分位数
q
  1.1454762260617697
q.round(3)# 保留小数点后 3 位有效数字
q = chi2(8).isf(0.05) # 查找自由度为 8、概率为 0.05 的卡方分布的上分位数
q
  15.507313055865454
q.round(4)# 保留小数点后 4 位有效数字
 15.5073
```

3. 利用 Python 求 *t* 分布的概率及上分位数

(1) 求 *t* 分布的概率函数

```
from scipy.stats importt # 从 scipy 模块导入卡方分布必需的语句
```

应用举例如下：

```
p = t(df).cdf( x)
# 求自由度为 df、卡方随机变量小于 x 的概率值，即 p(X< = x)的值
p = t(8).cdf( 2.306)
# 求自由度为 df = 8、卡方随机变量小于 2.306 的概率值，即 p(X< = 2.306)的值
p
  0.9749998386193579
p.round(4)# 保留小数点后 4 位
0.975
```

(2) 求 *t* 分布的上分位数函数

```
q = t(df).isf(p) # 查找自由度为 df、概率为 p 的卡方分布的上分位数
```

例如：

```
q = t(8).isf(0.025) # 查找自由度为 8、概率为 0.025 的卡方分布的上分位数
q
  2.306004135033371
q.round(4)# 保留小数点后 4 位有效数字
2.306
```

4. Python 求 *F* 分布的概率及上分位数

(1) 求 *F* 分布的概率函数

```
from scipy.stats importf # 从 scipy 模块导入 F 分布必需的语句
```

应用举例如下：

```
p = f(df1,df2).cdf( x)
# 求第一自由度为 df1、第二自由度为 df2 的 f 随机变量小于 x 的概率值，即 p(X< = x)的值
p = f(5,8).cdf( 2.73)
# 求第一自由度为 df1 = 5、第二自由度为 df2 = 8 的 f 随机变量小于 x 的概率值，即
# p(X< = 2.73) 的值
```

```
p
  0.9002769011442573
p.round(4) # 保留小数点后 4 位
0.9003
```

(2) 求 F 分布的上分位数函数

```
q = f(df1,df2).isf(p)
# 查找第一自由度为 df1、第二自由度为 df2 的概率为 p 的 F 分布的上分位数
```

例如：

```
q = f(5,8).isf(0.1)
# 第一自由度为 df1 = 5、第二自由度为 df2 = 8 的概率为 0.025 的 f 分布的上分位数
q
2.7264469153905253
q.round(2)# 保留小数点后 2 位有效数字
2.73
```

习　题　2

2.1　设 $X_1,X_2,\cdots,X_{100}$ 是来自总体 X 的样本，且 $E(X)=\mu,D(X)=0.01$，求：

(1) $p\{|\overline{X}-\mu|>0.1\}$；

(2) $E(S^2)=E\left(\dfrac{1}{n-1}\sum\limits_{i=1}^{n}(X_i-\overline{X})^2\right),n=100$。

2.2　设总体 X 服从正态分布 $N(\mu,\sigma^2)$，其中 μ 已知，σ^2 未知，X_1,X_2,X_3 是从中抽取的一个样本。

(1) 写出 X_1,X_2,X_3 的联合概率密度；

(2) 指出下列表达式中哪些是统计量？

$$X_1+X_2+X_3,\quad X_2+2\mu,\quad \min(X_1,X_2,X_3),\quad \sum_{i=1}^{3}\frac{X_i^2}{\sigma^2},\quad X_3,\quad \frac{\overline{X}-\mu}{\frac{S}{\sqrt{n}}},\quad \frac{\overline{X}-\mu}{\frac{\sigma}{\sqrt{n}}}$$

2.3　设 $F_n^*(x)$ 是总体 X 的样本分布函数，求：$E(F_n^*(x)),D(F_n^*(x))$。

2.4　设 $X_1,X_2,\cdots,X_{30}$ 是来自总体 $N(0,4)$ 的一个样本，求：$P\left\{59.816\leqslant\sum\limits_{i=1}^{30}X_i^2<139.2\right\}$。

2.5　已知 $T\sim t(n)$，求证：$T^2\sim F(1,n)$。

2.6　设 S_1^2 与 S_2^2 分别是来自正态总体 $N(\mu,\sigma^2)$ 的两个容量为 10 和 15 的样本方差，求：

(1) $P\left\{\dfrac{S_1^2}{S_2^2}\leqslant 2.65\right\}$；

(2) $P\left\{\dfrac{S_1^2}{\sigma^2}\leqslant 2.114\right\}$。

2.7　若 $X_1,X_2,\cdots,X_{40}$ 与 $Y_1,Y_2,\cdots,Y_{40}$ 分别来自两个具有相同均值和方差的总体 X 和 Y(假定 X 和 Y 相互独立)，且 $X\sim N(0,0.05^2)$，求：

$$P\left\{\frac{(Y_1+Y_2+\cdots+Y_{40})^2}{X_1^2+X_2^2+\cdots+X_{40}^2}\leqslant 7.31\right\}$$

2.8 设 $X_1,X_2,\cdots,X_n$ 是来自总体 X 的样本，且 X 服从参数为 $\frac{1}{\theta}$ 的指数分布：

$$f(x)=\begin{cases}\frac{1}{\theta}e^{-\frac{x}{\theta}}, & x>0,\theta>0\\ 0, & 其他\end{cases}$$

(1) 求：$E(n\times\min(X_1,X_2,\cdots,X_n))$；

(2) 证明：$\frac{2n\overline{X}}{\theta}\sim\chi^2(2n)$。

2.9 利用 Python 获取 30 个均值为 −1、标准差为 5 的正态随机数。

2.10 利用 Python 获取 30 个自由度为 5 的 t 分布随机数。

2.11 利用 Python 在同一图形内作出正态密度曲线以及自由度分别为 3、8、20、100 的 t 密度曲线并对它们进行比较。

2.12 利用 Python 画出带密度曲线的自由度为 8 的卡方分布随机变量分布直方图。

2.13 利用 Python 画出自由度为 $df_1=8,df_2=3$ 及 $df_1=3,df_2=8$ 的 F 分布随机变量密度曲线。

2.14 利用 Python 尝试计算各种分布的分位数及概率值。

实验(一) Python 的安装及初步应用

1. 实验基本内容

(1) Python 软件的安装(主要是 Anaconda 的安装)。

(2) Jupyter Notebook 的安装(利用 Anaconda 加载)。

(3) 变量及数据文件的使用。

2. 实验基本要求

(1) 熟悉：数据及变量操作。

(2) 掌握：数据编辑窗口、数据录入、变量。

3. Python 编程实验报告中的内容

(1) 简单描述 Anaconda 的安装过程(包括主要步骤及安装成功的画面截图)。

(2) 利用 Anaconda 加载 Jupyter Notebook(包括主要步骤及使用验证成功的画面截图)。

(3) 初步尝试用命令画出如下分布密度曲线(包括主要命令行及运行结果)。

① 正态分布密度曲线。

② t 分布密度曲线。

③ 指数分布密度曲线。

④ 卡方分布密度曲线。

(4) 举例说明利用 Jupyter Notebook 中的库文件完成 norm、t、chi2、F 分位数查找。

(5) 谈谈安装及初步使用 Python 的体会。

第3章 参数估计

统计推断主要分为两大部分，一是参数估计，二是假设检验。参数估计又分点估计与区间估计两种。本章主要介绍估计量的求法、评价估计量好坏的标准以及参数的区间估计等内容。

3.1 点估计

本节思维导图

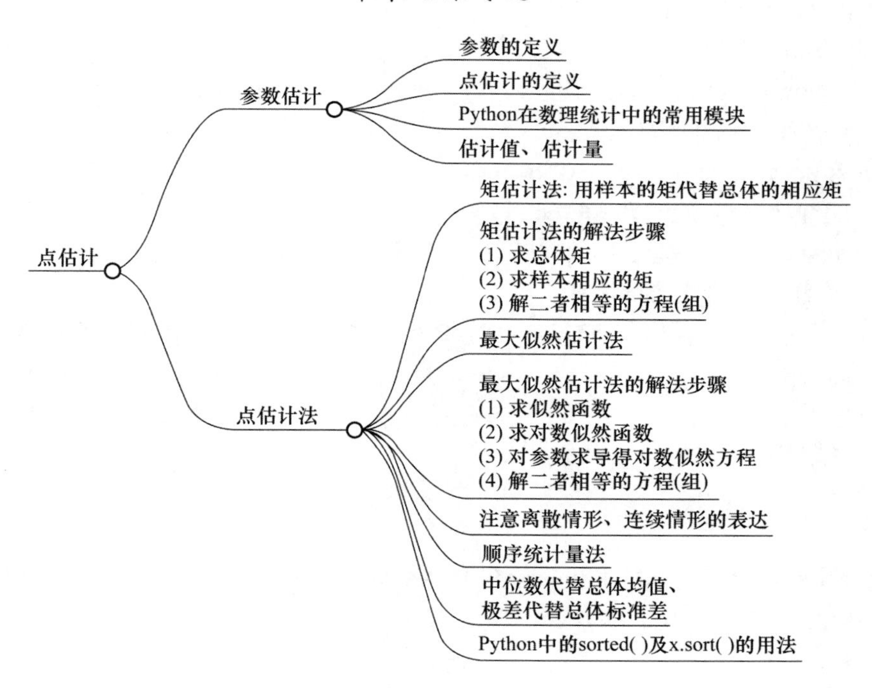

3.1.1 参数估计

参数估计的参数是指总体分布中的未知参数。例如，在正态分布 $N(\mu,\sigma^2)$ 中，μ、σ^2 未知，μ 与 σ^2 是参数。再如：泊松分布 $\pi(\lambda)$ 的总体中 λ 未知，λ 是参数；二项分布 $B(n,p)$ 的总体中 n 已知，p 未知，参数为 p。所谓参数估计就是由样本值对总体的未知参数作出估计。先看一个实例。

例 3.1.1 用一个仪器测量某物体的长度，假定测量得到的长度服从正态分布 $N(\mu,\sigma^2)$。现在进行 5 次测量，测量值(单位：mm)为

53.2　52.9　53.3　52.8　52.5

μ 和 σ^2 分别是正态分布总体的均值和方差，试对 μ 和 σ^2 进行估计。

解 可以用样本均值和样本方差分别去估计。

$$\bar{x}=\frac{\sum_{i=1}^{n}x_i}{n}=\frac{1}{5}(53.2+52.9+53.3+52.8+52.5)=52.94$$

$$\begin{aligned}S^2&=\frac{1}{n-1}\sum_{i=1}^{n}(x_i-\bar{x})^2\\&=\frac{1}{5-1}[(53.2-52.94)^2+(52.9-52.94)^2+(53.3-52.94)^2\\&\quad+(52.8-52.94)^2+(52.5-52.94)^2]\\&=0.103\end{aligned}$$

所以，μ 的估计值是 52.94，σ^2 的估计值是 0.103。用 $\hat{\mu}$、$\hat{\sigma}^2$ 分别表示 μ、σ^2 的估计值，故 $\hat{\mu}=52.94$，$\hat{\sigma}^2=0.103$，这就是对参数 μ 和 σ^2 分别作定值估计，亦称为参数的点估计。

学习中可以尝试基于 Python 求解，本例利用 Python 编程求解方法如下。

首先运行常用模块(以后不再提醒)。

```
%matplotlib inline
import numpy as np
import pandas as pd
from scipy.stats import norm,chi2,t,f
import matplotlib.pyplot as plt
import statsmodels.api as sm
```

方法一：给样本赋值并进行计算。

```
x = np.array([53.2,52.9,53.3,52.8,52.5]) #把样本写成 numpy 数组的形式
x_m = np.mean(x)
x_m
```

out 计算结果为

```
52.94
```

方法二如下。

```
x_m = np.sum(x)/len(x) # np.sum()求和函数、len(x)数组中包含的数据个数
x_m
```

out 计算结果为

```
52.94
```

计算样本方差的方法一如下。

```
s2 = np.var(x) * (len(x)/(len(x) - 1))
#利用 np 模块的函数求样本方差，本节在程序编写时用 s2 表示 s²
s2
```

out 计算结果为

```
0.10300000000000009
```

注：numpy 模块中的 np.var(x)的计算公式与一般书中的样本方差公式略有差异，为

$$\text{np.var}(x) = \frac{1}{n}\sum_{i=1}^{n}(x_i - \bar{x})^2 \tag{3.1.1}$$

一般书中的样本方差公式为

$$s^2 = \frac{1}{n-1}\sum_{i=1}^{n}(x_i - \bar{x})^2$$

在式(3.1.1)中，n 是样本容量，$n=\text{len}(x)$，x 是样本数据构成的数组，因此在利用 np 模块的函数求样本方差时要乘以调整系数$\frac{\text{len}(x)}{\text{len}(x)-1}$。

计算样本方差的方法二如下。

```
s2 = np.sum((x - np.mean(x)) ** 2)/(len(x) - 1)
s2
```

out 计算结果如下。

```
0.10300000000000009
```

保留小数点后 3 位有效数字，则 $s^2=0.103$。

一般来说，设总体 X 的分布函数是 $F(x;\theta_1,\theta_2,\cdots,\theta_k)$，其中 $\theta_1,\theta_2,\cdots,\theta_k$ 是未知参数。如果从总体中取得的样本值为$(x_1,x_2,\cdots,x_n)$，作 k 个函数$\hat{\theta}_i=\hat{\theta}_i(x_1,x_2,\cdots,x_n)$，$i=1,2,\cdots,k$，分别用$\hat{\theta}_i$ 估计未知参数 θ_i，则称$\hat{\theta}_i$ 是 θ_i 的估计值。作$\hat{\theta}_i=\hat{\theta}_i(X_1,X_2,\cdots,X_n)$，则称$\hat{\theta}_i$(随机变量)是 θ_i 的估计量，$i=1,2,\cdots,k$。估计量显然是统计量，用作估计未知参数。为了方便起见，有时候我们把估计值和估计量统称为估计量，用$\hat{\theta}_i$ 对参数 θ_i 作定值估计，称为参数的点估计。需要指出，这种估计值随抽得样本的数值不同而不同，具有随机性。

下面介绍参数点估计的几个具体方法。

3.1.2　点估计法

1. 矩估计法

所谓矩估计法，概括来说，就是用样本矩估计总体的相应矩，用样本矩的函数作为总体相应矩同一函数的估计量。

例 3.1.2　设某种罐头的质量 $X\sim N(\mu,\sigma^2)$，其中参数 μ 及 σ^2 都是未知的，现随机地抽测 8 盒罐头，测得质量(单位：g)为

453　457　454　452.5　453.5　455　456　451

试求 μ 及 σ^2 的矩估计值。

解　因为 μ 是全部罐头的平均质量，而 $\bar{x}$ 是样本的平均质量，因此自然会想到用样本均值 $\bar{x}$ 去估计 μ。同样，用样本方差 s^2 去估计总体方差 σ^2，即有 $\hat{\mu}=\bar{x}$，$\hat{\sigma}^2=s^2$。由测得值可算得 $\bar{x}$ 和 s^2 的值分别是 $\bar{x}=454$，$s^2=3.78$，故有 $\hat{\mu}=454$，$\hat{\sigma}^2=3.78$。

基于 Python 的求解方法如下：

```
X = np.array([453,457,454,452.5,453.5,455,456,451])
X_m = np.mean(x)
X_m
```

计算结果为

```
Out: 454.0
```

方差的矩估计值有两种求解方法。

- 方法一:利用 numpy 自带公式计算。

```
  np.var(X)
out:3.3125
```

- 方法二:编程计算。

```
np.sum((X - np.mean(X)) * * 2)/len(X)
(length(x) - 1) * var(x)/length(x) # 方差的矩估计值
out:3.3125
```

样本方差与总体方差的矩估计公式不同。

```
s2 = np.sum((X - np.mean(X)) * * 2)/(len(X) - 1)
s2
out:3.7857142857142856
s2 = np.var(X) * (len(X)/(len(X) - 1)) # 利用 np 模块的函数求样本方差
s2
out:3.7857142857142856
```

例 3.1.3 设总体 X 在 $[a,b]$ 上是均匀分布的,其概率密度函数为

$$f(x)=\begin{cases}\dfrac{1}{b-a}, & a\leqslant x\leqslant b\\ 0, & \text{其他}\end{cases}$$

试求未知参数 a 和 b 的估计量。

解 这时参数 a 和 b 并不是总体分布的矩,但是总体矩却都与 a 和 b 有关。例如,总体分布的一阶、二阶原点矩分别为

$$A_1 = E(X) = \int_a^b \frac{x}{b-a}\mathrm{d}x = \frac{a+b}{2}$$

$$A_2 = E(X^2) = \int_a^b \frac{x^2}{b-a}\mathrm{d}x = \frac{1}{3}(a^2+ab+b^2)$$

由上面两式可解得

$$a=A_1-\sqrt{3}\times\sqrt{A_2-A_1^2}$$

$$b=A_1+\sqrt{3}\times\sqrt{A_2-A_1^2}$$

当我们用样本矩估计总体矩,即取 $\hat{A}_1 = \frac{1}{n}\sum_{i=1}^{n}X_i = \overline{X}$,$\hat{A}_2 = \frac{1}{n}\sum_{i=1}^{n}X_i^2$ 时,就得到

$$\hat{a} = \hat{a}_1 - \sqrt{3}\times\sqrt{\hat{A}_2-\hat{A}_1^2}$$

$$= \overline{X} - \sqrt{3}\times\sqrt{\frac{1}{n}\sum_{i=1}^{n}X_i^2 - \overline{X}^2}$$

$$= \overline{X} - \sqrt{3}\times\sqrt{\frac{1}{n}\sum_{i=1}^{n}(X_i - \overline{X})^2}$$

$$\hat{b} = \overline{X} + \sqrt{3}\times\sqrt{\frac{1}{n}\sum_{i=1}^{n}(X_i^2 - \overline{X})^2}$$

例 3.1.4 设总体 X 服从参数 λ 的指数分布，求 λ 的矩估计量。

解 由题意得，$f(x)=\lambda e^{-\lambda x}(x>0,\lambda>0)$，则

$$A_1=E(X)=\int_0^{+\infty}x\lambda e^{-\lambda x}dx=\frac{1}{\lambda}$$

即

$$\lambda=\frac{1}{A_1}$$

设 $X_1,X_2,\cdots,X_n$ 是总体 X 的样本，A_1 的估计量为

$$\hat{A}_1=\frac{1}{n}\sum_{i=1}^{n}X_i=\overline{X}$$

故

$$\hat{\lambda}=\frac{1}{\overline{X}}$$

一般来讲，设总体 X 的分布函数 $F(x;\theta_1,\theta_2,\cdots,\theta_m)$ 的类型已知，但其中包含 m 个未知参数 $\theta_1,\theta_2,\cdots,\theta_m$，则总体 X 的 k 阶矩也是 $\theta_1,\theta_2,\cdots,\theta_m$ 的函数，记

$$q_k(\theta_1,\theta_2,\cdots,\theta_m)=E(X^k),\quad k=1,2,\cdots,m$$

假定从方程组

$$\begin{cases}q_1(\theta_1,\theta_2,\cdots,\theta_m)=A_1\\q_2(\theta_1,\theta_2,\cdots,\theta_m)=A_2\\\vdots\\q_m(\theta_1,\theta_2,\cdots,\theta_m)=A_m\end{cases}$$

可以解出

$$\begin{cases}\theta_1=h_1(A_1,A_2,\cdots,A_m)\\\theta_2=h_2(A_1,A_2,\cdots,A_m)\\\vdots\\\theta_m=h_m(A_1,A_2,\cdots,A_m)\end{cases}$$

设 $X_1,X_2,\cdots,X_n$ 是总体 X 的一个样本。用 $\hat{A}_k=\frac{1}{n}\sum_{i=1}^{n}X^k$ 来估计 $A_k(k=1,2,\cdots,m)$，然后代入上式的 h_k 中，得到 θ_k 的估计量 $\hat{\theta}_k=h_k(\hat{a}_1,\hat{a}_2,\cdots,\hat{a}_m)$，其中 $k=1,2,3,\cdots,m$。

我们看到，矩估计法直观而又便于计算，特别是在对总体的数学期望及方差等数字特征作估计时，并不一定要知道总体的分布函数，但是矩估计法要求总体 X 的原点矩存在，若总体 X 的原点矩不存在，那就不能用矩估计法。

2. 最大似然估计法

当总体的分布类型已知时，常用最大似然估计法估计未知参数。下面结合例子介绍最大似然估计法的基本思想和方法。

例 3.1.5 设有一大批产品，其不合格率为 $p(0<p<1)$。现从中随机地抽取 100 个，其中有 10 个不合格品，试估计 p 的值。

解 若正品用“0”表示，不合格品用“1”表示，则此总体 X 的分布为

$$P\{X=1\}=p,P\{X=0\}=1-p$$

即

$$P\{X=x\}=p^x(1-p)^{1-x},\quad x=0,1$$

取得的样本记为$(x_1,x_2,\cdots,x_{100})$,其中 10 个是"1",90 个是"0"。出现此样本的概率为

$$\begin{aligned}&P\{X_1=x_1,X_2=x_2,\cdots,X_n=x_n\}\\&=P\{X_1=x_1\}\cdot P\{X_2=x_2\}\cdot\cdots\cdot P\{X_n=x_n\}\\&=p^{x_1}(1-p)^{1-x_1}\cdot p^{x_2}(1-p)^{1-x_2}\cdot\cdots\cdot p^{x_n}(1-p)^{1-x_n}\\&=p\sum_{i=1}^{n}x_i(1-p)^{n-\sum\limits_{i=1}^{n}1-x_i}\end{aligned}$$

这个概率随 p 不同而变化。自然应该选择使此概率达到最大的 p 值作为真正不合格率的估计值。记 $L(p)=p^{10}(1-p)^{90}$。由高等数学中求极值的方法可知

$$\begin{aligned}L'(p)&=10p^9(1-p)^{90}-90p^{10}(1-p)^{89}\\&=p^9(1-p)^{89}[10(1-p)-90p]\\&=0\end{aligned}$$

解得

$$\hat{p}=\frac{10}{100}$$

此例求解的方法是:选择参数 p 的值使抽得的该样本值出现的可能性最大,用这个值作为未知参数 p 的估计值。这种求估计量的方法称为最大似然估计法,也称为极大似然估计法。显然,在例 3.1.5 中取一个容量为 n 的样本,其中有 m 个不合格品,用最大似然估计法可得 $\hat{p}=\frac{m}{n}$。

下面分离散和连续两种总体分布情形介绍最大似然估计法。

(1) 离散分布情形

设总体 X 的分布律为 $P\{X=x_i\}=p(x_i;\theta),i=1,2,\cdots$。其中,$\theta$ 为未知参数,$(X_1,X_2,\cdots,X_n)$为 X 的一个样本,$(x_1,x_2,\cdots,x_n)$是样本的观察值。则

$$\begin{aligned}&P\{X_1=x_1,X_2=x_2,\cdots,X_n=x_n\}\\&=\prod_{i=1}^{n}P\{X=x_i\}\\&=\prod_{i=1}^{n}p\{x_i;\theta\}\end{aligned}$$

当样本观测值$(x_1,x_2,\cdots,x_n)$给定后,它是 θ 的函数,记作

$$L=L(x_1,x_2,\cdots,x_n;\theta)=\prod_{i=1}^{n}p(x_i;\theta)\tag{3.1.2}$$

并称它为似然函数。使似然函数 L 取得最大值的$\hat{\theta}$,即满足$\max\limits_{\theta}L(x_1,x_2,\cdots,x_n;\theta)=L(x_1,x_2,\cdots,x_n;\hat{\theta})$的$\hat{\theta}$,称为 θ 的最大似然估计值。

怎样求 θ 的最大似然估计值呢?当 L 是 θ 的可微函数时,要使 L 取得最大值,则 θ 必须满足方程

$$\frac{\mathrm{d}L}{\mathrm{d}\theta}=0\tag{3.1.3}$$

从此方程解得 θ,再把 θ 换成 $\hat{\theta}$ 即可。

由于 L 与 $\ln L$ 在同一处取得最大值，所以 $\hat{\theta}$ 可由方程

$$\frac{\mathrm{d}\ln L}{\mathrm{d}\theta}=0 \tag{3.1.4}$$

求得。这往往比直接用式(3.1.3)求 $\hat{\theta}$ 来得方便。方程式(3.1.3)称为似然方程；方程(3.1.4)称为对数似然方程。显然，用最大似然估计法得到的参数 θ 的估计值 $\hat{\theta}$ 与样本观测值 $(x_1,x_2,\cdots,x_n)$ 的取值有关，故可记作 $\hat{\theta}=\hat{\theta}(x_1,x_2,\cdots,x_n)$。$\hat{\theta}(X_1,X_2,\cdots,X_n)$ 称为 θ 的最大似然估计量。

综上所述，求参数 θ 的最大似然估计的步骤归纳如下。

第一步，根据总体概率分布（若是连续型变量，则根据概率密度）构造似然函数。$L(x_i;\theta)=\prod_{i=1}^{n}p(x_i;\theta)$。

第二步，似然函数取对数。

第三步，数似然函数 $\ln L$ 对 θ 求导数（若同时估计总体的 m 个未知参数 θ_i $(i=1,2,\cdots,m)$，则对数似然函数 $\ln L$ 分别对 θ_i 求偏导数），并令 $\frac{\mathrm{d}\ln L}{\mathrm{d}\theta}=0$。

第四步，从上式中解出 θ，由于 θ 是样本的函数，所以是 θ 的估计量，记为 $\hat{\theta}$。

第五步，将样本观测值代入 $\hat{\theta}$，得到总体参数 θ 的估计值。

例 3.1.6　设总体 X 服从泊松分布，其分布律为 $P\{X=x\}=\frac{\lambda^x \mathrm{e}^{-\lambda}}{x!}$，$x=0,1,2,\cdots$。$(X_1,X_2,\cdots,X_n)$ 是 X 的一个样本，试求 λ 的最大似然估计量。

解　由式(3.1.2)知，似然函数为

$$L=\prod_{i=1}^{n}\frac{\lambda^{x_i}\mathrm{e}^{-\lambda}}{x_i!}=\frac{\lambda^{x_1+x_2+\cdots+x_n}}{x_1!x_2!\cdots x_n!}\mathrm{e}^{-n\lambda}$$

取对数得

$$\ln L=(\sum_{i=1}^{n}x_i)\ln\lambda-n\lambda-\sum_{i=1}^{n}\ln(x_i!)$$

对 λ 求导得对数似然方程为

$$\frac{\mathrm{d}\ln L}{\mathrm{d}\theta}=\frac{1}{\lambda}\sum_{i=1}^{n}x_i-n=0$$

由此得 λ 的最大似然估计值为

$$\hat{\lambda}=\frac{1}{n}\sum_{i=1}^{n}x_i=\bar{x}$$

λ 的最大似然估计量为

$$\hat{\lambda}=\frac{1}{n}\sum_{i=1}^{n}x_i=\bar{X}$$

(2) 连续分布情形

设总体 X 的分布密度为 $f(x;\theta)$，θ 为未知参数，$(x_1,x_2,\cdots,x_n)$ 为 X 的一个样本观测值，以 $f(x_i;\theta)$ 代替离散情形中的 $p(x_i;\theta)$，得似然函数

$$L(x_1,x_2,\cdots,x_n;\theta)=\prod_{i=1}^{n}f(x_i;\theta) \tag{3.1.5}$$

再按离散情形中求解步骤便可求得连续型随机变量参数 θ 的最大似然估计值及最大似然估计量。

需要指出,似然函数与联合概率密度函数的区别在于:在式(3.1.5)中,若 θ 是已知,则为联合概率密度函数;若 θ 是未知,则为似然函数。

例 3.1.7 设某种电子元件的寿命服从指数分布,其分布密度为

$$f(x;\lambda)=\begin{cases}\lambda e^{-\lambda x}, & x\geqslant 0\\ 0, & x<0\end{cases}$$

今测得 n 个元件的寿命为 $x_1,x_2,\cdots,x_n$,试求 λ 的最大似然估计值。

解 由式(3.4)知,似然函数为

$$L=\prod_{i=1}^{n}\lambda e^{-\lambda x_i}=\lambda^n e^{-\lambda(x_1+x_2+\cdots+x_n)}$$

取对数得

$$\ln L=n\ln\lambda-\lambda\sum_{i=1}^{n}x_i$$

对 λ 求导得对数似然方程,即

$$\frac{\mathrm{d}\ln L}{\mathrm{d}\lambda}=\frac{n}{\lambda}-\sum_{i=1}^{n}x_i=0$$

由此解得 λ 的最大似然估计值为

$$\hat{\lambda}=\frac{n}{\sum_{i=1}^{n}x_i}=\frac{1}{\bar{x}}$$

例 3.1.8 设总体 X 具有均匀分布,其密度为

$$f(x;\theta)=\begin{cases}\frac{1}{\theta}, & 0\leqslant x\leqslant\theta\\ 0, & \text{其他}\end{cases}$$

其中,未知参数 $\theta>0$。试求 θ 的极大似然估计量。

解 样本值为 $(x_1,x_2,\cdots,x_n)$,而

$$f(x_i,\theta)=\begin{cases}\frac{1}{\theta}, & 0\leqslant x_i\leqslant\theta\\ 0, & \text{其他}\end{cases}$$

似然函数为

$$L=\begin{cases}\frac{1}{\theta^n}, & 0\leqslant\min\limits_{1\leqslant i\leqslant n}x_i\leqslant\max\limits_{1\leqslant i\leqslant n}x_i\leqslant\theta\\ 0, & \text{其他}\end{cases}$$

选取 θ 的值使 L 达到最大,只要取

$$\theta=\max_{1\leqslant i\leqslant n}x_i$$

改写成

$$\hat{\theta}=\max_{1\leqslant i\leqslant n}x_i$$

或

$$\hat{\theta}=\max_{1\leqslant i\leqslant n}X_i$$

一般来说,设总体 X 的分布中含有 m 个未知参数 $\theta_1,\theta_2,\cdots,\theta_m$,其似然函数为

$$L=L(x_1,x_2,\cdots,x_n;\theta_1,\theta_2,\cdots,\theta_m)$$

则似然方程组为

$$\begin{cases}\dfrac{\partial L}{\partial\theta_1}=0\\ \dfrac{\partial L}{\partial\theta_2}=0\\ \vdots\\ \dfrac{\partial L}{\partial\theta_m}=0\end{cases}\tag{3.1.6}$$

对数似然方程组为

$$\begin{cases}\dfrac{\partial\ln L}{\partial\theta_1}=0\\ \dfrac{\partial\ln L}{\partial\theta_2}=0\\ \vdots\\ \dfrac{\partial\ln L}{\partial\theta_m}=0\end{cases}\tag{3.1.7}$$

由式(3.1.6)或式(3.1.7)解得的 $\hat{\theta}_1,\hat{\theta}_2,\cdots,\hat{\theta}_m$ 分别称为参数 $\theta_1,\theta_2,\cdots,\theta_m$ 的最大似然估计量。

例 3.1.9 设正态总体 X 具有分布 $N(\mu,\sigma^2)$,其中 μ、σ^2 是未知参数,试求 μ 和 σ^2 的最大似然估计量。

解 因为

$$f(x_i)=\frac{1}{\sqrt{2\pi}\sigma}e^{-\frac{(x_i-\mu)^2}{2\sigma^2}}$$

似然函数为

$$L=\prod_{i=1}^{n}\frac{1}{\sqrt{2\pi}\sigma}e^{-\frac{(x_i-\mu)^2}{2\sigma^2}}=\left(\frac{1}{\sqrt{2\pi}\sigma}\right)^n e^{-\frac{1}{2\sigma^2}\sum\limits_{i=1}^{n}(x_i-\mu)^2}$$

取对数得

$$\ln L=-\ln(\sqrt{2\pi})^n-\frac{n}{2}\ln\sigma^2-\frac{1}{2\sigma^2}\sum_{i=1}^{n}(x_i-\mu)^2$$

求导得对数似然方程组为

$$\begin{cases}\dfrac{\partial\ln L}{\partial\mu}=\dfrac{1}{\sigma^2}\sum\limits_{i=1}^{n}(x_i-\mu)=0\\ \dfrac{\partial\ln L}{\partial\sigma^2}=-\dfrac{n}{2}\cdot\dfrac{1}{\sigma^2}-\dfrac{1}{2(\sigma^2)^2}\sum\limits_{i=1}^{n}(x_i-\mu)^2=0\end{cases}$$

解方程组得

$$\mu=\frac{1}{n}\sum_{i=1}^{n}x_i=\bar{x}$$

$$\sigma^2=\frac{1}{n}\sum_{i=1}^{n}(x_i-\bar{x})^2$$

改写为

$$\hat{\mu} = \overline{X}$$

$$\hat{\sigma}^2 = \frac{1}{n}\sum_{i=1}^{n}(X_i - \overline{X})^2$$

需要指出，最大似然估计法不仅利用了样本所提供的信息，同时也利用了总体分布的表达式所提供的关于参数 $\theta_1,\theta_2,\cdots,\theta_m$ 的信息。因此，最大似然估计法得到的估计量的精度一般比矩估计法所得到的高，而且它的适用范围也比较广，到目前为止，在理论上它仍是参数点估计的一种最重要的方法。

3. 顺序统计量法

实际上常用的顺序统计量是样本中位数和样本极差。顺序统计量法，直观来讲，就是用样本中位数 M_e 估计总体中位数，用样本极差 R 估计总体标准差。对于总体为连续型且分布密度为对称的情形，此时总体中位数也就是期望值。特别地，对正态总体 $N(\mu,\sigma^2)$，关于样本中位数的以下结果能使我们更好地认识这种估计法。

定理 设$(X_1,X_2,\cdots,X_n)$是来自正态总体 $N(\mu,\sigma^2)$的样本，M_e 是样本中位数，则有

$$\sqrt{\frac{2n}{\pi\sigma^2}}(M_e-\mu)\to N(0,1),\quad n\to\infty$$

证明略。

此定理表明：$\sqrt{\frac{2n}{\pi\sigma^2}}(M_e-\mu)$渐近标准正态分布 $N(0,1)$，当 n 充分大时，M_e 近似服从 $N\left(\mu,\frac{\pi\sigma^2}{2n}\right)$，$n$ 越大，M_e 落在 μ 的附近的概率就越大。所以，当 n 充分大时，可以用样本中位数 M_e 作为均值 μ 的估计，即 $\hat{\mu}=M_e$。

例 3.1.10 设某种灯泡寿命 $X\sim N(\mu,\sigma^2)$，其中参数 μ、σ^2 未知，为了估计平均寿命 μ，随机抽取 7 只灯泡测得寿命(单位：h)为

1 575　1 503　1 346　1 630　1 575　1 453　1 950

(1) 用顺序统计量法估计 μ；

(2) 用矩估计法及最大似然估计法估计 μ。

解 (1) 顺序统计量$(X_{(1)},X_{(2)},\cdots,X_{(n)})$的观测值分别为 1 346，1 453，1 503，1 575，1 575，1 630，1 950。因为 $n=7$，所以

$$\hat{\mu}=M_e=x_{(4)}=1\,575$$

(2) 当总体 $X\sim N(\mu,\sigma^2)$时，用矩估计法及最大似然估计法估计 μ 都得

$$\hat{\mu} = \overline{x} = \frac{1}{7}\sum_{i=1}^{7}x_i = 1\,576$$

注：可以用 Python 中的 sorted()函数及 x.sort()函数对 x 进行排序。

```
x = np.array([1575, 1503, 1346, 1630, 1575,1453, 1950])
sorted(x)
out:[1346, 1453, 1503, 1575, 1575, 1630, 1950]
```

此时 x 本身没有改变。

```
x.sort()
out:array([1346, 1453, 1503, 1575, 1575, 1630, 1950])
```

x 本身变为有序的样本。

当总体均值 μ 能够用样本中位数 M_e 估计时，用 M_e 估计有以下的优点：只需要存在 $E(X)$，而不需要利用总体 X 的分布；计算简便；样本中位数 M_e 的观测值不易受个别异常数据的影响。

例如，在寿命试验的样本值中发现某一数据异常小(例如，在例 3.1.10 中，由于相关试验人员粗心，把数据 1 346 误记为 134)，在进行统计推断时一定会提疑问：这个异常小的数据是总体 X 的随机性造成的还是受外来干扰造成的呢？如果原因属于后者(如记录错误)，那么用样本均值 $\bar{x}$ 估计 $E(X)$ 显然就要受到影响，但用样本中位数 M_e 估计 $E(X)$ 时，由于一个(甚至几个)异常数据不易改变中位数 M_e 的取值，所以估计值不易受影响。特别是在寿命试验中，个别样本的寿命很长，这是常有的现象，若等待 n 个寿命试验全部结束，然后计算 $\bar{x}$ 作为平均寿命的估计值，花的时间就较多；如果用 M_e 估计总体均值 $E(X)$，那么将 n 个试验同时进行，只要有超过半数的试验得到了寿命数据，无论其余试验结果如何，都可得到样本中位数的观测值 M_e，因此得 $\hat{\mu}=M_e$，若没有别的需要，寿命试验即可结束。

类似的，可用极差 $R=x_{(n)}-x_{(1)}$ 作为总体标准差 $\sqrt{D(X)}$ 的估计量，即

$$\widehat{\sqrt{D(X)}}=R=X_{(n)}-X_{(1)},\quad n\leqslant 10$$

这种估计方法称为极差估计法。

用样本极差 R 估计 $\sqrt{D(X)}$，计算很简单，但不如用 S 来得可靠。一般情况下，这种估计仅在 $n\leqslant 10$ 时使用。

3.2　估计量的评价标准

本节思维导图

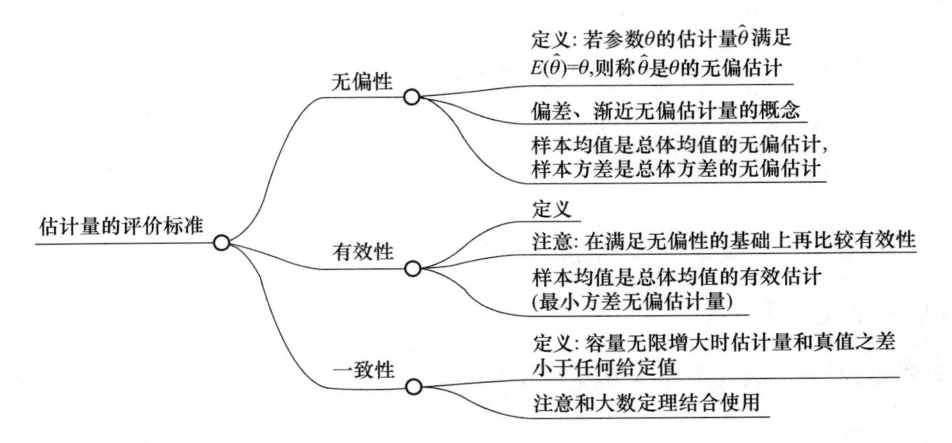

上一节我们介绍了 3 种参数点估计的方法。对于同一参数，采用不同的方法来估计，可能得到不同的估计量。究竟采用哪种方法好呢？所谓“好”的标准又是什么呢？下面介绍 3 种常用的评价标准。

3.2.1 无偏性

定义 若参数 θ 的估计量 $\hat{\theta}$ 满足 $E(\hat{\theta})=\theta$,则称 $\hat{\theta}$ 是 θ 的无偏估计。

无偏性是对估计量的最基本的要求。从直观上讲,如果对同一总体抽取容量相同的多个样本,得到的估计量就有多个值,那么这些值的平均值应等于被估计参数。这种要求在工程技术上是完全合理的。

如果 $E(\hat{\theta})\neq\theta$,那么 $E(\hat{\theta})-\theta$ 称为估计量 $\hat{\theta}$ 的偏差。若 $\lim E(\hat{\theta})=\theta$,则称 $\hat{\theta}$ 是 θ 的渐近无偏估计(量)。

例 3.2.1 设总体 X 的一阶和二阶矩存在,分布是任意的。记 $E(X)=\mu, D(X)=\sigma^2$,试问:$\overline{X}$和 S^2 是否是 μ 和 σ^2 的无偏估计量?

解 因为

$$E(\overline{X}) = E(\frac{1}{n}\sum_{i=1}^{n}X_i) = \frac{1}{n}\sum_{i=1}^{n}E(X_i) = \frac{1}{n}n\mu = \mu$$

故 $\overline{X}$ 是 μ 的无偏估计量。

又因为

$$\begin{aligned}
E(S^2) &= E\left\{\frac{1}{n-1}\sum_{i=1}^{n}(X_i-\overline{X})^2\right\} \\
&= \frac{1}{n-1}E\left\{\sum_{i=1}^{n}[(X_i-\mu)-(\overline{X}-\mu)]^2\right\} \\
&= \frac{1}{n-1}E\left\{\sum_{i=1}^{n}(X_i-\mu)^2-2\sum_{i=1}^{n}(X_i-\mu)(\overline{X}-\mu)+n(\overline{X}-\mu)^2\right\} \\
&= \frac{1}{n-1}E\left\{\sum_{i=1}^{n}(X_i-\mu)^2-n(\overline{X}-\mu)^2\right\} \\
&= \frac{1}{n-1}\left\{\sum_{i=1}^{n}D(X_i)-nD(\overline{X})\right\} \\
&= \frac{1}{n-1}\{n\sigma^2-\sigma^2\} \\
&= \frac{1}{n-1}\sigma^2\{n-1\} \\
&= \sigma^2
\end{aligned}$$

故 S^2 也是 σ^2 的无偏估计量。

需要指出,在许多教材中样本方差表示为 $S^2=\frac{1}{n}\sum_{i=1}^{n}(X_i-\overline{X})^2$。注意,它不是$\sigma^2$ 的无偏估计量,而只是σ^2 的渐近无偏估计量。当 $n\to\infty$ 时,$\frac{1}{n}\sum_{i=1}^{n}(X_i-\overline{X})^2\approx\frac{1}{n-1}\sum_{i=1}^{n}(X_i-\overline{X})^2$。而当 n 较小时,用$\frac{1}{n}\sum_{i=1}^{n}(X_i-\overline{X})^2$ 估计σ^2 偏差较大。因此,当样本容量较小时,一般用$\frac{1}{n-1}\sum_{i=1}^{n}(X_i-\overline{X})^2$ 作为 σ^2 的估计量。

3.2.2 有效性

定义 设 $\hat{\theta}_1$ 和 $\hat{\theta}_2$ 是同一参数 θ 的两个无偏估计量,若对于任意样本容量 n 有 $D(\hat{\theta}_1)>D(\hat{\theta}_2)$,则称 $\hat{\theta}_1$ 较 $\hat{\theta}_2$ 有效。

例如,$\hat{\mu}_1 = X_1$ 和 $\hat{\mu}_2 = \overline{X} = \frac{1}{n}\sum_{i=1}^{n} X_i (n > 1)$ 都是 $\mu = E(X)$ 的无偏估计量,由于

$$D(\hat{\mu}_2) = D(\frac{1}{n}\sum_{i=1}^{n} X_i) = \frac{D(X)}{n} < D(\hat{\mu}_1) = D(X)$$

所以 $\hat{\mu}_2$ 较 $\hat{\mu}_1$ 有效。从这个意义上讲,我们用 $\hat{\mu}_2=\overline{X}$,而不用 $\hat{\mu}_1=X_1$ 作为 μ 的估计量。

例 3.2.2 比较 $\overline{X}$ 与 $\hat{\mu}_1=\sum_{i=1}^{n} a_i X_i$ 的有效性,其中 $a_i (i = 1,2,\cdots,n)$ 为正常数,且 $\sum_{i=1}^{n} a_i=1$。

解 显然,当 $a_1=a_2=\cdots=a_n=\frac{1}{n}$ 时,$\hat{\mu}_1=\overline{X}$。现设所有 a_i 不全相等。前面已证明 $\overline{X}$ 是总体均值 μ 的无偏估计量,且计算得

$$D(\overline{X})=\frac{1}{n}\sigma^2$$

而

$$D(\hat{\mu}_1) = D\Big(\sum_{i=1}^{n} a_i X_i\Big)= \sum_{i=1}^{n} a_i^2 D(X_i) = \sigma^2 \sum_{i=1}^{n} a_i^2$$

利用不等式 $a_i^2+a_j^2\geqslant 2a_i a_j$(当且仅当 $a_i=a_j$ 时等式成立)可得

$$(\sum_{i=1}^{n} a_i)^2 = \sum_{i=1}^{n} a_i^2 + \sum_{i<j} 2a_i a_j < \sum_{i=1}^{n} a_i^2 + \sum_{i<j} (a_i^2 + a_j^2)$$

$$= n\sum_{i=1}^{n} a_i^2$$

若 $\sum_{i=1}^{n} a_i = 1$,则由上式可得

$$\sum_{i=1}^{n} a_i^2 > \frac{1}{n}$$

可见 $\sigma^2 \sum_{i=1}^{n} a_i^2 > \frac{1}{n}\sigma^2$,故 $D(\hat{\mu}_1) > D(\overline{X})$。这表明 $\overline{X}$ 比 $\hat{\mu}_1$ 更有效。

显然,当 $\mu\neq 0$ 时,μ 的任何线性无偏估计量必有例 3.3.2 中 $\hat{\mu}_1$ 的形式,所以例 3.3.2 也表明 $\overline{X}$ 是总体均值 μ 的所有线性无偏估计量中最有效的一个无偏估计量,也就是说,样本均值是总体均值的最小方差无偏估计量。

最小方差无偏估计量是否存在以及存在的情况下如何寻找是一个比较复杂的问题,在这里不讨论。下面不加证明地给出两个结果。

(1) 频率是概率的最小方差无偏估计量。

(2) 对于正态总体 $N(\mu,\sigma^2)$,$\overline{X}$ 和 S^2 分别是 μ 和 σ^2 的最小方差无偏估计量。

由此我们不难理解,在实际工作中人们为什么根据样本不合格率作为全部产品(总体)不合格率的估计量,用样本均值、样本方差分别作为总体均值、总体方差的估计量。

3.2.3 一致性

定义 设$\hat{\theta}(X_1,X_2,\cdots,X_n)$为总体未知参数$\theta$的估计量,若对任意$\varepsilon>0$,有$\lim\limits_{n\to\infty}P\{|\hat{\theta}-\theta|<\varepsilon\}=1$,则称$\hat{\theta}$为$\theta$的一致估计量。

例 3.2.3 设总体X的期望μ和方差σ^2均存在,$(X_1,X_2,\cdots,X_n)$为总体的一个样本,试证样本平均数$\overline{X}=\frac{1}{n}\sum\limits_{i=1}^{n}X_i$是$\mu$的一致估计量。

证明 根据大数定理可知,对任意$\varepsilon>0$,有

$$\lim_{n\to\infty}P\left\{\left|\frac{1}{n}\sum_{i=1}^{n}X_i-EX\right|<\varepsilon\right\}=1$$

即

$$\lim_{n\to\infty}P\{|\overline{X}-\mu|<\varepsilon\}=1$$

故$\overline{X}$是μ的一致估计量。同理可以证明,样本方差$S^2=\frac{1}{n-1}\sum\limits_{i=1}^{n}(X_i-\overline{X})^2$是总体方差$\sigma^2$的一致估计量。

3.3 区间估计

本节思维导图

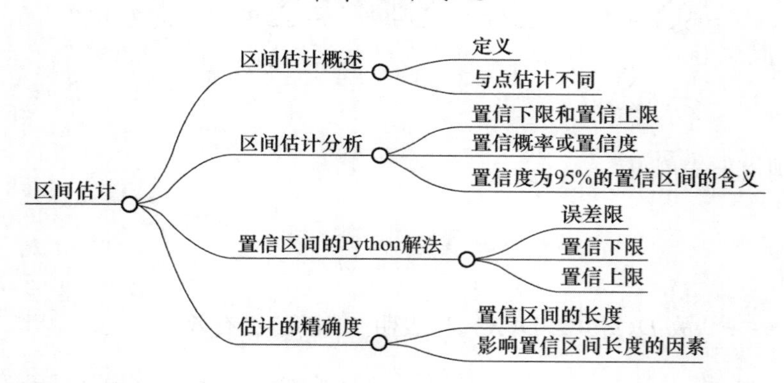

3.3.1 区间估计概述

什么叫作参数区间估计?如前所述,参数的点估计(定值估计)是由样本求出未知参数的一个估计值,而区间估计则要由样本给出参数值的一个估计范围。例如,某批产品的不合格率估计在1%~3%,某物体长度估计在10.6~11.0 mm,等。数理统计中未知参数所在范围是依据一个样本作出来的,没有百分之百的把握,因此只能对一定可靠程度(概率)而言。例如,以95%的概率估计未知参数θ在1.2~1.5。因此,参数的区间估计就是由样本给出参数的估计范围,并使未知参数在这个范围中具有指定的概率。下面通过实例具体介绍区间估计的方法。

3.3.2 区间估计分析

例 3.3.1 已知某炼铁厂的铁水含碳量(%)在正常情况下服从正态分布，且标准差 $\sigma=0.108$。现测量5炉铁水，其含碳量分别是4.28，4.40，4.42，4.35，4.37，试以概率95%对总体均值 μ 作区间估计。

解 首先建立此例的数学模型。设总体 X 的分布是 $N(\mu,\sigma_0^2)$，σ_0 为已知，从总体中随机地抽得样本 $(X_1,X_2,\cdots,X_n)$，要求以概率 $1-\alpha(0<\alpha<1)$ 对总体均值 μ 作区间估计。

记总体分布为 $N(\mu,\sigma_0^2)$。考察样本 $X_1,X_2,\cdots,X_n$，自然可用样本均值 $\overline{X}$ 估计 μ，由抽样分布的定理知 $\overline{x}$ 服从正态分布 $N(\mu,\frac{\sigma_0^2}{n})$，因而

$$u=\frac{\overline{X}-\mu}{\frac{\sigma_0}{\sqrt{n}}}\sim N(0,1) \tag{3.3.1}$$

对于给定概率 $1-\alpha(0<\alpha<1)$，则存在 $u_{\alpha/2}$ 使

$$P\{|u|<u_{\alpha/2}\}=1-\alpha \tag{3.3.2}$$

从图3.3.1容易看出，$u_{\alpha/2}$ 是标准正态分布上的 $\frac{\alpha}{2}$（图3.3.1右侧 $\frac{\alpha}{2}$）分位数，它的数值可以用Python求解或查表得到。

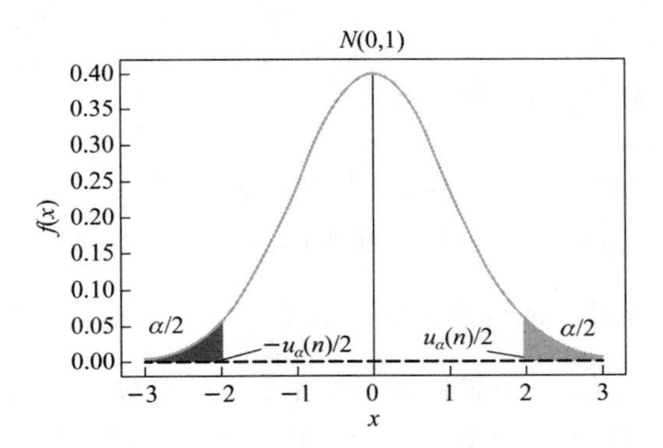

图3.3.1 标准正态分布的双侧 $\frac{\alpha}{2}$ 分位数

把 u 的表示式(3.3.1)代入式(3.3.2)得

$$P\left\{\left|\frac{\overline{X}-\mu}{\sigma_0/\sqrt{n}}\right|<u_{\alpha/2}\right\}=1-\alpha$$

即

$$P\left\{-u_{\alpha/2}<\frac{\overline{X}-\mu}{\sigma_0/\sqrt{n}}<u_{\alpha/2}\right\}=1-\alpha \tag{3.3.3}$$

可改写为

$$P\left\{-u_{\alpha/2}\frac{\sigma_0}{\sqrt{n}}<\overline{X}-\mu<u_{\alpha/2}\frac{\sigma_0}{\sqrt{n}}\right\}=1-\alpha$$

故 μ 的 $1-\alpha$ 置信区间为 $\left(\overline{X}-u_{\alpha/2}\frac{\sigma_0}{\sqrt{n}},\overline{X}+u_{\alpha/2}\frac{\sigma_0}{\sqrt{n}}\right)$。

$\overline{X}-u_{\alpha/2}\dfrac{\sigma_0}{\sqrt{n}}$和$\overline{X}+u_{\alpha/2}\dfrac{\sigma_0}{\sqrt{n}}$分别称为$\mu$的置信下限和置信上限。$1-\alpha$称为置信概率或置信度，工业上通常取$1-\alpha$的值为90%、95%或99%。

在例3.3.1中，$\sigma_0=0.108$，$n=5$，由样本数值算得样本均值$\overline{x}=4.364$，由$1-\alpha=0.95$计算得$u_{\alpha/2}=1.96$，把这些数值代入式(3.3.3)得

$$4.364-1.96\times\frac{0.108}{\sqrt{5}}<\mu<4.364+1.96\times\frac{0.108}{\sqrt{5}}$$

即μ的置信区间是(4.269，4.459)，置信度为0.95。

本例可利用 Python 求解，程序如下。

```
X = np.array([4.28,4.40,4.42,4.35,4.37]) #写成 numpy 数组形式
Alpha = 0.05#给 alpha 赋值
sigma0 = 0.108#给 sigma0 赋值
#计算误差限 delt:δ = z_{α/2} σ0/√n 或 δ = u_{α/2} σ0/√n
delt = norm.isf(alpha/2) * sigma0/np.sqrt(len(X))
#计算置信区间的下限
Low = np.mean(X) - delt
#计算置信区间的上限
Up = np.mean(X) + delt
#打印总体均值 95% 的置信区间
print('(',Low,Up,')')
out:( 4.269335565617729,4.45866443438227 )
```

怎样理解μ的置信度为95%的置信区间为(4.269，4.459)呢？式(3.3.3)说明随机区间$\left(\overline{X}-u_{\alpha/2}\dfrac{\sigma_0}{\sqrt{n}},\overline{X}+u_{\alpha/2}\dfrac{\sigma_0}{\sqrt{n}}\right)$覆盖$\mu$的可能性是95%（$1-\alpha=0.95$），亦即反复抽容量为100的样本算得$\mu$的置信区间，平均有95个置信区间包含真正的参数$\mu$。因而，对于一次抽样后由样本算得的置信区间，我们可以认为该置信区间是这些区间中的一个。置信区间的长短反映估计参数的精确程度，人们习惯用置信区间长度的一半作为估计的精度。置信度表示未知参数落在置信区间中的可靠程度。

由式(3.3.3)可见，置信区间的中心是$\overline{X}$，置信区间的长度等于$2u_{\alpha/2}\dfrac{\sigma_0}{\sqrt{n}}$。如果将式(3.3.2)中$u$的取值改为关于原点不对称的区间，即取$u_1$和$u_2$使$P\{u_1<u<u_2\}=1-\alpha$，利用式(3.3.1)可得

$$P\left\{u_1<\frac{\overline{X}-\mu}{\sigma_0\sqrt{n}}<u_2\right\}=1-\alpha$$

这样获得μ的置信区间$\left(\overline{X}-u_1\dfrac{\sigma_0}{\sqrt{n}},\overline{X}+u_2\dfrac{\sigma_0}{\sqrt{n}}\right)$的中心不是$\overline{X}$。可以证明，$u_2-u_1>2u_{\alpha/2}$，此法得到的置信区间长度$u_2-u_1$大于用前面方法得到的置信区间长度$2u_{\alpha/2}\dfrac{\sigma_0}{\sqrt{n}}$，这说明用前面方法所得到的置信区间在众多置信区间中是最小的，因此估计的精确度最高，故前一方法较为合理。

哪些因素影响置信区间长度 $2u_{\alpha/2}\frac{\sigma_0}{\sqrt{n}}$ 呢？当 n 一定时，如果置信度 $1-\alpha$ 越大，那么 $u_{\alpha/2}$ 越大，故置信区间越长。

对于一定容量的样本，要求估计的可靠程度越高，估计的范围当然越大；反过来，要求估计范围小就要冒一定风险。当 α 一定时，n 越大，置信区间越短，这与直观也一致，取样越多，估计当然越精确。

求出置信区间的方法是：首先确定待估参数 μ，求出未知参数 μ 的估计量 $\overline{X}$；然后由未知参数 μ 和估计量 $\overline{X}$ 作出函数 u，它的分布是已知的，且与未知参数 μ 无关；最后根据给定的置信度与函数 u 的分布推导出置信区间。这种方法具有一定的普遍性。

一般地，设总体 X 的分布函数是 $F(x;\theta)$，其中 θ 是未知参数。从总体中抽取样本 $(X_1, X_2, \cdots, X_n)$，作统计量 $\theta_1(X_1, X_2, \cdots, X_n)$ 和 $\theta_2(X_1, X_2, \cdots, X_n)$，使

$$P\{\theta_1<\theta<\theta_2\}=1-a$$

其中 (θ_1, θ_2) 称为 θ 的置信区间，θ_1 和 θ_2 分别称为置信区间的下限和置信区间的上限，$1-\alpha$ 称为置信度。

下面针对不同情况对总体平均数和方差作区间估计。

3.4　正态总体均值与方差的区间估计

3.4节及3.5节思维导图

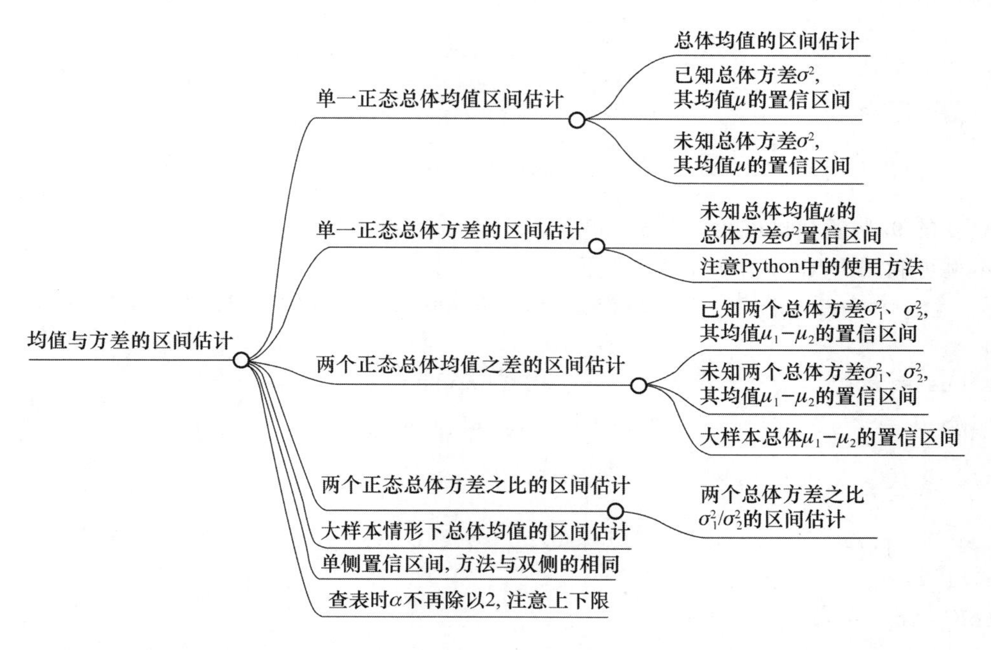

3.4.1　单一正态总体均值与方差的区间估计

1. 单一正态总体均值的区间估计

单一正态总体均值的区间估计一般分为两种情况：其一，总体方差 σ^2 已知，求 μ 的置信区

间;其二,总体方差 σ^2 未知,求 μ 的置信区间。下面分别对这两种情况进行介绍。

(1) 总体方差 σ^2 已知,求其均值 μ 的置信区间

设$(X_1,X_2,\cdots,X_n)$为总体 $X\sim N(\mu,\sigma^2)$的一个样本,已知方差 $\sigma^2=\sigma_0^2$(σ_0^2 已知),求 μ 的 $1-\alpha$ 置信区间。

对此问题的解决方法与例 3.3.1 完全相同,故不再讨论,这里只给出求 μ 的 $1-\alpha$ 置信区间的公式,即

$$\left(\overline{X}-u_{\alpha/2}\frac{\sigma_0}{\sqrt{n}},\overline{X}+u_{\alpha/2}\frac{\sigma_0}{\sqrt{n}}\right) \tag{3.4.1}$$

其中,$\overline{X}-u_{\alpha/2}\frac{\sigma_0}{\sqrt{n}}$为置信下限,$\overline{X}+u_{\alpha/2}\frac{\sigma_0}{\sqrt{n}}$为置信上限。

例 3.4.1 一批保险丝中随机抽取 16 根,测得其熔化时间(单位:s)为

65 75 78 87 48 68 72 80

81 54 51 77 65 57 60 78

设这批保险丝的熔化时间服从正态分布 $N(\mu,2^2)$,求 μ 的 95%置信区间。

解 已知 $n=16,\sigma=2,1-\alpha=95\%,\alpha=0.05$,样本均值为

$$\begin{aligned}\bar{x}&=\frac{1}{16}(65+75+78+87+48+68+72+80+81+54+51\\&\quad+77+65+57+60+78)\\&=68.5\end{aligned}$$

查附表 C.2 得

$$u_{\alpha/2}=u_{0.025}=1.96$$

则置信下限为

$$\overline{X}-u_{\alpha/2}\frac{\sigma_0}{\sqrt{n}}=68.5-1.96\times\frac{2}{4}=63.52$$

置信上限为

$$\overline{X}+u_{\alpha/2}\frac{\sigma_0}{\sqrt{n}}=68.5+1.96\times\frac{2}{4}=69.48$$

故 μ 的 95%置信区间为(63.52,69.48)。

本例可利用 Python 求解,程序如下。

```
X = np.array([65, 75, 78, 87, 48, 68, 72, 80, 81, 54, 51, 77, 65, 57, 60, 78]) #写成 numpy 数组形式
Alpha = 0.05                        #给 alpha 赋值
sigma0 = 2                          #给 sigma0 赋值
#计算误差限 delt:δ = z_{α/2} σ0/√n
delt = norm.isf(alpha/2) * sigma0/np.sqrt(len(X))
#计算置信区间的下限
Low = np.mean(X) - delt
#计算置信区间的上限
Up = np.mean(X) + delt
#打印总体均值 95%的置信区间
print('(',Low,Up,')')
```

```
out:(67.52001800772997 69.47998199227003)
```

(2) 总体方差 σ^2 未知,求均值 μ 的置信区间

设$(X_1,X_2,\cdots,X_n)$为总体 $X\sim N(\mu,\sigma^2)$的一个样本,方差 σ^2 未知,求 μ 的 $1-\alpha$ 置信区间。

由于 σ^2 未知,不能根据式(3.3.3)求 μ 的置信区间,在这种情况下,应考虑用样本方差 S^2 估计 σ^2。由式(2.3.10)知

$$t=\frac{\overline{X}-\mu}{\frac{S}{\sqrt{n}}}\sim t(n-1) \tag{3.4.2}$$

于是,利用 t 分布,可导出对正态总体均值 μ 的区间估计。对于给定的 $\alpha(0<\alpha<1)$,存在 $t_{\frac{\alpha}{2}}(n-1)$使

$$P\{-t_{\frac{\alpha}{2}}(n-1)<t<t_{\frac{\alpha}{2}}(n-1)\}=1-\alpha \tag{3.4.3}$$

由图 3.4.1 可见,这里的 $t_{\frac{\alpha}{2}}(n-1)$是自由度为 $n-1$ 的 t 分布的 $100\cdot\frac{\alpha}{2}\%$分位数。由 t 分布表可查得 $t_{\frac{\alpha}{2}}(n-1)$的数值。

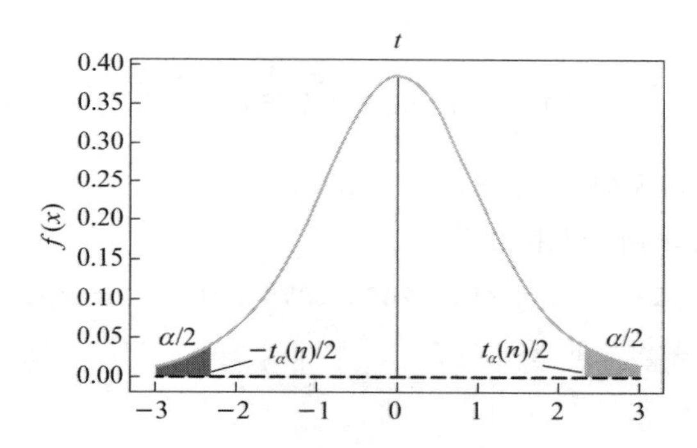

图 3.4.1 t 分布双侧分位数

把 t 变量代入式(3.4.3)得

$$P\left\{-t_{\frac{\alpha}{2}}(n-1)<\frac{\overline{X}-\mu}{S/\sqrt{n}}<t_{\frac{\alpha}{2}}(n-1)\right\}=1-\alpha$$

可改写为

$$P\left\{-t_{1-\frac{\alpha}{2}}(n-1)\frac{S}{\sqrt{n}}<\overline{X}-\mu<t_{1-\frac{\alpha}{2}}(n-1)\frac{S}{\sqrt{n}}\right\}=1-a$$

$$P\left\{-t_{\frac{\alpha}{2}}(n-1)\frac{S}{\sqrt{n}}<\overline{X}-\mu<t_{\frac{\alpha}{2}}(n-1)\frac{S}{\sqrt{n}}\right\}=1-\alpha \tag{3.4.4}$$

故 μ 的 $1-a$ 置信区间为

$$\left(\overline{X}-t_{\frac{\alpha}{2}}(n-1)\frac{S}{\sqrt{n}},\overline{X}+t_{\frac{\alpha}{2}}(n-1)\frac{S}{\sqrt{n}}\right) \tag{3.4.5}$$

例 3.4.2 用某种仪器间接测量温度,重复测量 5 次得温度数据(单位:℃)如下:

1 250 1 265 1 245 1 260 1 275

假定仪器无系统误差,测量值 X 服从正态分布,试以 95%的置信度估计温度真值的置信区间。

解 用 μ 表示温度真值,在测量仪器无系统误差的前提下,$E(X)=\mu$。这时测量值的不同完全是由于随机因素造成的,由于 $X\sim N(\mu,\sigma^2)$,因此这一问题实际上就是在未知 σ^2 的情况下估计 μ 的置信区间。

由题意知，$n=5$，$\alpha=5\%$，查 t 分布表得

$$t_{1-\frac{\alpha}{2}}(n-1)=t_{0.975}(4)=2.776$$

样本均值为

$$\bar{x}=\frac{1}{5}(1\,250+1\,265+1\,245+1\,275)=1\,259$$

样本方差为

$$\begin{aligned}s^2&=\frac{1}{4}[(1\,250-1\,259)^2+(1\,265-1\,259)^2+(1\,245-1\,259)^2\\&\quad+(1\,260-1\,259)^2+(1\,275-1\,259)^2]\\&=142.5\end{aligned}$$

则置信下限为

$$\bar{x}-t_{1-\frac{\alpha}{2}}(n-1)\frac{s}{\sqrt{n}}=1\,259-2.776\times\sqrt{\frac{142.5}{5}}=1\,244.18$$

置信上限为

$$\bar{x}+t_{1-\frac{\alpha}{2}}(n-1)\frac{s}{\sqrt{n}}=1\,259+2.776\times\sqrt{\frac{142.5}{5}}=1\,273.82$$

故 μ 的 95%置信区间为(1 244.18,1 273.82)。

本例可利用 Python 求解，程序如下。

```
X = np.array([1250, 1265, 1245, 1260, 1275])#写成 numpy 数组形式
alpha = 0.05#给 alpha 赋值
df = len(X) - 1 # t 分布自由度
# 计算误差限 delt:
delt = t(df).isf(alpha/2) * np.std(X)/np.sqrt(len(X) - 1)
# np.std(X)是样本标准差 s 除以 np.sqrt(len(X) - 1)
# 计算置信区间的下限
Low = np.mean(X) - delt
# 计算置信区间的上限
Up = np.mean(X) + delt
# 打印总体均值 95 % 的置信区间
print('(',Low,Up,')')
out:( 1244.1778391746668, 1273.8221608253332 )
```

2. 单一正态总体方差的区间估计

设正态总体的分布是 $N(\mu,\sigma^2)$，其中 μ 和 σ^2 都是未知的。从总体中抽得一样本，试对总体方差 σ^2 或标准差 σ 作区间估计。

总体方差 σ^2 可用样本方差 S^2 作点估计。由前面的定理知，

$$\chi^2=\frac{(n-1)S^2}{\sigma^2}\sim\chi^2(n-1) \tag{3.4.6}$$

给定置信度 $1-a$，在 $\chi^2(n-1)$ 的分布密度图 3.4.2 中，取左右两侧面积都等于 $\frac{\alpha}{2}$，即

$$P\{\chi^2<\chi^2_{1-\frac{\alpha}{2}}(n-1)\}=\frac{\alpha}{2} \quad 和 \quad P\{\chi^2\geqslant\chi^2_{\frac{\alpha}{2}}(n-1)\}=\frac{\alpha}{2}$$

于是,中间部分面积等于 $1-\alpha$,即

$$P\{\chi^2_{1-\frac{\alpha}{2}}(n-1)\leqslant\chi^2\leqslant\chi^2_{\frac{\alpha}{2}}(n-1)\}=1-\alpha \tag{3.4.7}$$

将式(3.4.6)代入式(3.4.7)得

$$P\left\{\chi^2_{1-\frac{\alpha}{2}}(n-1)<\frac{(n-1)S^2}{\sigma^2}<\chi^2_{\frac{\alpha}{2}}(n-1)\right\}=1-\alpha$$

故对于置信度 $1-\alpha$,σ^2 的置信区间为

$$\left(\frac{(n-1)S^2}{\chi^2_{\frac{\alpha}{2}}(n-1)},\frac{(n-1)S^2}{\chi^2_{1-\frac{\alpha}{2}}(n-1)}\right)$$

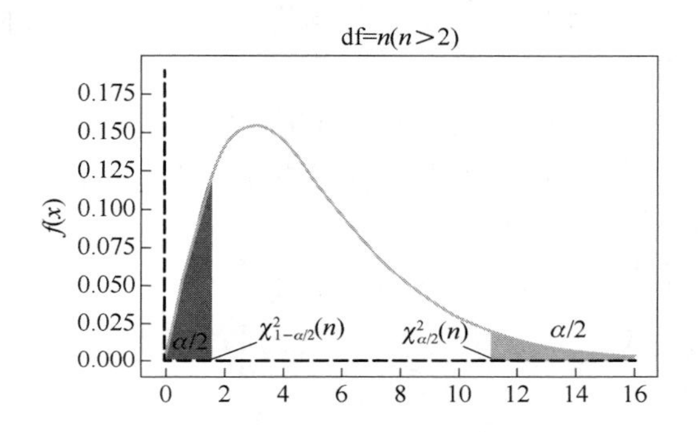

图 3.4.2 卡方分布双侧分位数图

例 3.4.3 设炮弹速度服从正态分布,现抽 9 发炮弹做试验,得样本方差 $s^2=11$,分别求炮弹速度方差 σ^2 和标准差 σ 的置信度为 90%的置信区间。

解 据题意知,$n=9$,$1-\alpha=90\%$,故 $\alpha=10\%$,查 χ^2 分布表得 $\chi^2_{\frac{\alpha}{2}}(8)=2.733$,$\chi^2_{1-\frac{\alpha}{2}}(8)=15.507$。从而,$\sigma^2$ 的置信下限为

$$\frac{(n-1)s^2}{\chi_{1-\frac{\alpha}{2}}(n-1)}=\frac{(9-1)\times 11}{15.507}=5.675$$

置信上限为

$$\frac{(n-1)s^2}{\chi^2_{\frac{\alpha}{2}}(n-1)}=\frac{(9-1)\times 11}{2.733}=32.199$$

故 σ^2 置信度为 90%的置信区间是(5.675,32.199),而 σ 的置信区间是(2.38,5.67)。

注:下面给出利用 Python 查分位数的两种方法,其他同理可查。

```
 In[78]: chi2(8).isf(0.05).round(4)
# 自由度为8、卡方概率为0.05的上分位数,保留4位小数
Out[78]: 15.5073

 In[79]: chi2(8).isf(0.95).round(4)
# 自由度为8、卡方概率为0.95的上分位数,保留4位小数
Out[79]: 2.7326

 In[80]: chi2.isf(0.05,8).round(4)
# 自由度为8、卡方概率为0.05的上分位数,保留4位小数
```

```
Out[80]: 15.5073

 In[81]: chi2.isf(0.95,8).round(4)
# 自由度为 8、卡方概率为 0.95 的上分位数,保留 4 位小数
Out[81]: 2.7326
```

3.4.2 两个正态总体均值之差与方差之比的区间估计

在实际中,经常遇到下面的问题:已知产品的某一质量指标服从正态分布,但由于原料、设备条件、操作人员不同,或工艺过程的改变等因素,总体均值、总体方差有所改变。我们需要知道这些变化有多大,这就需要考虑两个正态总体均值之差与方差之比的估计问题。

1. 两个正态总体均值之差的区间估计

设有两个正态总体 $N(\mu_1,\sigma_1^2)$ 和 $N(\mu_2,\sigma_2^2)$,分别从中抽取容量为 n_1 和 n_2 的样本,样本均值分别为 $\overline{X}$ 和 $\overline{Y}$,样本方差分别为 S_1^2 和 S_2^2。设这两个样本是互相独立的,下面就总体方差的不同情况,来讨论 $\mu_1-\mu_2$ 的置信区间。

(1) 总体方差 σ_1^2 和总体方差 σ_2^2 都已知

由 $\overline{X}$、$\overline{Y}$ 的独立性以及 $\overline{X}\sim N(\mu_1,\frac{\sigma_1^2}{n_1})$,$\overline{Y}\sim N(\mu_2,\frac{\sigma_2^2}{n_2})$知

$$\overline{X}-\overline{Y}\sim N(\mu_1-\mu_2,\frac{\sigma_1^2}{n_1}+\frac{\sigma_2^2}{n_2})$$

因此有

$$u=\frac{\overline{X}-\overline{Y}-(\mu_1-\mu_2)}{\sqrt{\frac{\sigma_1^2}{n_1}+\frac{\sigma_2^2}{n_2}}}\sim N(0,1)$$

对于给定的置信度 $1-\alpha$,查标准正态分布表得 $u_{\frac{\alpha}{2}}$ 的值,使

$$P\{|u|<u_{\frac{\alpha}{2}}\}=1-\alpha$$

其中,$u_{\frac{\alpha}{2}}$ 是标准正态分布的 $100\cdot\frac{\alpha}{2}\%$分位数。把 u 的表达式代入上式得

$$P\left\{-u_{\frac{\alpha}{2}}<\frac{\overline{X}-\overline{Y}-(\mu_1-\mu_2)}{\sqrt{\frac{\sigma_1^2}{n_1}+\frac{\sigma_2^2}{n_2}}}<u_{\frac{\alpha}{2}}\right\}=1-\alpha$$

故 $\mu_1-\mu_2$ 的置信区间是

$$\left(\overline{X}-\overline{Y}-u_{\frac{\alpha}{2}}\sqrt{\frac{\sigma_1^2}{n_1}+\frac{\sigma_2^2}{n_2}},<\overline{X}-\overline{Y}+u_{\frac{\alpha}{2}}\sqrt{\frac{\sigma_1^2}{n_1}+\frac{\sigma_2^2}{n_2}}\right)$$

而置信度为 $1-\alpha$。

例 3.4.4 为考察工艺改革前后所纺线纱断裂强度的变化大小,分别从改革前后所纺线纱中抽取容量为 80 和 70 的样本进行测试,算得 $\bar{x}=5.32$,$\bar{y}=5.76$。假定改革前后线纱断裂强度分别服从正态分布,其方差分别为21.8^2 和1.76^2,试求改革前后线纱平均断裂强度之差的置信度为 95%的置信区间。

解 由题意知,$\bar{x}=5.32$,$\bar{y}=5.76$,$\sigma_1^2=2.18^2$,$\sigma_2^2=1.76^2$,$n_1=80$,$n_2=70$,$1-\alpha=95\%$,$\alpha=5\%$。查标准正态分布表得 $u_{0.975}=1.96$,则置信下限为

$$\bar{x}-\bar{y}-u_{\frac{\alpha}{2}}\sqrt{\frac{\sigma_1^2}{n_1}+\frac{\sigma_2^2}{n_2}}=5.32-5.76-1.96\times\sqrt{\frac{2.18^2}{80}+\frac{1.76^2}{70}}=-1.07$$

置信上限为

$$\bar{x}-\bar{y}+u_{\frac{\alpha}{2}}\sqrt{\frac{\sigma_1^2}{n_1}+\frac{\sigma_2^2}{n_2}}=5.32-5.76+1.96\times\sqrt{\frac{2.18^2}{80}+\frac{1.76^2}{70}}=0.19$$

故 $\mu_1-\mu_2$ 置信度为 95%的置信区间是(−1.07,0.19)。

(2) 总体方差 σ_1^2 和总体方差 σ_2^2 未知,但 $\sigma_1^2=\sigma_2^2=\sigma^2$ 已知

由式(2.3.12)知

$$t=\frac{\dfrac{\overline{X}-\overline{Y}-(\mu_1-\mu_2)}{\sqrt{\dfrac{1}{n_1}+\dfrac{1}{n_2}}}}{\sqrt{\dfrac{(n_1-1)S_1^2+(n_2-1)S_2^2}{n_1+n_2-2}}}\sim t(n_1+n_2-2) \tag{3.4.8}$$

令

$$S_w^2=\frac{(n_1-1)S_1^2+(n_2-1)S_2^2}{n_1+n_2-2}$$

上面结论可改写为

$$t=\frac{\overline{X}-\overline{Y}-(\mu_1-\mu_2)}{S_w\sqrt{\dfrac{1}{n_1}+\dfrac{1}{n_2}}}\sim t(n_1+n_2-2) \tag{3.4.9}$$

给定置信度 $1-\alpha$,从 t 分布表可查得 $t_{\frac{\alpha}{2}}(n_1+n_2-2)$ 的值。使 $P\{|t|<t_{\frac{\alpha}{2}}(n_1+n_2-2)\}=1-\alpha$,即

$$P\left\{-t_{\frac{\alpha}{2}}(n_1+n_2-2)<\frac{\overline{X}-\overline{Y}-(\mu_1-\mu_2)}{S_w\sqrt{\dfrac{1}{n_1}+\dfrac{1}{n_2}}}<t_{\frac{\alpha}{2}}(n_1+n_2-2)\right\}=1-\alpha$$

所以,对置信度为 $1-\alpha$,两总体均值之差 $\mu_1-\mu_2$ 的置信区间是

$$\left(\overline{X}-\overline{Y}-t_{\frac{\alpha}{2}}(n_1+n_2-2)S_w\sqrt{\frac{1}{n_1}+\frac{1}{n_2}},\overline{X}-\overline{Y}+t_{\frac{\alpha}{2}}(n_1+n_2-2)S_w\sqrt{\frac{1}{n_1}+\frac{1}{n_2}}\right)$$

例 3.4.5　为了估计磷肥对某种农作物增产的作用,现选 20 块条件大致相同的地块,10 块不施磷肥,另外 10 块施磷肥,得亩产量(单位:500 g)如下:

不施磷肥亩产

560　590　560　570　580　570　600550　570　550

施磷肥亩产

620　570　650　600　630　580　570　600　600　580

设不施磷肥亩产和施磷肥亩产都具有正态分布,且方差相同,取置信度为 0.95,试对施磷肥平均亩产和不施磷肥平均亩产之差作区间估计。

解　将不施磷肥亩产看作总体 $X\sim N(\mu_1,\sigma^2)$,将施磷肥亩产看作总体 $Y\sim N(\mu_2,\sigma^2)$。由题意知,$n_1=n_2=10$,经计算得

$$\bar{x}=570,\quad (n_1-1)s_1^2=\sum_{i=1}^{10}(x_i-\bar{x})^2=2\,400$$

$$\bar{y}=600,\quad (n_2-1)s_2^2=\sum_{i=1}^{10}(y_i-\bar{y})^2=6\,400$$

$$s_w=\sqrt{\frac{2\,400+6\,400}{10+10-2}}=22$$

$1-\alpha=0.95$,查表得 $t_{1-\frac{\alpha}{2}}(18)=2.100\,9$,所以 $\mu_2-\mu_1$ 的置信下限为

$$\bar{y}-\bar{x}-t_{1-\frac{\alpha}{2}}(n_1+n_2-2)s_w\sqrt{\frac{1}{n_1}+\frac{1}{n_2}}$$

$$=600-570-2.100\,9\times22\times\sqrt{\frac{1}{10}+\frac{1}{10}}=9$$

置信上限为

$$\bar{y}-\bar{x}+t_{1-\frac{\alpha}{2}}(n_1+n_2-2)s_w\sqrt{\frac{1}{n_1}+\frac{1}{n_2}}$$

$$=600-570+2.100\,9\times22\times\sqrt{\frac{1}{10}+\frac{1}{10}}=51$$

故施磷肥平均亩产与不施磷肥平均亩产之差的置信区间是(9,51)。

本例可利用 Python 求解,程序如下。

```
# 例 3.4.5
X = np.array([560,590, 560,570,580,570,600,550,570, 550])
# 来自第一个总体样本的数组表示
Y = np.array([620,570,650,600,630,580,570,600,600,580])
# 来自第二个总体样本的数组表示
alpha = 0.05
X_m = np.mean(X) # 来自第一个总体样本的均值
Y_m = np.mean(Y) # 来自第二个总体样本的均值
Sw = np.sqrt((len(X) * np.var(X) + len(Y) * np.var(Y))/(len(X) + len(Y) - 2))
# 计算两个总体的联合样本标准差
delt = t(len(X) + len(Y) - 2).isf(alpha/2) * Sw * np.sqrt(1/len(X) + 1/len(Y))
#计算置信区间的误差限
Low = Y_m - X_m - delt #计算置信区间的误差下限
Up = Y_m - X_m + delt #计算置信区间的误差上限
print('总体均值差的 95% 的置信区间为:','(',Low,Up,')')
#打印置信总体均值差的 95% 置信区间
```

总体均值差的 95%的置信区间为(9.225526858212078 50.77447314178792)。

(3) 大样本时对两个总体均值之差的区间估计

设两个总体 X 与 Y 的分布是任意的,分别具有有限的非零方差。记 $E(X)=\mu_1$,$D(X)=\sigma_1^2$,$E(Y)=\mu_2$,$D(Y)=\sigma_2^2$,它们都是未知的。今分别独立地从各总体中抽得一个样本,分别为 $(X_1,X_2,\cdots,X_{n_1})$和$(Y_1,Y_2,\cdots,Y_{n_2})$,即两个相互独立的随机向量。记 $\overline{X}$ 和 $\overline{Y}$ 分别是两个样本的均值,S_1^2 和 S_2^2 分别是两个样本的方差。现要对两个总体均值之差 $\mu_1-\mu_2$ 作区间估计。

利用中心极限定理,当 n_1 和 n_2 都很大时,$\overline{X}$ 和 $\overline{Y}$ 分别近似地服从正态分布 $N(\mu_1,\frac{\sigma_1^2}{n_1})$和 $N(\mu_2,\frac{\sigma_2^2}{n_2})$。由样本的独立性知,$\overline{X}$ 和 $\overline{Y}$ 是独立的,因而

$$E(\overline{X}-\overline{Y})=\mu_1-\mu_2$$

$$D(\overline{X}-\overline{Y})=\frac{\sigma_1^2}{n_1}+\frac{\sigma_2^2}{n_2}$$

将 $\overline{X}-\overline{Y}$ 标准化后，可得

$$\frac{\overline{X}-\overline{Y}-(\mu_1-\mu_2)}{\sqrt{\dfrac{\sigma_1^2}{n_1}+\dfrac{\sigma_2^2}{n_2}}}$$

近似地服从标准正态分布，而其中 σ_1^2 和 σ_2^2 都是未知的。当 n_1 和 n_2 都很大时，可分别用样本方差代替总体方差。在上式中，σ_1^2 和 σ_2^2 分别用 S_1^2 和 S_2^2 代替后，仍近似地服从标准正态分布，即

$$u=\frac{\overline{X}-\overline{Y}-(\mu_1-\mu_2)}{\sqrt{\dfrac{S_1^2}{n_1}+\dfrac{S_2^2}{n_2}}}\sim N(0,1)$$

给定 $1-\alpha(0<\alpha<1)$，可查标准正态分布表得 $u_{\frac{\alpha}{2}}$，使

$$P\{|u|<u_{\frac{\alpha}{2}}\}=1-\alpha$$

把 u 的表达式代入上式得

$$P\left\{-u_{\frac{\alpha}{2}}<\frac{\overline{X}-\overline{Y}-(\mu_1-\mu_2)}{\sqrt{\dfrac{S_1^2}{n_1}+\dfrac{S_2^2}{n_2}}}<u_{\frac{\alpha}{2}}\right\}=1-\alpha$$

所以 $\mu_1-\mu_2$ 的置信区间是

$$\left(\overline{X}-\overline{Y}-u_{\frac{\alpha}{2}}\sqrt{\frac{S_1^2}{n_1}+\frac{S_2^2}{n_2}},\overline{X}-\overline{Y}+u_{\frac{\alpha}{2}}\sqrt{\frac{S_1^2}{n_1}+\frac{S_2^2}{n_2}}\right)$$

而置信度为 $1-\alpha$。

例 3.4.6　两台机床加工同一种轴，分别抽得两台机床加工的 200 根和 150 根轴，测量其椭圆度，经计算得到：

- 第一台机床 $n_1=200,\bar{x}=0.081\text{ mm},s_1=0.025\text{ mm}$；
- 第二台机床 $n_2=150,\bar{y}=0.062\text{ mm},s_2=0.062\text{ mm}$。

给定置信度为 95%，试求两台机床平均椭圆度之差的置信区间。

解　此题中取得的两个样本都是大样本，根据上面的公式，可得 $\mu_1-\mu_2$ 的置信下限

$$\overline{X}-\overline{Y}-u_{\frac{\alpha}{2}}\sqrt{\frac{S_1^2}{n_1}+\frac{S_2^2}{n_2}}$$

$$=0.081-0.062-1.96\times\sqrt{\frac{0.025^2}{200}+\frac{0.062^2}{150}}=0.008\,5$$

置信上限

$$\overline{X}-\overline{Y}-u_{\frac{\alpha}{2}}\sqrt{\frac{S_1^2}{n_1}+\frac{S_2^2}{n_2}}$$

$$=0.081-0.062-1.96\times\sqrt{\frac{0.025^2}{200}+\frac{0.062^2}{150}}=0.029\,5$$

故 $\mu_1-\mu_2$ 置信度为 95%的置信区间是(0.008 5，0.029 5)。

2．两个正态总体方差之比的区间估计

设两个正态总体的分布分别为 $N(\mu_1,\sigma_1^2)$ 和 $N(\mu_2,\sigma_2^2)$，其中 μ_1、μ_2、σ_1^2、σ_2^2 都是未知的。从

两个总体中独立地各取一个样本，样本方差分别记为 S_1^2 和 S_2^2。下面对两个总体方差之比$\frac{\sigma_1^2}{\sigma_2^2}$作区间估计。

由前面的式(2.3.3)知，$\frac{(n_1-1)S_1^2}{\sigma_1^2}$和$\frac{(n_2-1)S_2^2}{\sigma_2^2}$分别服从自由度为 n_1-1 和 n_2-1 的 χ^2 分布。且 S_1^2 与 S_2^2 相互独立，由 F 分布的定义知

$$F=\frac{\dfrac{(n_2-1)S_2^2}{\sigma_2^2}/(n_2-1)}{\dfrac{(n_1-1)S_1^2}{\sigma_1^2}/(n_1-1)}=\frac{S_2^2/\sigma_2^2}{S_1^2/\sigma_1^2} \tag{3.4.10}$$

服从自由度为(n_2-1,n_1-1)的 F 分布。

给定置信度 $1-\alpha$，在 $F(n_2-1,n_1-1)$分布密度图 3.4.3 中取左右两侧面积都等于$\frac{\alpha}{2}$，即由 F 分布表可查得 $F_{\frac{\alpha}{2}}(n_2-1,n_1-1)$与 $F_{1-\frac{\alpha}{2}}(n_2-1,n_1-1)$的数值使

$$P\{F\geqslant F_{\frac{\alpha}{2}}(n_2-1,n_1-1)\} \quad 和 \quad P\{F\leqslant F_{1-\frac{\alpha}{2}}(n_2-1,n_1-1)\}$$

于是，中间部分的面积等于 $1-\alpha$，即

$$P\{F_{1-\frac{\alpha}{2}}(n_2-1,n_1-1)<F<F_{\frac{\alpha}{2}}(n_2-1,n_1-1)\}=1-\alpha$$

把式(3.4.10)中的 F 代入上式，经变化可得

$$P\left\{F_{1-\frac{\alpha}{2}}(n_2-1,n_1-1)\frac{S_1^2}{S_2^2}<\frac{\sigma_1^2}{\sigma_2^2}<F_{\frac{\alpha}{2}}(n_2-1,n_1-1)\frac{S_1^2}{S_2^2}\right\}=1-\alpha$$

故得$\frac{\sigma_1^2}{\sigma_2^2}$的置信度为 $1-\alpha$ 的置信区间是

$$\left(F_{\frac{\alpha}{2}}(n_2-1,n_1-1)\frac{S_1^2}{S_2^2},F_{1-\frac{\alpha}{2}}(n_2-1,n_1-1)\frac{S_1^2}{S_2^2}\right)$$

根据 F 分布的性质，$\frac{\sigma_1^2}{\sigma_2^2}$的置信区间还可以表示为

$$\left(\frac{S_1^2}{S_2^2}\frac{1}{F_{\frac{\alpha}{2}}(n_1-1,n_2-1)},\frac{S_1^2}{S_2^2}\frac{1}{F_{1-\frac{\alpha}{2}}(n_1-1,n_2-1)}\right)$$

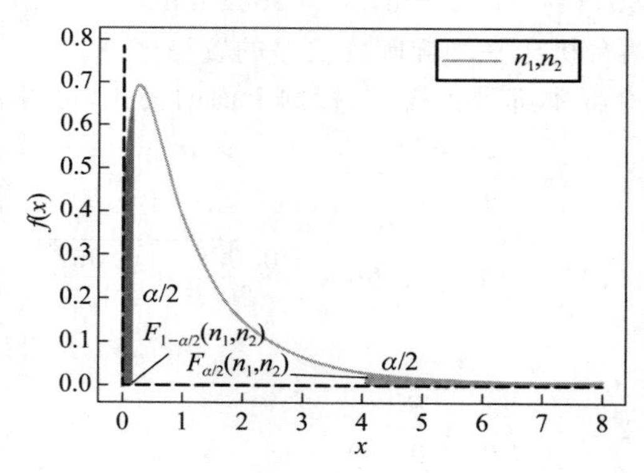

图 3.4.3　F 分布双侧分位数图

方差之比的置信区间的含义是：若$\frac{\sigma_1^2}{\sigma_2^2}$的置信上限小于 1，则说明总体 $N(\mu_1,\sigma_1^2)$的波动性较小；若$\frac{\sigma_1^2}{\sigma_2^2}$的置信下限大于 1，则说明总体 $N(\mu_1,\sigma_1^2)$的波动性较大；若置信区间包含 1，则难以

从这次实验中判断两个总体波动性的大小，可以认为 $\sigma_1^2=\sigma_2^2$。

例 3.4.7 两名化验员 A 和 B 独立地对某种聚合物的含氯量用相同的方法各做了 10 次测定，其测定值的方差 $S_A^2=0.5419$，$S_B^2=0.6065$。设 σ_A^2、σ_B^2 分别是 A、B 两化验员测量数据总体的方差，且总体服从正态分布，求总体方差之比 $\frac{\sigma_A^2}{\sigma_B^2}$ 的置信度为 95% 的置信区间。

解 由题意知，

$$1-\alpha=0.95,\alpha/2=0.025,n_1-1=n_2-1=9,F_{0.025}(9,9)=4.03$$

则 $\frac{\sigma_A^2}{\sigma_B^2}$ 的置信下限为

$$\frac{S_1^2}{S_2^2}\frac{1}{F_{\frac{\alpha}{2}}(n_1-1,n_2-1)}=\frac{0.5419}{0.6065}\times\frac{1}{4.03}=0.222$$

置信上限为

$$\frac{S_1^2}{S_2^2}\frac{1}{F_{1-\frac{\alpha}{2}}(n_1-1,n_2-1)}=\frac{0.5419}{0.6065}\times 4.03=3.601$$

所以，$\frac{\sigma_A^2}{\sigma_B^2}$ 的置信度为 95% 的置信区间为(0.222，3.601)。

3.4.3 大样本情形下总体均值的区间估计

设总体 X 的分布是任意的，均值 $\mu=E(X)$ 和方差 $\sigma^2=D(X)$ 都是未知的。用样本 $(X_1, X_2, \cdots, X_n)$ 对总体平均数 μ 作区间估计。

由概率论中的中心极限定理可知，不论所考察的总体如何分布，只要样本容量 n 足够大，样本均值 $\overline{X}$ 近似地服从正态分布。又 $E(\overline{X})=\mu$，$D(\overline{X})=\frac{\sigma^2}{n}$，所以 $\frac{\overline{X}-\mu}{\sigma/\sqrt{n}}$ 近似地服从标准正态分布 $N(0,1)$。然而，在 n 很大时，σ 可用样本标准差 S 近似，且上式中 σ 换成 S 后对它的分布影响不大，故当 n 很大时，

$$u=\frac{\overline{X}-\mu}{\frac{S}{\sqrt{n}}} \tag{3.4.11}$$

仍近似地服从标准正态分布。给定 $1-\alpha$，可找到 $u_{\frac{\alpha}{2}}$，使

$$P\{|u|<u_{\frac{\alpha}{2}}\}=P\left\{\left|\frac{\overline{X}-\mu}{S/\sqrt{n}}\right|<u_{\frac{\alpha}{2}}\right\}=1-\alpha \tag{3.4.12}$$

于是 μ 的置信区间是

$$\left(\overline{X}-u_{\frac{\alpha}{2}}\frac{S}{\sqrt{n}},\overline{X}+u_{\frac{\alpha}{2}}\frac{S}{\sqrt{n}}\right) \tag{3.4.13}$$

而置信度(近似)等于 $1-\alpha$，需要指出，用式(3.4.13)求置信区间对 n 很大的样本适用，这是由于导出 u 的近似分布用到了中心极限定理。n 多大的样本可以认为是大样本呢？严格来讲，这取决于 u 的分布收敛到标准正态分布的速度，而收敛速度又与总体分布有关。中心极限定理没有对这个问题作出解释。实际经验一般认为 $n\geqslant 30$ 的样本是大样本。

例 3.4.8 某市为了解该市民工的生活状况，从中随机抽取了 100 个民工进行调查，得到民工月平均工资为 3 300 元，标准差为 60 元，试在 95% 的概率保证下，对该市民工的月平均工资作区间估计。

解 按题意 $n=100$，可以认为是大样本。已知 $1-\alpha=95\%$，查附表 C.2 得 $u_{\frac{\alpha}{2}}=1.96$，由式(3.4.13)有置信下限为

$$\overline{X}-u_{\frac{\alpha}{2}}\frac{S}{\sqrt{n}}=3\,300-1.96\times\frac{60}{\sqrt{100}}=3\,288.24\text{ 元}$$

置信上限为

$$\overline{X}+u_{\frac{\alpha}{2}}\frac{S}{\sqrt{n}}=3\,300+1.96\times\frac{60}{\sqrt{100}}=3\,311.76\text{ 元}$$

故置信度 95%的置信区间为(3 288.24，3 311.76)。

下面考察总体 X 服从二点分布 $B(1,p)$ 的情形，其分布律为 $P\{X=1\}=p$，$P\{X=0\}=1-p$，从总体中抽取一个容量为 n 的样本，其中恰有 m 个“1”，现对 p 作区间估计。此时，

$$\mu=E(X)=p$$

$$\overline{X}=\frac{1}{n}\sum_{i=1}^{n}Xi=\frac{m}{n}$$

$$S^2=\frac{1}{n}\sum_{i=1}^{n}X_i^2-\overline{X}^2=\frac{m}{n}-\left(\frac{m}{n}\right)^2=\frac{m(n-m)}{n^2}=\frac{m}{n}\left(1-\frac{m}{n}\right)$$

在最后一式推导中，需注意 X_i 仅能取“1”和“0”，把这些量代入式(3.4.12)，得 p 的置信区间为

$$\left(\frac{m}{n}-u_{\frac{\alpha}{2}}\sqrt{\frac{1}{n}\cdot\frac{m}{n}\cdot\left(1-\frac{m}{n}\right)},\frac{m}{n}+u_{\frac{\alpha}{2}}\sqrt{\frac{1}{n}\cdot\frac{m}{n}\cdot\left(1-\frac{m}{n}\right)}\right)\tag{3.4.14}$$

而置信度为 $1-\alpha$。

例 3.4.9 从一大批产品中随机地抽出 100 个进行检测，其中有 4 个次品，试以 95%的概率估计这批产品的次品率。

解 记次品为“1”，正品为“0”，次品率为 p。总体分布是二点分布 $B(1,p)$。根据题意，$n=100$，$m=4$，由 $1-\alpha=0.95$ 得 $u_{1-\frac{\alpha}{2}}=1.96$。利用式(3.4.14)得置信下限为

$$\frac{m}{n}-u_{\frac{\alpha}{2}}\sqrt{\frac{1}{n}\cdot\frac{m}{n}\cdot\left(1-\frac{m}{n}\right)}=0.04-1.96\times\frac{1}{10}\times\sqrt{0.04\times0.96}=0.002$$

置信上限为

$$\frac{m}{n}-u_{\frac{\alpha}{2}}\sqrt{\frac{1}{n}\cdot\frac{m}{n}\cdot\left(1-\frac{m}{n}\right)}=0.04+1.96\times\frac{1}{10}\times\sqrt{0.04\times0.96}=0.078$$

故置信区间为(0.002，0.078)

需要指出，上面介绍的两种情况均属于总体分布为非正态分布的情形，当样本容量较大(一般 $n\geqslant30$)时，可以按正态分布来近似其未知参数的估计区间。当样本容量较小(一般 $n<30$)时，不能用上述方法求参数的估计区间。

现将参数估计的相关知识总结于表 3.4.1 中。

表 3.4.1 均值 μ 和方差 σ^2 的双侧置信区间

估计对象	对总体(或样本)要求	所用统计量及其分布	置信区间
均值 μ	正态总体方差 σ^2 已知	$u=\dfrac{\overline{X}-\mu}{\dfrac{\sigma_0}{\sqrt{n}}}\sim N(0,1)$	$\overline{X}\pm u_{\frac{\alpha}{2}}\dfrac{\sigma_0}{\sqrt{n}}$

续表

估计对象	对总体(或样本)要求	所用统计量及其分布	置信区间
均值 μ	大样本	$u=\frac{\overline{X}-\mu}{\frac{S}{\sqrt{n}}}\sim N(0,1)$	$\overline{X}\pm u_{\frac{\alpha}{2}}\frac{S}{\sqrt{n}}$
均值 μ	正态总体方差 σ^2 未知	$t=\frac{\overline{X}-\mu}{\frac{S}{\sqrt{n}}}\sim t(n-1)$	$\overline{X}\pm t_{\frac{\alpha}{2}}(n-1)\frac{S}{\sqrt{n}}$
均值之差 $\mu_1-\mu_2$	大样本	$u=\frac{\overline{X}-\overline{Y}-(\mu_1-\mu_2)}{\sqrt{\frac{S_1^2}{n_1}+\frac{S_2^2}{n_2}}}\sim N(0,1)$	$\overline{X}-\overline{Y}\pm u_{\frac{\alpha}{2}}\sqrt{\frac{S_1^2}{n_1}+\frac{S_2^2}{n_2}}$
均值之差 $\mu_1-\mu_2$	两个正态总体方差相等但未知	$t=\frac{\overline{X}-\overline{Y}-(\mu_1-\mu_2)}{S_w\sqrt{\frac{1}{n_1}+\frac{1}{n_2}}}\sim t(n_1+n_2-2)$	$\overline{X}-\overline{Y}\pm t_{\frac{\alpha}{2}}(n_1+n_2-2)S_w\sqrt{\frac{1}{n_1}+\frac{1}{n_2}}$
方差 σ^2	正态总体	$\chi^2=\frac{(n-1)S^2}{\sigma^2}\sim\chi^2(n-1)$	$\left(\frac{(n-1)S^2}{\chi^2_{\frac{\alpha}{2}}(n-1)},\frac{(n-1)S^2}{\chi^2_{1-\frac{\alpha}{2}}(n-1)}\right)$
方差比 $\frac{\sigma_1^2}{\sigma_2^2}$	两个正态总体	$F=\frac{\frac{S_1^2}{S_2^2}}{\frac{\sigma_1^2}{\sigma_2^2}}\sim F(n_1-1,n_2-1)$	$\left(\frac{S_1^2}{S_2^2}\frac{1}{F_{\frac{\alpha}{2}}(n_1-1,n_2-1)},\frac{S_1^2}{S_2^2}\frac{1}{F_{1-\frac{\alpha}{2}}(n_1-1,n_2-1)}\right)$

3.5 单侧置信区间

3.4节所给出的总体参数的置信区间都是既有置信上限又有置信下限,通常称为双侧置信区间。由于如此给出的双侧置信区间是最短的,所以是最优置信区间,在实际中有着广泛的应用。但是,在实际中常常会遇见这样的情况:机器设备零部件的平均使用寿命越长越好;产品的不合格率越小越好。因此,在这种情况下进行区间估计就不宜使用双侧置信区间,而应该使用单侧置信区间。

若置信区间形式为$(\hat{\theta}_1,\infty)$,则$\hat{\theta}_1$称为单侧置信下限;若置信区间形式为$(-\infty,\hat{\theta}_2)$,则称$\hat{\theta}_2$为单侧置信上限。置信区间$(\hat{\theta}_1,\infty)$和$(-\infty,\hat{\theta}_2)$都称为单侧置信区间。下面通过具体的例子介绍单侧置信区间的求法。

例 3.5.1 从一批电子器件中随机抽取5件做寿命试验,其寿命(单位:h)如下:

1 050 1 100 1 120 1 250 1 280

设该种电子器件寿命服从正态分布$N(\mu,\sigma^2)$,求μ的单侧95%置信下限。

解 由题意知,电子器件寿命X的分布服从$N(\mu,\sigma^2)$。由前面的定理知,$t=\frac{\overline{X}-\mu}{\frac{S}{\sqrt{n}}}\sim t(n-1)$。

若给定$1-\alpha$,则存在$t_\alpha(n-1)$使

$$P\{t<t_\alpha(n-1)\}=1-\alpha$$

将变量t代入上式有

$$P\left\{\frac{\overline{X}-\mu}{\frac{S}{\sqrt{n}}}<t_{\alpha}(n-1)\right\}=1-\alpha$$

或

$$P\left\{\mu>\overline{X}-t_{\alpha}(n-1)\frac{S}{\sqrt{n}}\right\}=1-\alpha$$

故 μ 的单侧置信区间为 $\left(\overline{X}-t_{\alpha}(n-1)\frac{S}{\sqrt{n}},\infty\right)$，而单侧置信下限为 $\overline{X}-t_{\alpha}(n-1)\frac{S}{\sqrt{n}}$。

在例 3.5.1 中，$n=5$，可计算得 $\overline{x}=1\ 160$，$s^2=9\ 950$，又由 $1-\alpha=95\%$，查附表 C.3 得 $t_{0.05}(4)=2.131\ 8$，故 μ 的单侧置信下限为 $1\ 160-2.131\ 8\times\sqrt{\frac{9\ 950}{5}}=1\ 065$。

例 3.5.1 介绍了正态总体平均数单侧置信下限的求法。利用上面的方法，同样可求正态总体平均数的单侧置信上限。事实上，若给定 $1-\alpha$，则存在 $t_{\alpha}(n-1)$，使

$$P\{t>-t_{\alpha}(n-1)\}=1-\alpha$$

将 t 代入上式得

$$P\left\{\frac{\overline{X}-\mu}{\frac{S}{\sqrt{n}}}>-t_{\alpha}(n-1)\right\}=1-\alpha$$

经变化得

$$P\left\{\mu<\overline{X}+t_{\alpha}(n-1)\frac{S}{\sqrt{n}}\right\}=1-\alpha$$

所以，μ 的单侧置信区间为 $\left(-\infty,\overline{X}+t_{\alpha}(n-1)\frac{S}{\sqrt{n}}\right)$，而单侧置信上限为 $\overline{X}+t_{\alpha}(n-1)\frac{S}{\sqrt{n}}$。

对于总体方差、两个总体均值之差和方差之比的单侧置信限的公式，读者可以自己进行推导。现在把各种情形下的单侧置信区间的应用公式列在表 3.5.1 中。

最后指出，对同一参数有时要做双侧区间估计，而有时要做单侧区间估计，这要按照实际需要而定。

表 3.5.1　均值 μ 和方差 σ^2 的单侧置信区间

估计对象	对总体(或样本)要求	单侧置信区间(1)	单侧置信区间(2)
均值 μ	正态总体方差 σ^2 已知	$\left(-\infty,\overline{X}+u_{1-\alpha}\frac{\sigma_0}{\sqrt{n}}\right)$	$\left(\overline{X}-u_{1-\alpha}\frac{\sigma_0}{\sqrt{n}},\infty\right)$
均值 μ	大样本	$\left(-\infty,\overline{X}+u_{1-\alpha}\frac{S}{\sqrt{n}}\right)$	$\left(\overline{X}-u_{1-\alpha}\frac{S}{\sqrt{n}},\infty\right)$
均值 μ	正态总体方差 σ^2 未知	$\left(-\infty,\overline{X}+t_{1-\alpha}(n-1)\frac{S}{\sqrt{n}}\right)$	$\left(\overline{X}-t_{1-\alpha}(n-1)\frac{S}{\sqrt{n}},\infty\right)$
均值之差 $\mu_1-\mu_2$	大样本	$\left(-\infty,\overline{X}-\overline{Y}+u_{1-\alpha}\sqrt{\frac{S_1^2}{n_1}+\frac{S_2^2}{n_2}}\right)$	$\left(\overline{X}-\overline{Y}-u_{1-\alpha}\sqrt{\frac{S_1^2}{n_1}+\frac{S_2^2}{n_2}},\infty\right)$
均值之差 $\mu_1-\mu_2$	两个正态总体方差相等但未知	$\left(-\infty,\overline{X}-\overline{Y}+t_{1-\alpha}(n_1+n_2-2)S_w\sqrt{\frac{1}{n_1}+\frac{1}{n_2}}\right)$	$\left(\overline{X}-\overline{Y}-t_{1-\alpha}(n_1+n_2-2)S_w\sqrt{\frac{1}{n_1}+\frac{1}{n_2}},\infty\right)$

续表

估计对象	对总体(或样本)要求	单侧置信区间(1)	单侧置信区间(2)
方差 σ^2	正态总体	$\left(0,\dfrac{(n-1)S^2}{\chi^2_{1-\alpha}(n-1)}\right)$	$\left(\dfrac{(n-1)S^2}{\chi^2_{\alpha}(n-1)},\infty\right)$
方差比 $\dfrac{\sigma_1^2}{\sigma_2^2}$	两个正态总体	$\left(0,\dfrac{S_1^2}{S_2^2}\dfrac{1}{F_{1-\alpha}(n_1-1,n_2-1)}\right)$	$\left(\dfrac{S_1^2}{S_2^2}\dfrac{1}{F_{\alpha}(n_1-1,n_2-1)},\infty\right)$

习　题　3

3.1　设总体 X 具有指数分布，它的分布密度为

$$f(x)=\begin{cases}\lambda e^{-\lambda x}, & x\geqslant 0\\ 0, & x<0\end{cases}$$

其中，$\lambda>0$。试用矩估计法求 λ 的估计量。

3.2　设总体 X 服从几何分布，它的分布律为

$$P\{X=k\}=(1-p)^{k-1}p,\quad k=1,2,\cdots$$

先用矩估计法求 p 的估计量，再求 p 的最大似然估计。

3.3　设总体 X 服从在区间 $[a,b]$ 上的均匀分布，其分布密度为

$$f(x)=\begin{cases}\dfrac{1}{b-a}, & a\leqslant x\leqslant b\\ 0, & \text{其他}\end{cases}$$

其中，a、b 是未知参数，试用矩估计法求 a 与 b 的估计量。

3.4　设总体 X 的分布密度为

$$f(x)=\begin{cases}\theta x^{\theta-1}, & 0<x<1\\ 0, & \text{其他}\end{cases}$$

其中，$\theta>0$。

(1) 求 θ 的最大似然估计量；

(2) 用矩估计法求 θ 的估计量。

3.5　设总体 X 的密度为

$$f(x)=\frac{1}{2\sigma}e^{-\frac{|x|}{\sigma}},\quad -\infty<x<\infty$$

试求 σ 的最大似然估计。所得估计量是否是 σ 的无偏估计？

3.6　设总体 X 的分布密度为

$$f(x)=\begin{cases}\dfrac{\beta^k}{(k-1)!}x^{k-1}e^{-\beta x}, & x>0\\ 0, & \text{其他}\end{cases}$$

其中，k 是已知的正整数，试求未知参数 β 的最大似然估计量。

3.7　设总体 X 分布密度 $f(x)=\dfrac{1}{\beta}$，$0\leqslant x\leqslant\beta$，从中抽得容量为 6 的样本数值 1.3，0.6，1.7，2.2，0.3，1.1，试求总体平均数和方差的最大似然估计。

3.8　设总体 X 的分布密度为

$$f(x)=\begin{cases}e^{-(x-\theta)}, & x\geqslant\theta\\ 0, & x<\theta\end{cases}$$

试求 θ 的最大似然估计。

3.9　元件无故障的工作时间 X 服从指数分布 $f(x)=\lambda e^{-\lambda x}(x\geqslant 0)$。取 1 000 个元件工作时间的记录数据，分组后，得到它的频数分布如题 3.9 表所示。

题 3.9 表

组中值 x_i^*	5	15	25	35	45	55	65
频数 m_i	365	245	150	100	70	45	25

如果各组中数据都取为组中值，试用最大似然法求 λ 的点估计。

3.10　从一批电子管中抽取 100 只，若抽取的电子管的平均寿命为 1 000 h，标准差 S 为 40 h，试求整批电子管的平均寿命的置信区间（给定置信度为 95%）。

3.11　随机地从一批钉子中抽取 16 枚，测得其长度（单位：cm）为

2.14　2.10　2.13　2.15　2.13　2.12　2.13　2.10

2.15　2.12　2.14　2.10　2.13　2.11　2.14　2.11

设钉长分布为正态的，试求总体平均数 μ 的置信度为 90% 的置信区间：

（1）若 $\sigma=0.01$ cm；

（2）若 σ 未知。

3.12　为估计一批钢索所能承受的平均张力，从其中取样做 10 次试验。由试验得平均张力为 6 720 kg/cm^2，标准差 S 为 220 kg/cm^2，设张力服从正态分布，试求钢索所能承受平均张力的置信度为 95% 的置信区间。

3.13　假定每次试验时，出现事件 A 的概率 p 相同但未知，如果在 60 次独立试验中，事件 A 出现 15 次，试求概率 p 的置信区间（给定置信度为 0.95）。

3.14　对于方差 σ^2 已知的正态总体，问需抽取容量 n 为多大的样本，才能使总体平均数 μ 的置信度为 $1-\alpha$ 的置信区间的长度不大于 L。

3.15　从正态总体中抽取一个容量为 n 的样本，算得样本标准差 S 的数值，设

（1）$n=10, S=5.1$；

（2）$n=46, S=14$。

试求总体标准差 σ 的置信度为 0.99 的置信区间。

3.16　测得一批钢件 20 个样品的屈服点（单位：t/cm^2）为

4.98　5.11　5.20　5.20　5.11　5.00　5.61　4.88　5.27　5.38

5.46　5.27　5.23　4.96　5.35　5.15　5.35　4.77　5.38　5.54

设屈服点服从正态分布，求 μ 和 σ 的置信度为 95% 的置信区间。这里 μ 和 σ 分别是屈服点总体的平均数和标准差。

3.17　对某农作物两个品种 A、B 计算了 8 个地区的亩产量（单位：kg）如下：

品种 A　86　87　56　93　84　93　75　79

品种 B　80　79　58　91　77　82　76　66

假定两个品种的亩产量分别服从正态分布，且方差相等。试求平均亩产量之差置信度为 95% 的置信区间。

3.18　从某地区随机抽取男、女各100名，以估计男、女平均身高之差。测量并计算得男子身高的平均数为1.71 m，标准差(S)为0.035 m；女子身高的平均数为1.67 m，标准差(S)为0.038 m。试求置信度为95%的男、女身高平均数之差的置信区间。

3.19　两台机床加工同一种零件，分别抽取6个和9个零件测量其长度，计算得样本方差分别为$S_1^2=0.245$，$S_2^2=0.357$。假定各台机床零件长度服从正态分布。试求两个总体方差之比$\frac{\sigma_1^2}{\sigma_2^2}$的置信区间(给定置信度为95%)。

3.20　在一批货物的容量为100的样本中，经检验发现6个次品。试求这批货物次品率的单侧置信上限(置信度为95%)。

3.21　从一批某种型号的电子管中抽出容量为10的样本，计算得样本标准差$S=45$ h，设整批电子管寿命服从正态分布。试给出这批电子管寿命标准差σ的单侧置信上限(置信度为95%)。

3.22　试用Python编程解答3.9题。

3.23　试用Python编程解答3.11题。

3.24　试用Python编程解答3.16题。

3.25　试用Python编程解答3.17题。

3.26　试用Python编程解答3.20题。

第4章 假设检验

4.1 假设检验的基本概念

本节思维导图

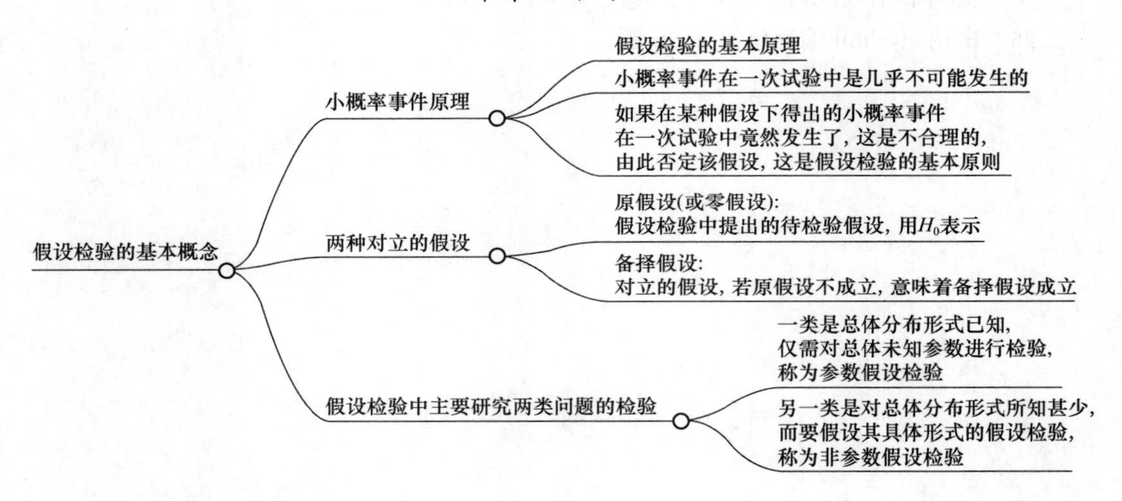

上一章介绍了统计推断的一类重要问题——参数估计。它是由样本求出总体参数的估计值或者参数的取值范围。本章将要介绍统计推断的另一类重要问题——假设检验。它是由样本来推断有关总体分布或分布参数的某一假设是否成立。例如，规定由一台自动包糖机包装的每包糖的标准质量是 500 g。每天开工后，需要检查包糖机工作是否正常，为此，必须检查一包糖的质量是否符合标准。如果从生产线上抽取一个样本，得到 $\overline{x}-500=0.012$ g，产生这样的误差是包糖机出现系统误差还是随机因素所致？用假设检验的方法可以回答这一问题。假设检验的过程是：首先提出假设"包糖机没有系统误差"，然后根据生产线上抽取的样本判断这个假设是否与事实相符，从而做出否定或不否定"包糖机没有系统误差"这一假设。

在概率论中，"小概率事件在一次试验中是几乎不可能发生的"，称为小概率事件原理。因此，如果在某种假设下得出的小概率事件在一次试验中竟然发生了，这是不合理的，由此否定该假设，这是假设检验的基本原则。

假设检验的基本思想是概率意义下的反证法。例如，设鱼塘里有两种鱼：草鱼和胖头鱼，已知两种鱼的数量之比是 9∶1,但不知哪种鱼较多。为了弄清这个问题,可以先提出一个假设:“草鱼与胖头鱼的数量之比是 9∶1(即草鱼比胖头鱼多)”。如果这一假设成立,便可以断言:“从鱼塘中随机地捕捞 15 条鱼,胖头鱼比草鱼多”是一个小概率事件。如果我们实际捕捞 15 条鱼,这个小概率事件竟然发生了,这是不合理的。由此可推断“草鱼与胖头鱼的数量之比是 9∶1”的假设应予以否定。如果这个小概率事件不发生,则我们不能否定这个假设。这就是假设检验的基本思想。

假设检验中提出的待检验假设,称为原假设(或零假设),用 H_0 表示。如果 H_0 被否定,就意味着另一个对立的假设 H_1 不能被否定,称 H_1 为备择假设。

对于假设检验中所说的小概率事件,到底概率多小才算小概率?通常是事先给定 $\alpha=0.05$,0.01 或根据实际问题的需要而确定的一个较小的正数。它表示在假设检验中,概率小于 α 的事件被认为是小概率事件。称 α 为显著性水平或检验水平。

假设检验中主要研究两类问题的检验:一类是总体分布形式已知,仅需对总体未知参数进行检验,称为参数假设检验;另一类是对总体分布形式所知甚少,而要假设其具体形式的假设检验,称为非参数假设检验。

4.2　一个正态总体的假设检验

本节思维导图

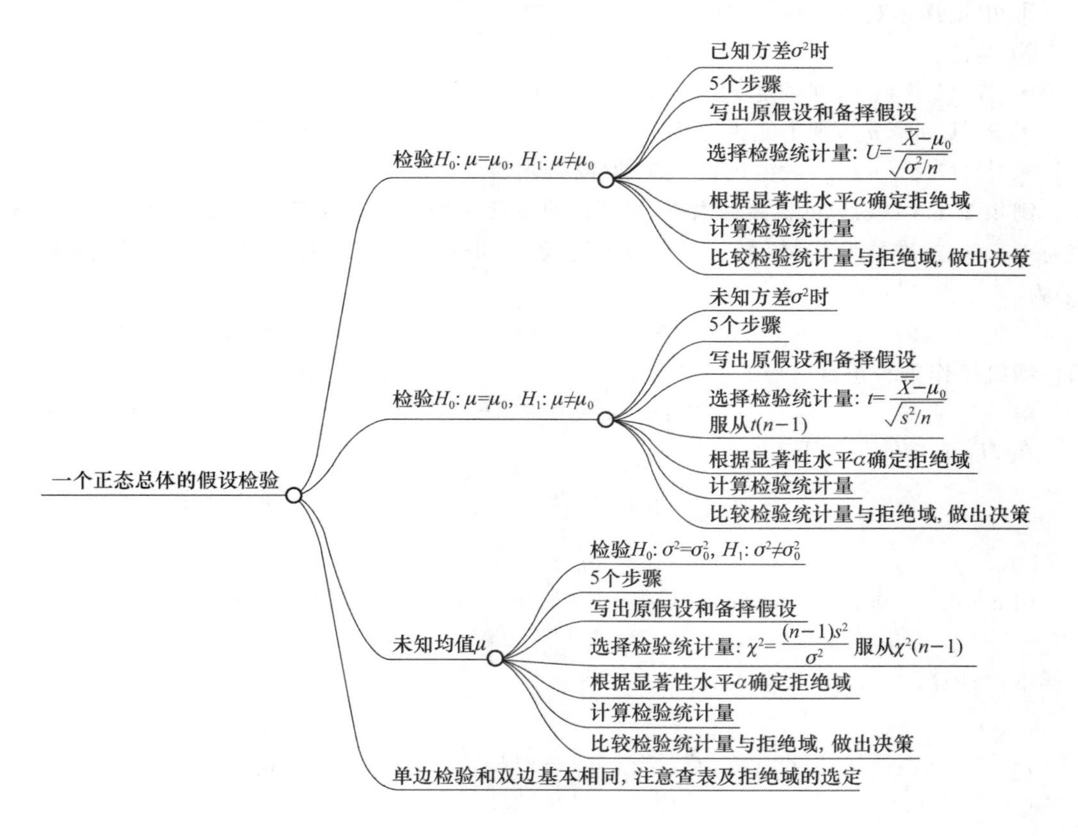

假设总体 $X \sim N(\mu,\sigma^2)$，关于总体参数 μ、σ^2 的假设检验，主要有以下 6 种类型。

1. 已知方差 σ^2，检验 $H_0:\mu=\mu_0$，$H_1:\mu\neq\mu_0$（μ_0 为已知）

设$(X_1,X_2,\cdots,X_n)$是一个样本，由统计量分布理论知，在 H_0 成立的条件下，$U=\dfrac{\overline{X}-\mu_0}{\sqrt{\dfrac{\sigma^2}{n}}}\sim N(0,1)$。检验水平为 α，查标准正态分布表，得临界值 $u_{\frac{\alpha}{2}}$，使 $P\{|U|>u_{\frac{\alpha}{2}}\}=\alpha$，即事件$\{|U|>u_{\frac{\alpha}{2}}\}$是一个小概率事件。

由样本值计算$|U_0|$，

- 若$|U_0|>u_{\frac{\alpha}{2}}$，则否定 H_0；
- 若$|U_0|<u_{\frac{\alpha}{2}}$，则不能否定 H_0；
- 若$|U_0|=u_{\frac{\alpha}{2}}$，通常再进行一次抽样检验。

由于这一检验用到统计量 U，因此称为 U 检验法。其一般步骤如下。

① 提出原假设和备择假设：

$$H_0:\mu=\mu_0 \quad H_1:\mu\neq\mu_0$$

② 选择统计量 $U=\dfrac{\overline{X}-\mu_0}{\sqrt{\dfrac{\sigma^2}{n}}}$，在 H_0 成立的条件下 $U\sim N(0,1)$。

③ 给定的检验水平为 α，查标准正态分布表，得临界值 $u_{1-\frac{\alpha}{2}}$，使 $P\{|U|>u_{\frac{\alpha}{2}}\}=\alpha$，确定否定域为

$$(-\infty,-u_{\frac{\alpha}{2}})\cup(u_{\frac{\alpha}{2}},+\infty)$$

④ 根据样本观察值计算$|U_0|$，并与 $u_{\frac{\alpha}{2}}$ 比较。

⑤ 结论：

- 若$|U_0|>u_{\frac{\alpha}{2}}$，则否定 H_0；
- 若$|U_0|<u_{\frac{\alpha}{2}}$，则不能否定 H_0；
- 若$|U_0|=u_{\frac{\alpha}{2}}$，一般再进行一次抽样检验。

例 4.2.1 自动包糖机装糖入袋，每袋糖的质量 X 服从正态分布。当机器工作正常时，其均值为 0.5 kg，标准差为 0.015 kg。某日开工后，若已知标准差不变，随机抽取 9 袋，其质量（单位：kg）为

0.497　0.506　0.518　0.524　0.498　0.511　0.520　0.515　0.512

问包糖机工作是否正常（$\alpha=0.05$）？

解

$$H_0:\mu=\mu_0=0.5 \quad H_1:\mu\neq0.5$$

在 H_0 成立的条件下，

$$U=\frac{\overline{X}-\mu_0}{\sqrt{\frac{\sigma^2}{n}}}\sim N(0,1)$$

由 $\alpha=0.05$，查标准正态分布表，得 $u_{\frac{\alpha}{2}}=1.96$。即

$$P\{|U|>u_{1-\frac{\alpha}{2}}\}=\alpha$$

由样本值计算

$$|U_0|=\left|\frac{\overline{X}-\mu_0}{\sqrt{\frac{\sigma^2}{n}}}\right|=\left|\frac{0.511-0.5}{\sqrt{\frac{0.015^2}{9}}}\right|=2.2>1.96$$

于是否定 H_0，即认为这一天包糖机工作不正常。

本例可利用 Python 求解，程序如下。

```
X = np.array([0.497, 0.506, 0.518, 0.524, 0.498, 0.511, 0.520, 0.515, 0.512])
#样本的 numpy 数组形式
sigma0 = 0.015 #已知总体标准差
mu0 = 0.5 #需要检验的总体均值
alpha = 0.05 #给定的显著性水平
u = (np.mean(X) - mu0)/sigma0 * np.sqrt(len(X)) #正态 u 检验统计量的计算
print('检验统计量:u = {:.3f}'.format(u)) # 打印 u 值
print('分位数为:{:.3f}'.format(norm.isf(alpha/2))) # 打印分位数的值
print('u> {:.3f},拒绝原假,设即认为这一天包糖机工作不正常'.format(norm.isf
(alpha/2))) # 打印决策
out:
检验统计量:u = 2.244
分位数为:1.960
u> 1.960,拒绝原假设,即认为这一天包糖机工作不正常
```

2. 未知方差 σ^2，检验 $H_0:\mu=\mu_0$，$H_1:\mu\neq\mu_0$

设$(X_1,X_2,\cdots,X_n)$是一个样本，由统计量分布理论知，在 H_0 成立的条件下，

$$T=\frac{\overline{X}-\mu_0}{\sqrt{\frac{s^2}{n}}}\sim t(n-1)$$

给定的检验水平为 α，查 t 分布表，得临界值 $t_{\frac{\alpha}{2}}(n-1)$，使

$$P\{|T|>t_{\frac{\alpha}{2}}(n-1)\}=\alpha$$

即$\{|T|>t_{\frac{\alpha}{2}}(n-1)\}$是一个小概率事件。

由样本值计算$|T_0|$，

- 若$|T|>t_{\frac{\alpha}{2}}(n-1)$，则否定 H_0；
- 若$|T|<t_{\frac{\alpha}{2}}(n-1)$，则不能否定 H_0。

称此检验法为 T 检验法，其一般步骤如下。

① 提出原假设和备择假设：

$$H_0:\mu=\mu_0\quad H_1:\mu\neq\mu_0$$

② 选择统计量 $T=\frac{\overline{X}-\mu_0}{\sqrt{\frac{s^2}{n}}}$，在 H_0 成立的条件下，$T\sim t(n-1)$。

③ 由给定的检验水平 α，查 t 分布表，得临界值 $t_{\frac{\alpha}{2}}(n-1)$，使

$$P\{|T|>t_{\frac{\alpha}{2}}(n-1)\}=\alpha$$

确定否定域为

$$(-\infty,-t_{\frac{\alpha}{2}}(n-1))\cup(t_{\frac{\alpha}{2}}(n-1),+\infty)$$

④ 根据样本观察值计算$|T_0|$，并与 $t_{\frac{\alpha}{2}}(n-1)$比较。

⑤ 结论：

- 若$|T_0|>t_{\frac{\alpha}{2}}(n-1)$，则否定 H_0；

• 若$|T_0|<t_{\frac{\alpha}{2}}(n-1)$,则不能否定 H_0。

例 4.2.2 某厂生产钢筋,其标准强度为 52 kg/mm²,今抽取 6 个样品,测得其强度数据(单位:kg/mm²)如下:

44.5　49.0　53.5　49.5　56.0　52.5

已知钢筋强度 X 服从正态分布,判断这批产品的强度是否合格($\alpha=0.05$)?

解
$$H_0:\mu=\mu_0=52 \quad H_1:\mu\neq 52$$

在 H_0 成立的条件下,

$$T=\frac{\overline{X}-\mu_0}{\sqrt{\frac{s^2}{n}}}\sim t(n-1)$$

由 $\alpha=0.05$,查 t 分布表,得临界值 $t_{\frac{\alpha}{2}}(n-1)=2.571$,即

$$P\{|T|>t_{\frac{\alpha}{2}}(5)\}=\alpha$$

由样本值计算

$$|T_0|=\left|\frac{\overline{X}-\mu_0}{\sqrt{\frac{s^2}{n}}}\right|=\left|\frac{51.5-52}{\sqrt{\frac{8.9}{6}}}\right|=0.4<2.571$$

因此,不能否定 H_0,即认为产品的强度与标准强度无显著性差异,就现在样本提供的信息来看,产品是合格的。

本例可利用 Python 求解,程序如下。

```
#例 4.2.2
X = np.array([44.5, 49.0, 53.5, 49.5, 56.0, 52.5]) # 把样本用数组表示
X_m = np.mean(X) # 计算样本均值
mu0 = 52 # 待检验的总体均值
alpha = 0.05 # 显著性水平
s = np.sqrt(len(X)/(len(X) - 1)) * np.std(X) # 计算样本标准差
T = (X_m - mu0)/s * np.sqrt(len(X)) # 计算 t 检验统计量
print('T = {:.3F}'.format(T)) #打印 t 值
print('分位数:{:3f}'.format(t.isf(alpha/2,len(X) - 1)))
# 根据显著性水平计算 t 分位数
if abs(T) > t.isf(alpha/2,len(X) - 1):
    print('拒绝原假设,认为该批产品强度不合格') # 作出决策
else:
    print('不能拒绝原假设,认为该批产品强度合格')
```

还可以调用相关模块计算,程序如下。

```
import scipy
scipy.stats.mstats.ttest_1samp(X, 52, axis = 0) #X 仍是例 4.2.2 中的样本数组
out:
Ttest_1sampResult(statistic = -0.7063863461740308, pvalue = 0.5114951366814302)
```

可以用 pvalue=0.5114951366814302>0.05 作决策,不能拒绝原假设,认为该批产品强度合格。

3. 未知均值 μ，检验 $H_0:\sigma^2=\sigma_0^2, H_1:\sigma^2\neq\sigma_0^2$

设 $(X_1,X_2,\cdots,X_n)$ 是一个样本，由统计量分布理论可知，在 H_0 成立的条件下，

$$\chi^2=\frac{(n-1)s^2}{\sigma^2}\sim\chi^2(n-1)$$

检验水平为 α，查 χ^2 分布表，得临界值 $\chi^2_{1-\frac{\alpha}{2}}(n-1)$ 和 $\chi^2_{\frac{\alpha}{2}}(n-1)$，使

$$P\{\chi^2>\chi^2_{\frac{\alpha}{2}}(n-1)\}=\frac{\alpha}{2}, P\{\chi^2<\chi^2_{1-\frac{\alpha}{2}}(n-1)\}=\frac{\alpha}{2}$$

即事件 $\{\chi^2>\chi^2_{\frac{\alpha}{2}}(n-1)\}\cup\{\chi^2<\chi^2_{1-\frac{\alpha}{2}}(n-1)\}$ 是小概率事件。

由样本值计算 χ_0^2，并与 $\chi^2_{1-\frac{\alpha}{2}}(n-1)$ 和 $\chi^2_{\frac{\alpha}{2}}(n-1)$ 比较。

- 若 $\chi_0^2>\chi^2_{\frac{\alpha}{2}}(n-1)$ 或 $\chi_0^2<\chi^2_{1-\frac{\alpha}{2}}(n-1)$，则否定 H_0。
- 若 $\chi^2_{1-\frac{\alpha}{2}}(n-1)<\chi_0^2<\chi^2_{\frac{\alpha}{2}}(n-1)$，则不能否定 H_0。

称此检验法为 χ^2 检验，其一般步骤如下。

① 提出原假设和备择假设：

$$H_0:\sigma^2=\sigma_0^2 \quad H_1:\sigma^2\neq\sigma_0^2$$

② 选择统计量 $\chi^2=\frac{(n-1)s^2}{\sigma^2}$，在 H_0 成立的条件下，

$$\chi^2\sim\chi^2(n-1)$$

③ 给定的检验水平为 α，查 χ^2 分布表，得临界值 $\chi^2_{1-\frac{\alpha}{2}}(n-1)$ 和 $\chi^2_{\frac{\alpha}{2}}(n-1)$，使

$$P\{\chi^2>\chi^2_{\frac{\alpha}{2}}(n-1)\}=P\{\chi^2<\chi^2_{1-\frac{\alpha}{2}}(n-1)\}=\frac{\alpha}{2}$$

即 $\{\chi^2>\chi^2_{\frac{\alpha}{2}}(n-1)\}\cup\{\chi^2<\chi^2_{1-\frac{\alpha}{2}}(n-1)\}$ 是小概率事件，确定否定域为

$$(0,\chi^2_{1-\frac{\alpha}{2}}(n-1))\cup(\chi^2_{1-\frac{\alpha}{2}}(n-1),+\infty)$$

④ 由样本值计算 χ_0^2，并与 $\chi^2_{\frac{\alpha}{2}}(n-1)$ 和 $\chi^2_{1-\frac{\alpha}{2}}(n-1)$ 进行比较。

⑤ 结论：

- 若 $\chi_0^2>\chi^2_{\frac{\alpha}{2}}(n-1)$ 或 $\chi_0^2<\chi^2_{1-\frac{\alpha}{2}}(n-1)$，则否定 H_0；
- 若 $\chi^2_{1-\frac{\alpha}{2}}(n-1)<\chi_0^2<\chi^2_{\frac{\alpha}{2}}(n-1)$，则不能否定 H_0。

例 4.2.3　某炼铁厂的铁水含碳量 X 服从正态分布。现对操作工艺进行了某种改进，从中抽取 5 炉铁水，测得含碳量数据如下：

4.421　4.052　4.353　4.287　4.683

是否可以认为新工艺炼出的铁水含碳量的方差仍为 0.108^2（$\alpha=0.05$）？

解

$$H_0:\sigma^2=\sigma_0^2=0.108^2 \quad H_1:\sigma^2\neq0.108^2$$

在 H_0 成立的条件下，

$$\chi^2=\frac{(n-1)s^2}{\sigma^2}\sim\chi^2(n-1)$$

给定的检验水平为 α，查 χ^2 分布表，得临界值 $\chi^2_{0.975}(4)=11.1$ 和 $\chi^2_{0.025}(4)=0.484$。根据样本观察值计算

$$\chi_0^2=\frac{(n-1)s^2}{\sigma^2}=\frac{4\times0.228^2}{0.108^2}\approx17.827>11.1$$

因此，否定 H_0，即不能认为方差是 0.108^2。

可例可利用 Python 求解，程序如下。

```
#例 4.2.3
X = np.array([4.421, 4.052, 4.353, 4.287, 4.683]) #样本的 numpy 数组表示
sigma0 = 0.108 #检验对象已知标准差
alpha = 0.05 #显著性水平
s = np.sqrt(len(X)/(len(X) - 1)) * np.std(X) #计算样本标准差
Chisq = s * * 2 * (len(X) - 1)/sigma0 * * 2 #计算卡方检验统计量
print('Chisq = {:.3F}'.format(Chisq)) #打印计算结果
print('分位数大:{:3f}'.format(chi2.isf(alpha/2,len(X) - 1)))
print('分位数小:{:3f}'.format(chi2.isf(1 - alpha/2,len(X) - 1)))
if chi2.isf(1 - alpha/2,len(X) - 1)< Chisq  and Chisq <chi2.isf(alpha/2,len(X) - 1):
    print('不能拒绝原假设,认为新工艺炼出的铁水含碳量的方差没变')
    # 依据条件做出决策
else:
    print('拒绝原假设,认为新工艺炼出的铁水含碳量的方差已经发生变化')
out:
Chisq = 17.857
分位数大:11.143287
分位数小:0.484419
拒绝原假设,认为新工艺炼出的铁水含碳量的方差已经发生变化
```

即否定 H_0，即不能认为方差是0.108^2。

以上 3 种类型的否定域均为双侧区间，这种参数假设检验称为双侧检验，这时常省略备择假设 H_1。

下面 3 种类型的否定域均为单侧区间，这种参数的假设检验称为单侧检验。

4. 已知方差 σ^2，检验 $H_0:\mu\leqslant\mu_0,H_1:\mu>\mu_0$

设$(X_1,X_2,\cdots,X_n)$是一个样本，在 H_0 成立的条件下，

$$U_1=\frac{\overline{X}-\mu_0}{\sqrt{\frac{\sigma^2}{n}}}\leqslant\frac{\overline{X}-\mu}{\sqrt{\frac{\sigma^2}{n}}}=U\sim N(0,1)$$

于是，对于任何实数 λ，都有

$$\left\{\frac{\overline{X}-\mu_0}{\sqrt{\frac{\sigma^2}{n}}}>\lambda\right\}\subset\left\{\frac{\overline{X}-\mu}{\sqrt{\frac{\sigma^2}{n}}}>\lambda\right\}$$

检验水平为 α，查标准正态分布表，得临界值 u_α，使

$$P\{U>u_\alpha\}=\alpha$$

即

$$\left\{\frac{\overline{X}-\mu_0}{\sqrt{\frac{\sigma^2}{n}}}>u_\alpha\right\}\subset\left\{\frac{\overline{X}-\mu}{\sqrt{\frac{\sigma^2}{n}}}>u_\alpha\right\}$$

都是小概率事件。

这时，H_0 的否定域为$(u_\alpha, +\infty)$，由样本观察值计算 $U_{1,0}$，若 $U_{1,0}$ 落入否定域，即可作出否定 H_0 的结论。由此我们得知，单侧检验的步骤与双侧检验类似，只是它的否定域仅为单侧区间。显然，单侧检验比双侧检验灵敏，这是有代价的，即事先对待检验的参数有较多的了解。

例 4.2.4　已知某种水果罐头维生素 C 的含量服从正态分布，标准差为 3.98 mg。在产品质量标准中，维生素 C 的平均含量必须大于 21 mg。现从一批这种水果罐头中抽取 17 罐，测得维生素 C 含量的平均值 $\overline{x}=23$ mg。问这批罐头的维生素 C 含量是否合格($\alpha=0.05$)？

解　因为本例要求维生素 C 的平均含量必须大于 21 mg，少了则判为不合格品，所以用单侧检验。

$$H_0: \mu \leqslant \mu_0 = 21 \quad H_1: \mu > 21$$

在 H_0 成立的条件下，

$$U_1 = \frac{\overline{X}-\mu_0}{\sqrt{\frac{\sigma^2}{n}}} \leqslant \frac{\overline{X}-\mu}{\sqrt{\frac{\sigma^2}{n}}} = U \sim N(0,1)$$

检验水平为 α，查标准正态分布表，得临界值$u_\alpha=1.38$，确定否定域为

$$(u_\alpha, +\infty)$$

由样本观察值计算

$$U_{1,0} = \frac{\overline{X}-\mu_0}{\sqrt{\frac{\sigma^2}{n}}} \leqslant \frac{23-21}{\sqrt{\frac{3.98^2}{17}}} = 2.07 > 1.38$$

所以，否定 H_0，即认为这批罐头的维生素 C 含量符合标准。

类似地，可以得到如下两类单侧检验的否定域：

5. 未知方差 σ^2，检验 $H_0: \mu \leqslant \mu_0$，$H_1: \mu > \mu_0$

否定域为$(t_\alpha(n-1), +\infty)$。

6. 未知均值 μ，检验 $H_0: \sigma^2 \leqslant \sigma_0^2$，$H_1: \sigma^2 > \sigma_0^2$

否定域为$(\chi_\alpha^2(n-1), +\infty)$。

例 4.2.5　用机器包装食盐，假设每袋盐的质量服从正态分布，规定每袋盐的标准质量为 500 g，标准差不能超过 10 g。某日开工后，从装好的食盐中随机抽取 9 袋，测得其质量(单位：g)为

497　507　510　475　484　488　524　491　515

问这一天包装机的工作是否正常($\alpha=0.05$)？

解　包装机工作正常指 $\mu=500$ g 和 $\sigma^2 \leqslant 10^2$，因此分两步进行检验。

① $H_0: \mu=\mu_0=500$，$H_1: \mu \neq 500$

在 H_0 成立的条件下，

$$t = \frac{\overline{X}-\mu_0}{\sqrt{\frac{s^2}{n}}} \sim t(n-1)$$

检验水平为 α，查 t 分布表，得临界值

$$t_{\frac{\alpha}{2}}(8) = 2.306$$

由样本值计算，得

$$|T_0| = \left|\frac{\overline{X}-\mu_0}{\sqrt{\frac{s^2}{n}}}\right| = \left|\frac{499-500}{\sqrt{\frac{16.03^2}{9}}}\right| \approx 0.187 < 2.306$$

所以，不能否定 H_0，即可以认为平均每袋盐的质量为 500 g。

② $H'_0:\sigma^2\leqslant 10^2, H'_1:\sigma^2>10^2$

在 H'_0 成立的条件下，

$$\chi_1^2=\frac{(n-1)s^2}{10^2}\leqslant\frac{(n-1)s^2}{\sigma^2}=\chi^2\sim\chi^2(n-1)$$

检验水平为 α，查 χ^2 分布表，得临界值

$$\chi_\alpha^2(8)=15.507$$

由样本值计算，得

$$\chi_{1,0}^2=\frac{(n-1)s^2}{\sigma_0^2}=\frac{8\times 16.03^2}{10^2}\approx 20.56>15.5$$

所以，否定 H'_0，即可以认为方差超过 10^2，包装机工作不稳定。

由以上分析可以认为，包装机工作不正常。

本例可利用 Python 求解，程序如下。

```
#例 4.2.5
X = np.array([497, 507, 510, 475, 484, 488, 524, 491, 515])
#样本的 numpy 数组表示
#(1)均值检验,先按方差未知进行决策
X_m = np.mean(X)
mu0 = 500
alpha = 0.05
s = np.sqrt(len(X)/(len(X) - 1)) * np.std(X)
T = (X_m - mu0)/s * np.sqrt(len(X))
print('T = {:.3F}'.format(T))
print('分位数:{:3f}'.format(t.isf(alpha/2,len(X) - 1)))
if abs(T) > t.isf(alpha/2,len(X) - 1):
    print('拒绝原假设,不能认为该批罐头平均重量为 500 g')
else:
    print('不能拒绝原假设,可认为该批罐头平均重量为 500 g')
#(2)方差的检验
sigma0 = 10 #检验对象已知标准差
alpha = 0.05 #显著性水平
s = np.sqrt(len(X)/(len(X) - 1)) * np.std(X) #计算样本标准差
Chisq = s * * 2 * (len(X) - 1)/sigma0 * * 2 #计算卡方检验统计量
print('Chisq = {:.3F}'.format(Chisq)) #打印计算结果
print('分位数大:{:3f}'.format(chi2.isf(alpha/2,len(X) - 1)))
print('分位数小:{:3f}'.format(chi2.isf(1 - alpha/2,len(X) - 1)))
if chi2.isf(1 - alpha/2,len(X) - 1)< Chisq and Chisq < chi2.isf(alpha/2,len(X) - 1):
print('不能拒绝原假设,方差没变 ') # 依据条件做出决策
print('拒绝原假设,方差已经发生变化')
out:
```

```
T = - 0.187
分位数:2.306004
不能拒绝原假设,可认为该批罐头平均重量为 500 g
Chisq = 20.560
分位数大:17.534546
分位数小:2.179731
拒绝原假设,方差已经发生变化
```

综合以上信息可以得出,打包机工作不正常。

4.3 两个正态总体的假设检验

本节思维导图

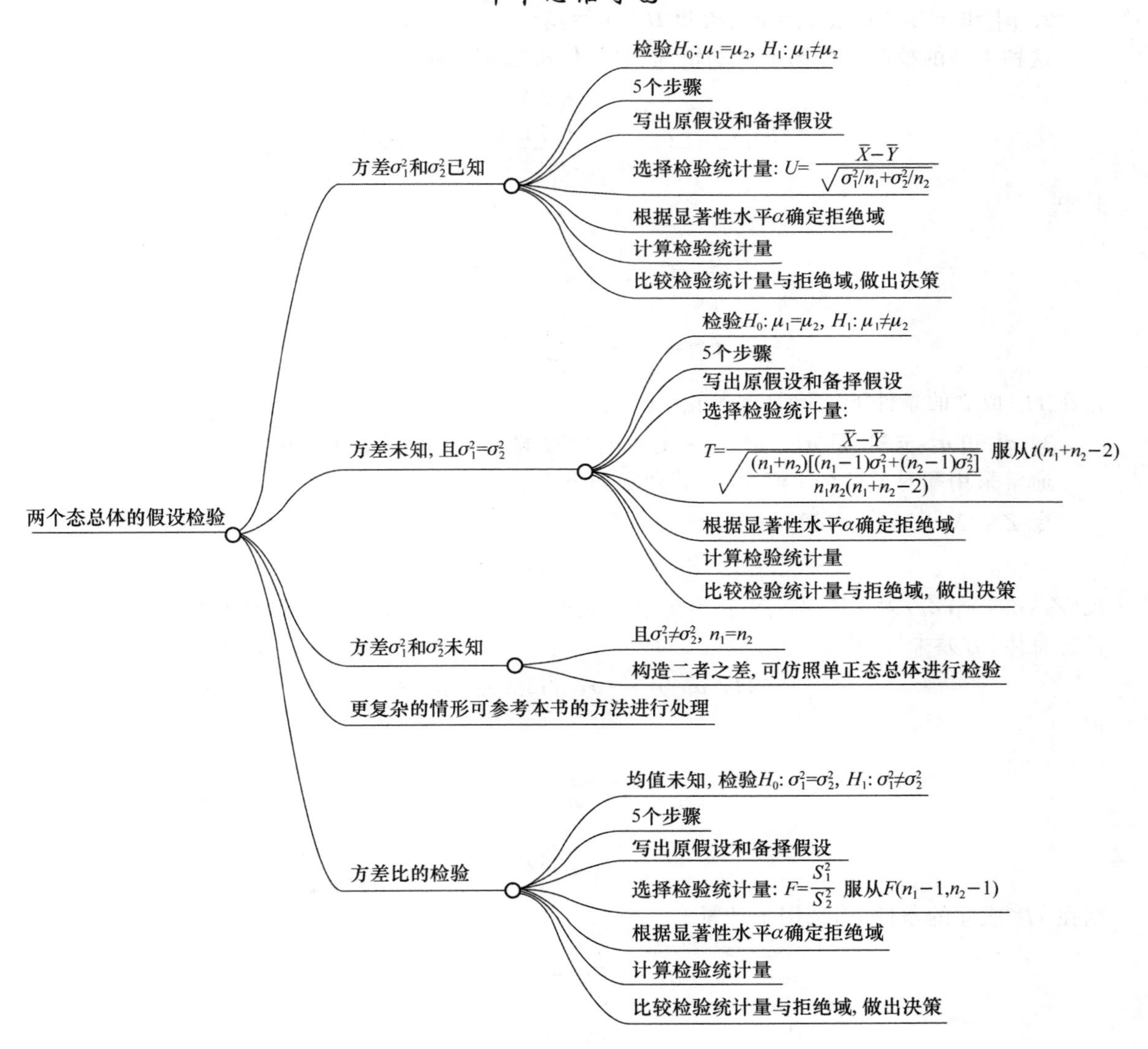

设总体 $X \sim N(\mu_1, \sigma_1^2)$，$Y \sim N(\mu_2, \sigma_2^2)$，且 X、Y 独立，$(X_1, X_2, \cdots, X_{n_1})$ 和 $(Y_1, Y_2, \cdots, Y_{n_2})$ 分别是来自总体 X 和 Y 的样本。关于两个正态总体的假设检验，主要有下面几种类型。

4.3.1 均值(或均值差)的检验

1. 方差 σ_1^2 和 σ_2^2 已知，检验 $H_0: \mu_1 = \mu_2$，$H_1: \mu_1 \neq \mu_2$

在 H_0 成立的条件下，

$$U = \frac{\overline{X} - \overline{Y}}{\sqrt{\frac{\sigma_1^2}{n_1} + \frac{\sigma_2^2}{n_2}}} \sim N(0,1)$$

检验水平为 α，查标准正态分布表，得临界值 $u_{\frac{\alpha}{2}}$，使 $P\{|U| > u_{\frac{\alpha}{2}}\} = \alpha$，即 $\{|U| > u_{\frac{\alpha}{2}}\}$ 是小概率事件，由样本值计算 $|U_0|$，并与 $u_{\frac{\alpha}{2}}$ 比较：

- 若 $|U_0| > u_{\frac{\alpha}{2}}$，则否定 H_0；
- 若 $|U_0| < u_{\frac{\alpha}{2}}$，则不能否定 H_0。

2. σ_1^2 和 σ_2^2 未知，且 $\sigma_1^2 = \sigma_2^2$，检验 $H_0: \mu_1 = \mu_2$，$H_1: \mu_1 \neq \mu_2$

这种类型的检验步骤与上面的情况相似，但需选择下面的统计量

$$T = \frac{\overline{X} - \overline{Y}}{\sqrt{\frac{(n_1 + n_2)[(n_1 - 1)S_1^2 + (n_2 - 1)S_2^2]}{n_1 n_2 (n_1 + n_2 - 2)}}}$$

其中

$$S_1^2 = \frac{1}{n_1 - 1} \sum_{i=1}^{n_1} (X_i - \overline{X})^2$$

$$S_2^2 = \frac{1}{n_2 - 1} \sum_{i=1}^{n_2} (Y_i - \overline{Y})^2$$

且在 H_0 成立的条件下，$T \sim t(n_1 + n_2 - 2)$。

3. σ_1^2 和 σ_2^2 未知，且 $\sigma_1^2 \neq \sigma_2^2$，$n_1 = n_2 = n$，检验 $H_0: \mu_1 = \mu_2$，$H_1: \mu_1 \neq \mu_2$

通常采用配对试验的 t 检验法，其做法如下。

令 $Z_i = X_i - Y_i$，$i = 1, 2, \cdots, n$，则

$$Z_i \sim N(\mu_1 - \mu_2, \sigma_1^2 + \sigma_2^2)$$

视 $(Z_1, Z_2, \cdots, Z_n)$ 为总体 $Z \sim N(\mu_1 - \mu_2, \sigma_1^2 + \sigma_2^2)$ 的一个样本，于是所要进行的检验等价于一个正态总体，方差未知，检验

$$H_0: \mu_1 - \mu_2 = 0, \quad H_1: \mu_1 - \mu_2 \neq 0$$

记

$$\overline{Z} = \frac{1}{n} \sum_{i=1}^{n} Z_i$$

$$s^2 = \frac{1}{n-1} \sum_{i=1}^{n} (Z_i - \overline{Z})^2$$

则在 H_0 成立的条件下，选用统计量

$$T = \frac{\overline{Z}}{\sqrt{\frac{S^2}{n}}} \sim t(n-1)$$

即可。

这种检验通常应用于用两种产品、两种仪器、两种方法得到成对数据，需要比较其质量或效果好坏的情况。

4. σ_1^2 和 σ_2^2 未知，且 $\sigma_1^2 \neq \sigma_2^2$，$n_1 \neq n_2$（$n_1 < n_2$），检验 $H_0: \mu_1 = \mu_2$，$H_1: \mu_1 \neq \mu_2$

令

$$Z_i = X_i - \sqrt{\frac{n_1}{n_2}}Y_i + \frac{1}{\sqrt{n_1 n_2}}\sum_{k=1}^{n_1} Y_k - \frac{1}{n_2}\sum_{k=1}^{n_2} Y_k, \quad i = 1,2,\cdots,n_1$$

则

$$E(Z_i) = \mu_1 - \sqrt{\frac{n_1}{n_2}}\mu_2 + \sqrt{\frac{n_1}{n_2}}\mu_2 - \mu_2 = \mu_1 - \mu_2$$

$$\begin{aligned} D(Z_i) &= E[X_i - \mu_1 - \sqrt{\frac{n_1}{n_2}}(Y_i - \mu_2) + \frac{1}{\sqrt{n_1 n_2}}\sum_{k=1}^{n_1}(Y_k - \mu_2) - \frac{1}{n_2}\sum_{k=1}^{n_2}(Y_k - \mu_2)]^2 \\ &= \sigma_1^2 + \frac{n_1}{n_2}\sigma_2^2 + \sigma_2^2\left(\frac{n_1}{n_1 n_2} + \frac{n_2}{n_2^2} - \frac{2}{n_2} + \frac{2\sqrt{n_1}}{n_2\sqrt{n_2}} - \frac{2n_1}{n_2\sqrt{n_1 n_2}}\right) \\ &= \sigma_1^2 + \frac{n_1}{n_2}\sigma_2^2 \end{aligned}$$

其中，

$$\mathrm{Cov}(Z_i, Z_j) = 0, \quad i \neq j, i, j = 1,2,\cdots,n_1$$

于是，视$(Z_1, Z_2, \cdots, Z_{n_1})$为来自正态总体 $N(\mu_1 - \mu_2, \sigma_1^2 + \frac{n_1}{n_2}\sigma_2^2)$的一个样本。原来的问题等价于一个正态总体，方差未知，检验

$$H_0: \mu_1 - \mu_2 = 0, \quad H_1: \mu_1 - \mu_2 \neq 0$$

在 H_0 成立的条件下，选用统计量

$$T = \frac{\overline{Z}}{\sqrt{\frac{S^2}{n}}} \sim t(n-1)$$

即可，其中

$$\overline{Z} = \frac{1}{n_1}\sum_{i=1}^{n_1} Z_i$$

$$S^2 = \frac{1}{n_1 - 1}\sum_{i=1}^{n_1}(Z_i - \overline{Z})$$

4.3.2 方差（或方差比）的检验

均值 μ_1 和 μ_2 未知，检验

$$H_0: \sigma_1^2 = \sigma_2^2 \quad H_1: \sigma_1^2 \neq \sigma_2^2$$

在 H_0 成立的条件下，

$$F = \frac{S_1^2}{S_2^2} \sim F(n_1 - 1, n_2 - 1)$$

检验水平为 α，查 F 分布表，得临界值 $F_{1-\frac{\alpha}{2}}(n_1 - 1, n_2 - 1)$和 $F_{\frac{\alpha}{2}}(n_1 - 1, n_2 - 1)$，使

$$P\{F>F_{\frac{\alpha}{2}}(n_1-1,n_2-1)\}=\frac{\alpha}{2},P\{F<F_{1-\frac{\alpha}{2}}(n_1-1,n_2-1)\}=\frac{\alpha}{2}$$

即$\{F<F_{1-\frac{\alpha}{2}}(n_1-1,n_2-1)\}\cup\{F>F_{\frac{\alpha}{2}}(n_1-1,n_2-1)\}$是小概率事件。由样本值计算 F_0，并与临界值进行比较：

- 若 $F_0>F_{\frac{\alpha}{2}}(n_1-1,n_2-1)$，或 $F_0<F_{1-\frac{\alpha}{2}}(n_1-1,n_2-1)$，则否定 H_0；
- 若 $F_{1-\frac{\alpha}{2}}(n_1-1,n_2-1)<F_0<F_{\frac{\alpha}{2}}(n_1-1,n_2-1)$，则不能否定 H_0，称

$$(0,F_{1-\frac{\alpha}{2}}(n_1-1,n_2-1))\cup(F_{\frac{\alpha}{2}}(n_1-1,n_2-1),+\infty)$$

为否定域。

例 4.3.1 甲、乙两台机床生产同一型号的滚珠，由以往经验可知，两台机床生产的滚珠直径都服从正态分布，现从这两台机床生产的滚珠中分别抽出 5 个和 4 个，测得其直径(单位：mm)如下：

- 甲机床：24.3　20.8　23.7　21.3　17.4
- 乙机床：14.2　16.9　20.2　16.7

问：甲、乙两台机床生产的滚珠直径的方差有无显著差异($\alpha=0.05$)？

解

$$H_0:\sigma_1^2=\sigma_2^2 \quad H_1:\sigma_1^2\neq\sigma_2^2$$

在 H_0 成立的条件下，

$$F=\frac{S_1^2}{S_2^2}\sim F(n_1-1,n_2-1)$$

检验水平为 α，查 F 分布表，得临界值

$$F_{0.025}(4,3)=15.10$$

和

$$F_{0.975}(4,3)=\frac{1}{F_{0.025}(3,4)}=\frac{1}{9.98}\approx 0.10$$

由样本值计算

$$F=\frac{S_1^2}{S_2^2}=\frac{7.50}{6.06}\approx 1.238$$

因为 $0.10<F_0<15.10$，所以不能否定 H_0，即认为方差无显著差异。

本例可利用 Python 求解，程序如下。

```
    X = np.array([24.3, 20.8, 23.7, 21.3, 17.4])#样本的 numpy 数组表示
    Y = np.array([14.2, 16.9, 20.2, 16.7])#样本的 numpy 数组表示
    alpha = 0.05 #显著性水平
    s1 = np.sqrt(len(X)/(len(X) - 1)) * np.std(X) #计算样本 X 的标准差
    s2 = np.sqrt(len(Y)/(len(Y) - 1)) * np.std(Y) #计算样本 Y 的标准差
    F = s1 * * 2/s2 * * 2 #计算 F 检验统计量
    print('F = {:3F}'.format(F) )#打印计算结果
    print('分位数大:{:3f}'.format(f(len(X) - 1,len(Y) - 1).isf(alpha/2)))
    print('分位数小:{:3f}'.format(f(len(X) - 1,len(Y) - 1).isf(1 - alpha/2)))
    if f.isf(1 - alpha/2,len(X) - 1,len(Y) - 1)< F  and F < f.isf(alpha/2,len(X) - 1,
len(Y) - 1):
        print('不能拒绝原假设,可以认为方差相等') # 依据条件做出决策
    else:
```

```
    print('拒绝原假设,不能认为方差相等')
out:
F = 1.238449
分位数大:15.100979
分位数小:0.100208
不能拒绝原假设,可以认为方差相等
```

对于单侧检验 $H_0:\sigma_1^2 \geqslant \sigma_2^2, H_1:\sigma_1^2 < \sigma_2^2$,其否定域为$(0, F_{1-\alpha}(n_1-1, n_2-1))$。

对于单侧检验 $H_0:\sigma_1^2 \leqslant \sigma_2^2, H_1:\sigma_1^2 > \sigma_2^2$,其否定域为$(F_\alpha(n_1-1, n_2-1), +\infty)$。

通常遇到的参数假设检验的各种类型及否定域如表 4.3.1 所示。

表 4.3.1 正态总体均值、方差的检验法(显著性水平为 α)

原假设 H_0	检验统计量	H_0 为真时统计量的分布	备择假设 H_1	拒绝域
$\mu=\mu_0$ (σ^2 已知)	$u=\frac{\overline{X}-\mu_0}{\frac{\sigma}{\sqrt{n}}}$	$N(0,1)$	$\mu>\mu_0$ $\mu<\mu_0$ $\mu\neq\mu_0$	$u>u_\alpha$ $u<-u_\alpha$ $\lvert u\rvert>u_{\frac{\alpha}{2}}$
$\mu=\mu_0$ (σ^2 未知)	$t=\frac{\overline{X}-\mu_0}{\frac{S}{\sqrt{n}}}$	$t(n-1)$	$\mu>\mu_0$ $\mu<\mu_0$ $\mu\neq\mu_0$	$t>t_\alpha(n-1)$ $t<-t_\alpha(n-1)$ $\lvert t\rvert>t_{\frac{\alpha}{2}}(n-1)$
$\sigma^2=\sigma_0^2$ (μ 未知)	$\chi^2=\frac{(n-1)S^2}{\sigma_0^2}$	$\chi^2(n-1)$	$\sigma^2>\sigma_0^2$ $\sigma^2<\sigma_0^2$ $\sigma^2\neq\sigma_0^2$	$\chi^2>\chi_\alpha^2(n-1)$ $\chi^2<\chi_{1-\alpha}^2(n-1)$ $\chi^2>\chi_{\frac{\alpha}{2}}^2(n-1)$或 $\chi^2<\chi_{1-\frac{\alpha}{2}}^2(n-1)$
$\mu_d=\mu_1-\mu_2=0$ (成对数据)	$t=\frac{\overline{Z}}{\frac{S}{\sqrt{n}}}$	$t(n-1)$	$\mu_d>0$ $\mu_d<0$ $\mu_d\neq0$	$t>t_\alpha(n-1)$ $t<-t_\alpha(n-1)$ $\lvert t\rvert>t_{\frac{\alpha}{2}}(n-1)$
$\mu_1-\mu_2=\delta$ (σ_1^2、σ_2^2 已知)	$u=\frac{\overline{X}-\overline{Y}-\delta}{\sqrt{\frac{\sigma_1^2}{n_1}+\frac{\sigma_2^2}{n_2}}}$	$N(0,1)$	$\mu_1-\mu_2>\delta$ $\mu_1-\mu_2<\delta$ $\mu_1-\mu_2\neq\delta$	$t>t_\alpha(n-1)$ $t<-t_\alpha(n-1)$ $\lvert t\rvert>t_{\frac{\alpha}{2}}(n-1)$
$\mu_1-\mu_2=\delta$ ($\sigma_1^2=\sigma_2^2=\sigma^2$ 未知)	$t=\frac{\overline{X}-\overline{Y}-\delta}{S_w\sqrt{\frac{1}{n_1}+\frac{1}{n_2}}}$, $S_w^2=\frac{(n_1-1)S_1^2+(n_2-1)S_2^2}{n_1+n_2-2}$	$t(n_1+n_2-2)$	$\mu_1-\mu_2>\delta$ $\mu_1-\mu_2<\delta$ $\mu_1-\mu_2\neq\delta$	$t>t_\alpha(n_1+n_2-2)$ $t<-t_\alpha(n_1+n_2-2)$ $\lvert t\rvert>t_{\frac{\alpha}{2}}(n_1+n_2-2)$
$\sigma_1^2=\sigma_2^2$ (μ_1,μ_2 未知)	$F=\frac{S_1^2}{S_2^2}$	$F(n_1-1,n_2-1)$	$\sigma_1^2>\sigma_2^2$ $\sigma_1^2<\sigma_2^2$ $\sigma_1^2\neq\sigma_2^2$	$F>F_\alpha(n_1-1,n_2-1)$ $F>F_{1-\alpha}(n_1-1,n_2-1)$ $F>F_{\frac{\alpha}{2}}(n_1-1,n_2-1)$ 或 $F<F_{1-\frac{\alpha}{2}}(n_1-1,n_2-1)$

4.4 假设检验中的两类错误

本节思维导图

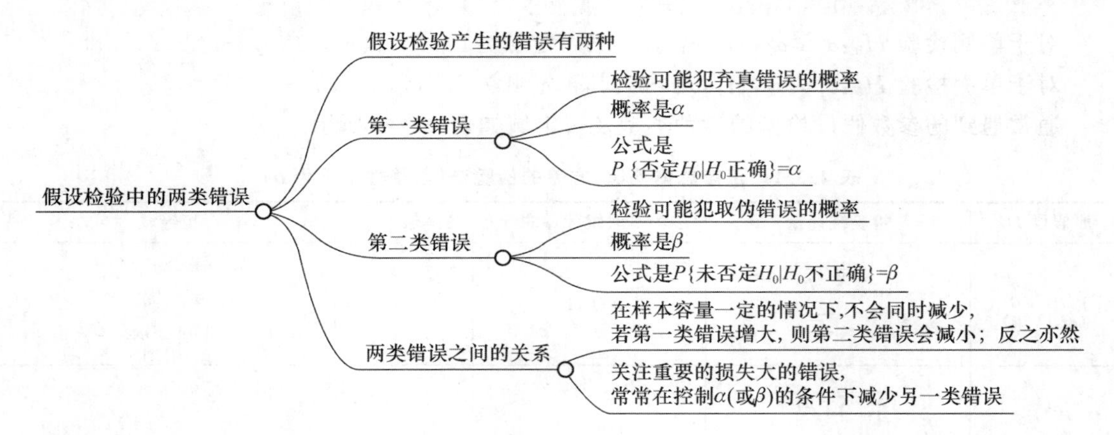

假设检验的判断依据是一个样本。这种由部分推断整体的做法难免会产生错误。假设检验产生的错误有两类。

- 第一类错误:H_0 是正确的,而检验结果却否定了 H_0,称此类错误为弃真错误,其概率为 α,即 $P\{否定\ H_0 \mid H_0\ 正确\}=\alpha$。因此,假设检验中预先给定的检验水平 α 是检验可能犯弃真错误的概率。
- 第二类错误:H_0 是不正确的,而检验结果却未否定 H_0,称此类错误为取伪错误,其概率为 β,即 $P\{未否定\ H_0 \mid H_0\ 不正确\}=\beta$。

为了直观地理解两类错误的概率,我们仅就一个正态总体,已知方差 σ^2,检验 $H_0:\mu=\mu_0$,$H_1:\mu\neq\mu_0$。在 $\mu>\mu_0$ 的情况下作图,如图 4.4.1 所示,图中网格部分表示 β 的大小。

在实际工作中,两类错误造成的影响常常是不一样的。例如,在进行降落伞产品质量检验时,人们希望宁可把合格的降落伞错判为不合格,而不希望把不合格的降落伞判为合格,以致造成人身伤亡,为此尽量减小 β;而对价格高昂的产品,生产者希望检验时把合格品当作不合格品的可能性尽量小,即 α 要尽量小。

人们希望检验时犯两类错误的概率越小越好,但在样本容量 n 确定时,犯这两类错误的概率难以同时被控制,即当 α 减小时,β 反而增大;而 β 减小时,α 反而增大。通常的做法是固定 α(或 β),使 β(或 α)尽量减小。

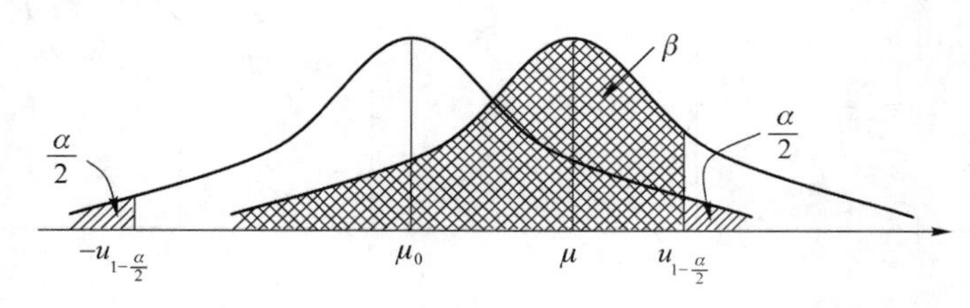

图 4.4.1 两类错误之间的关系

4.5　非参数检验

本节思维导图

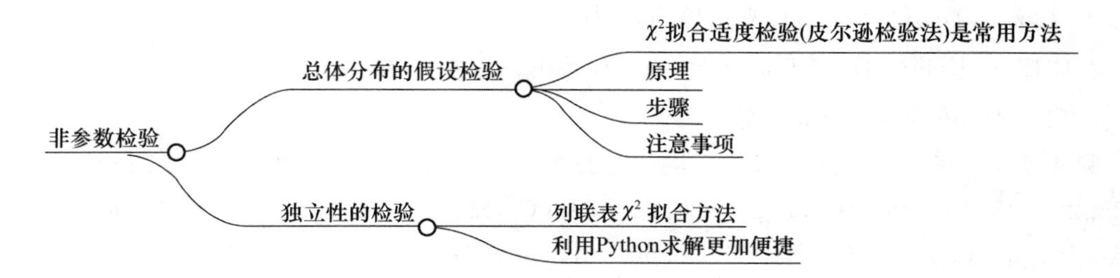

4.2 节和 4.3 节中介绍了总体参数的假设检验方法。本节将要介绍非参数的假设检验，主要讨论关于总体分布和随机变量独立性的假设检验。

4.5.1　总体分布的假设检验

在许多问题中，我们不知道总体服从什么类型的分布，这就需要根据样本对总体分布函数 $F(x)$ 进行假设检验。这种考察理论分布曲线和实际观察曲线吻合程度的检验，常称为拟合适度检验。χ^2 拟合适度检验（皮尔逊检验法）是这种检验的常用方法。该方法根据样本和其他信息，对总体分布提出假设"H_0：总体 X 的分布函数是 $F(x)$，H_1：总体 X 的分布函数不是 $F(x)$"。这时，H_1 通常省略不写。分布函数中的未知参数可以在 H_0 成立的条件下，用参数估计中的点估计方法进行估计。

在总体 X 是离散型时，可以提出假设"H_0：总体 X 的分布律为 $P\{X=x_i\}=p_i, i=1,2,3,\cdots$"。在总体 X 是连续型时，可以提出假设"H_0：总体 X 的概率密度函数为 $f(x)$"。

现在就分布函数 $F(x)$ 的假设进行检验，检验方法如下。

① 提出假设 H_0：总体 X 的分布函数是 $F(x)$。

② 在数轴上取 $k-1$ 个分点：$t_1<t_2<\cdots<t_{k-1}$，将数轴分为 k 个区间：$(-\infty,t_1]$，$(t_1,t_2]$，$(t_2,t_3]$，$\cdots$，$(t_{k-2},t_{k-1}]$，$(t_{k-1},+\infty)$。

③ 由假设的分布函数计算概率 $p_i(i=1,2,\cdots,k)$ 的值：

$$
\begin{aligned}
&p_1=P\{X\leqslant t_1\}=F(t_1)\\
&p_2=P\{t_1<X\leqslant t_2\}=F(t_2)-F(t_1)\\
&\cdots\\
&p_{k-1}=P\{t_{k-2}<X\leqslant t_{k-1}\}=F(t_{k-1})-F(t_{k-2})\\
&p_k=P\{X\geqslant t_{k-1}\}=1-F(t_{k-1})
\end{aligned}
$$

④ 设样本观察值为 $x_1,x_2,\cdots,x_n$。计算样本值落在第 i 个小区间的个数 $f_i(i=1,2,\cdots,k)$。

⑤ 样本容量 n 较大（一般要求 n 至少大于 50，最好在 100 以上）和 H_0 成立的条件下，频率 $\dfrac{f_i}{n}$ 与 p_i 应该比较接近。皮尔逊用统计量 $\chi^2=\sum\limits_{i=1}^{k}\dfrac{(f_i-np_i)^2}{np_i}$ 近似服从 $\chi^2(k-r-1)$，其中 r 为 $F(x)$ 中利用样本值求得的极大似然估计的参数个数。

⑥ 检验水平为 α，查 χ^2 分布表，得临界值 $\chi^2_{1-\alpha}(k-r-1)$，使

$$P\{\chi^2>\chi^2_{1-\alpha}(k-r-1)\}=\alpha$$

⑦ 由样本值计算 $\chi_0^2=\sum_{i=1}^{k}\frac{(f_i-np_i)^2}{np_i}$，并与 $\chi^2_{1-\alpha}(k-r-1)$ 进行比较：

- 若 $\chi^2>\chi^2_{1-\alpha}(k-r-1)$，则否定 H_0；
- 若 $\chi^2<\chi^2_{1-\alpha}(k-r-1)$，则不能否定 H_0。

在应用 χ^2 检验法时，n 要充分大，np_i 不太小。根据实践，$n\geqslant 50$，$np_i\geqslant 5(i=1,2,\cdots,k)$。若 $np_i<5$，则应适当合并区间，使 $np_i\geqslant 5$。

例 4.5.1 在某厂生产的螺栓中随机地抽取 50 个，测得其长度数据(单位：mm)如下：

25.20	35.40	26.00	33.20	31.20	34.00	29.00	24.20	32.80	31.00	29.80
31.60	31.00	34.60	27.40	30.60	37.00	34.60	35.00	16.00	31.00	37.00
32.80	28.80	31.20	38.00	37.40	29.40	35.80	29.80	37.00	34.60	29.40
33.00	29.80	34.80	32.20	30.60	34.00	26.80	33.40	25.00	29.60	29.00
46.00	27.80	33.40	25.00	33.00	36.40					

试分析该厂生产的这批产品的长度服从什么分布($\alpha=0.05$)？

解 $H_0: X\sim N(31.60,4.66^2)$ $H_1: X\sim N(31.60,4.66^2)$

由样本值计算得 $\hat{\mu}=\bar{x}=31.60$，$\hat{\sigma}^2=s^2=4.66^2$，用下面 6 个分点把 x 轴分成 7 个区间：$t_1=24.50$，$t_2=27.00$，$t_3=29.50$，$t_4=32.00$，$t_5=34.50$，$t_6=37.00$。7 个区间是：$(-\infty,24.50]$，$(24.50,27.00]$，$(27.00,29.50]$，$(29.50,32.00]$，$(32.00,34.50]$，$(34.50,37.00]$，$(37.00,+\infty)$。求出样本值落入第 i 个区间 $(t_i,t_{i-1}]$ 上的频数 f_i 为 2,5,7,12,10,11,3。

在 H_0 成立的条件下，计算 X 落入第 i 个区间的概率

$$p_i=P\{t_{i-1}<X\leqslant t_i\}=F(t_i)-F(t_{i-1})$$

先计算 $F(t_i)$：

$$F(t_1)=F(24.5)=\Phi\left(\frac{24.5-31.6}{4.66}\right)=\Phi(-1.52)=1-\Phi(1.52)=0.064$$

$$F(t_2)=F(27.00)=\Phi\left(\frac{27.00-31.6}{4.66}\right)=\Phi(-0.99)=1-\Phi(0.99)=0.161$$

$$F(t_3)=F(29.5)=\Phi\left(\frac{29.5-31.6}{4.66}\right)=\Phi(-0.45)=1-\Phi(0.45)=0.326$$

$$F(t_4)=F(32.00)=\Phi(\frac{32.00-31.60}{4.66})=\Phi(0.086)=0.538$$

$$F(t_5)=F(34.50)=\Phi(\frac{34.50-31.60}{4.66})=\Phi(0.62)=0.732$$

$$F(t_6)=F(37.00)=\Phi(\frac{37.00-31.60}{4.66})=\Phi(1.16)=0.877$$

代入计算 p_i 的值：

$$p_1=F(t_1)=0.064$$

$$p_2=F(t_2)-F(t_1)=0.097$$

$$p_3=F(t_3)-F(t_2)=0.165$$

$$p_4 = F(t_4) - F(t_3) = 0.212$$
$$p_5 = F(t_5) - F(t_4) = 0.194$$
$$p_6 = F(t_6) - F(t_5) = 0.145$$
$$p_7 = 1 - F(t_6) = 0.123$$

详细计算结果如表 4.5.1 所示。

表 4.5.1　卡方统计量计算表

区间	频数 f_i	概率 p_i	np_i	$(f_i - np_i)^2$	$\frac{(f_i - np_i)^2}{np_i}$
$(-\infty, 27.00]$	7	0.161	8.05	1.10	0.137
$(27.00, 29.50]$	7	0.165	4.25	1.56	0.189
$(29.50, 32.00]$	12	0.212	10.6	1.96	0.185
$(32.00, 34.50]$	10	0.194	9.7	0.09	0.009
$(34.50, 37.00]$	11	0.145	7.25	14.06	1.939
$(37.00, +\infty)$	3	0.123	6.15	9.92	1.613
Σ					4.072

其中，有些 $np_i < 5$，前两个区间 $(-\infty, 24.50]$ 和 $(24.50, 27.00]$ 需合并为一个区间 $(-\infty, 27.00]$，使所有 $np_i \geqslant 5$，合并后，$K = 6$，$r = 2$，所以 $k - r - 1 = 3$，由 $\alpha = 0.05$，查表得临界值 $\chi^2_{0.05}(3) = 7.815$，由样本值计算

$$\begin{aligned}\chi_0^2 &= \sum_{i=1}^{6} \frac{(f_i - np_i)^2}{np_i} \\ &= 0.137 + 0.189 + 0.185 + 0.009 + 1.939 + 1.613 \\ &= 4.072 < 7.815\end{aligned}$$

所以不能否定 H_0，即认为这批产品的长度服从正态分布 $N(31.60, 4.66^2)$。

对于连续型随机变量，用 χ^2 检验法计算量很大。但是，对于离散型随机变量，计算量要小得多，使用起来较方便。

本例可利用 Python 求解，程序如下。

```
from scipy import stats # 导入统计模块
X = np.array([25.20, 35.40, 26.00, 33.20, 31.20, 34.00, 29.00, 24.20, 32.80,
31.00, 29.80, 31.60, 31.00, 34.60, 27.40, 30.60, 37.00, 34.60,35.00, 16.00, 31.00,
37.00, 32.80, 28.80,31.20, 38.00, 37.40, 29.40, 35.80, 29.80, 37.00, 34.60, 29.40,
33.00, 29.80, 34.80, 32.20, 30.60, 34.00, 26.80, 33.40, 25.00, 29.60, 29.00, 46.00,
27.80, 33.40, 25.00, 33.00, 36.40])
# 样本 numpy 数组表示
    stats.kstest(X, 'norm',args = (X.mean(),X.std())) # 进行 ks 检验
    out:
KstestResult(statistic = 0.08943270282493515, pvalue = 0.8187261454507315)
```

根据 $p > 0.05$ 可以作出接受原假设的判断。该厂生产的这批产品的长度服从正态分布。

从 p 值可以看出，不能否认来自正态分布，均值方差由 x 的样本均值和方差确定。

例 4.5.2 掷一枚硬币 100 次，“正面”出现了 40 次，问这枚硬币是否匀称（$\alpha=0.05$）？

解 如果硬币是匀称的，则“正面”出现的概率应为 1/2。记 $X=1$ 表示“正面”出现，$X=0$ 表示“反面”出现。

$$H_0: P\{X=1\}=P\{X=0\}=1/2$$

用一个分点 0.5 把数轴分为两部分：$(-\infty,0.5]$，$(0.5,+\infty)$，则

$$p_1=P\{X\leqslant 0.5\}=P\{X=0\}$$

$$p_2=P\{X>0.5\}=P\{X=1\}$$

如果 H_0 成立，则 $p_1=p_2=1/2$，且

$$\chi^2=\sum_{i=1}^{2}\frac{(f_i-np_i)^2}{np_i}\sim\chi^2(2-1)$$

检验水平为 α，查表得临界双边值 $\chi^2_{0.025}(1)=5.024$，$np_1=50$，$np_2=50$，$f_1=60$，$f_2=40$，得

$$\chi^2=\frac{(60-50)^2}{50}+\frac{(40-50)^2}{50}=4<5.024$$

所以不能否定 H_0，即认为这枚硬币是匀称的。

而对于单边检验，因为 $\chi^2_{0.05}(1)=3.84<4=\chi^2$，所以无法拒绝原假设，比较二者的值会发现，按拒绝单边小于更符合理论。

本例可利用 Python 求解，用二项分布的精确解实现，程序如下。

```
import statsmodels.api as sm
sm.stats.binom_test(40,100,prop = 0.5)
out:# 输出的 p 值
0.05688793364098078
显然根据显著性水平 0.05 不能拒绝原假设，认为硬币是均匀的。
sm.stats.binom_test(40,100,prop = 0.5,alternative = 'smaller')
out:# 输出的 p 值
0.028443966820490392
拒绝原假设。
```

从 p 值可以看出，拒绝原假设即认为硬币是不均匀的。

4.5.2 独立性的检验

设二维随机变量 (X,Y) 的联合分布函数为 $F(x,y)$，X 和 Y 的边缘分布函数分别为 $F_X(x)$ 和 $F_Y(y)$。为检验 X 和 Y 的独立性，只需检验

- $H_0: F(x,y)=F_X(x)F_Y(y)$，对一切 x、y 成立；
- $H_1: F(x,y)\neq F_X(x)F_Y(y)$，存在 x、y 使式子成立。

将 X、Y 的取值范围分别分成 r、k 个区间：

$$A_1=(-\infty,t_1],A_2=(t_1,t_2],\cdots,A_{r-1}=(t_{r-2},t_{r-1}],A_r=(t_{r-1},+\infty)$$

$$B_1=(-\infty,s_1],B_2=(s_1,s_2],\cdots,B_{k-1}=(s_{k-2},s_{k-1}],B_k=(s_{k-1},+\infty)$$

若 (X,Y) 的样本为 (x_1,y_1)，(x_2,y_2)，$\cdots$，(x_n,y_n)，记 n_{ij} 为 X 落入 A_i、Y 落入 B_j 的样本值的频数。表 4.5.2 称为 $r\times k$ 列联表。

表 4.5.2　联合频数与边缘频数关系表

	A_1　A_2　$\cdots$　A_r	$n_{\cdot j}=\sum_{i=1}^{r} n_{ij}$
B_1	n_{11}　n_{21}　$\cdots$　n_{r1}	$n_{\cdot 1}$
B_2	n_{12}　n_{22}　$\cdots$　n_{r2}	$n_{\cdot 2}$
$\vdots$	$\vdots$	$\vdots$
B_s	n_{1s}　n_{2s}　$\cdots$　n_{rs}	$n_{\cdot s}$
$n_{i\cdot}=\sum_{j=1}^{s} n_{ij}$	$n_{1\cdot}$　$n_{2\cdot}$　$\cdots$　$n_{r\cdot}$	n

令 $\hat{p}_{i\cdot}=\frac{n_{i\cdot}}{n}$，$\hat{p}_{\cdot j}=\frac{n_{\cdot j}}{n}$，$i=1,2,\cdots r$，$j=1,2,\cdots k$，记

$$\chi_n^2=\sum_{i=1}^{r}\sum_{j=1}^{k}\frac{(n_{ij}-n\hat{p}_{i\cdot}\hat{p}_{\cdot j})^2}{n\hat{p}_{i\cdot}\hat{p}_{\cdot j}}$$

当 $n\to\infty$ 时，

$$\chi_n^2\sim\chi^2(rk-r-k+1)$$

由检验水平 α，查 χ^2 分布表，得临界值

$$\chi_{1-\alpha}^2(rk-r-k+1)$$

使

$$P\{\chi_n^2>\chi_{1-\alpha}^2(rk-r-k+1)\}=\alpha$$

由样本值计算 $\chi_{n\cdot 0}^2$ 的值：

- 若 $\chi_{n\cdot 0}^2>\chi_{1-\alpha}^2(rk-r-k+1)$，则否定 H_0；
- 若 $\chi_{n\cdot 0}^2<\chi_{1-\alpha}^2(rk-r-k+1)$，则不能否定 H_0。

最简单的 2×2 列联表如表 4.5.3 所示。

$$\chi^2=\frac{(a+b+c+d)(ad-bc)^2}{(a+b)(c+d)(a+c)(b+d)}$$

表 4.5.3　2×2 列联表

	A_1	A_2	$n_{\cdot j}$
B_1	a	b	$a+b$
B_2	c	d	$c+d$
$n_{i\cdot}$	$a+c$	$b+d$	$n=a+b+c+d$

例 4.5.3　表 4.5.4 所示为某年某地区青少年犯罪调查资料。

表 4.5.4　2×2 青少年犯罪调查数据列联表

	男	女	合计
未犯罪青少年	3 612	1 472	5 084
犯罪青少年	87	5	92
合计	3 699	1 477	5 176

试研究青少年犯罪是否与性别有关($\alpha=0.01$)?

解 令

$$X=\begin{cases}0, & 男\\1, & 女\end{cases}$$

$$Y=\begin{cases}0, & 未犯罪\\1, & 犯罪\end{cases}$$

则有表 4.5.5。

表 4.5.5 表示 2×2 青少年犯罪调查数据列联表

	0	1	$n_{\cdot j}$
0	3 612	1 472	5 084
1	87	5	92
$n_{i\cdot}$	3 699	1 477	5 176

① 提出假设。

H_0:青少年犯罪与性别无关 H_1:青少年犯罪与性别有关

② 检验水平 $\alpha=0.01$,查 χ^2 分布表,得

$$\chi^2_{0.99}(2\times2-2-2+1)=\chi^2_{0.99}(1)=6.63$$

③ 计算 $\chi^2=\sum_{i=1}^{2}\sum_{j=1}^{2}\frac{(n_{ij}-n\hat{p}_{i\cdot}\hat{p}_{\cdot j})^2}{n\hat{p}_{i\cdot}\hat{p}_{\cdot j}}$,其中

$$\hat{p}_{1\cdot}=\frac{n_{1\cdot}}{n}=\frac{3\ 699}{5\ 176}$$

$$\hat{p}_{2\cdot}=\frac{n_{2\cdot}}{n}=\frac{1\ 477}{5\ 176}$$

$$\hat{p}_{\cdot 1}=\frac{n_{\cdot 1}}{n}=\frac{5\ 084}{5\ 176}$$

$$\hat{p}_{\cdot 2}=\frac{n_{\cdot 2}}{n}=\frac{92}{5\ 176}$$

因为

$$\chi^2=\frac{5\ 176\times(5\times3\ 612-1\ 472\times87)^2}{(3\ 612+1\ 472)(87+5)(3\ 612+87)(1\ 472+5)}=23.4>6.63$$

所以否定 H_0,即青少年犯罪与性别有关。

本例可利用 Python 求解,程序如下。

```
from scipy.stats import chi2_contingency
from scipy.stats import chi2
table = [[3612,1472],[87,5]]
print(table)
stat,p,dof,expected = chi2_contingency(table)
# stat 卡方统计值,p:P_value,dof 自由度,expected 理论频率分布
print('dof = %d'%dof)
print(expected)
```

```
prob = 0.5 #选取95%置信度
critical = chi2.ppf(prob,dof)  #计算临界阈值
print('probality = %.3f,critical = %.3f,stat = %.3f'%(prob,critical,stat))
#方法一:卡方检验
if abs(stat)>=critical:
    print('reject H0:Dependent')
else:
    print('fail to reject H0:Independent')
#方法二:p值与alpha值比较或p值法
# interpret p_value
alpha = 1 - prob
print('significance = %.3f,p = %.3f'%(alpha,p))
if p<alpha:
    print('reject H0:Dependent')
else:
    print('fail to reject H0:Independent')
#方法一的输出结果
Out:#查卡方值拒绝原假设
[[3612, 1472], [87, 5]]
dof = 1
[[3633.25270479  1450.74729521]
 [65.74729521   26.25270479]]
probality = 0.500,critical = 0.455,stat = 23.371
reject H0:Dependent
#方法二的输出结果
Out:
significance = 0.500,p = 0.000
reject H0:Dependent
```

二者结论相同。

从 p 值可以看出,否定原假设,即认为青少年犯罪与性别有关。

习 题 4

4.1 某车间生产钢丝,用 X 表示钢丝的折断力,由经验可知 $X\sim N(\mu,\sigma^2)$,其中,$\mu=570$ kg,$\sigma^2=8^2$。今换了一批材料生产钢丝,仍有 $\sigma^2=8^2$。现抽得10根钢丝,测得其折断力(单位:kg)为

578 572 570 568 572 570 570 572 596 584

试检验折断力有无明显变化($\alpha=0.05$)?

4.2 根据长期的经验和资料分析,某砖瓦厂所生产的砖的抗断强度 X 服从正态分布,方差 $\sigma^2=1.21$。今从该厂生产的一批砖中随机抽取6块,测得抗断强度(单位:kg/cm²)如下:

32.56　29.66　31.64　30.00　31.87　31.03

试问:这批砖的平均抗断强度可否认为是 32.50 kg/cm^2($\alpha=0.05$)?

4.3　某炼铁厂的铁水含碳量服从正态分布 $N(4.55, 0.108^2)$,现测得 9 炉铁水的平均含碳量为 4.484,若已知方差没有变化,可否认为现在生产的铁水的平均含碳量仍为 4.55($\alpha=0.05$)?

4.4　根据过去的统计资料,每天到某运动场所活动的人数 $X \sim N(150, 18^2)$。近期随机抽取 50 天,平均活动人数为 145 人,设方差没有变化,试问近期平均活动人数是否有显著变化($\alpha=0.01$)?

4.5　有一种元件,要求其使用寿命不得低于 1 000 h。现在从一批这种元件中随机地抽取 25 件,测得寿命平均值为 950 h。已知该元件寿命服从标准差为 100 h 的正态分布。试在显著性水平 $\alpha=0.05$ 下确定这批元件是否合格。

4.6　某轮胎厂生产一种轮胎,其寿命服从均值 $\mu=30\ 000$ km、标准差 $\sigma=4\ 000$ km 的正态分布。现在采用一种新工艺,从试验产品中随机抽取 100 只轮胎进行检验,测得其平均寿命为 31 000 km。若标准差没有变化,新工艺生产的轮胎寿命是否优于原来的?假定显著性水平 $\alpha=0.02$。

4.7　假定新生婴儿的体重服从正态分布,均值为 3 140 g。现随机抽取 20 名新生婴儿,测得其平均体重为 3 160 g,样本标准差为 300 g。现在与过去的新生婴儿体重有无显著差异($\alpha=0.01$)?

4.8　测得某批矿砂的 5 个样品镍含量(%)为

3.15　3.27　3.24　3.26　3.24

设测定值总体服从正态分布,问在 $\alpha=0.01$ 下能否认为这批矿砂镍含量的均值为 3.25?

4.9　某市统计局调查该市职工平均每天用于上下班路上的时间,假设职工用于上下班路上的时间服从正态分布。主持这项调查的人根据以往的调查经验,认为这一时间与往年没有多大变化,仍为 1.5 h。现随机抽取 400 名职工进行调查,得样本均值为 1.8 h,样本标准差为 0.6 h。调查结果是否证实了调查主持人的看法($\alpha=0.05$)?

4.10　某种电池的使用寿命服从正态分布,厂家在广告中宣传平均使用寿命不少于 3 h,现随机抽取 100 只,测得平均使用寿命为 2.75 h,标准差为 0.25 h。根据抽样结果,能否认为厂家的广告是虚假的($\alpha=0.01$)?

4.11　某车间生产铜丝,设铜丝的折断力服从正态分布,今从产品中随机抽取 10 根检查折断力,得数据(单位:kg)如下:

578　572　570　568　572　570　570　572　596　584

问是否可相信该车间的铜丝折断力的方差为 64($\alpha=0.05$)?

4.12　已知维尼纶纤度在正常条件下服从 $N(1.405, 0.048^2)$,现抽取 5 根纤维,测得其纤度为

1.32　1.55　1.36　1.40　1.44

这批维尼纶的纤度方差是否正常($\alpha=0.05$)?

4.13　设原有一台仪器测量电阻值,误差服从 $N(0, 0.06)$。现有一台新仪器,对一个电阻测量 10 次,测得数据(单位:Ω)为

1.101　1.103　1.105　1.098　1.099　1.101　1.104　1.095　1.100　1.100

新仪器的精度是否比原来的仪器好($\alpha=0.10$)?

4.14　按两种不同的配方生产橡胶，测得橡胶伸长率(%)如下：

- 第一种配方

540　533　525　520　544　531　536　529　534

- 第二种配方

565　577　580　575　556　542　560　532　570　561

如果橡胶伸长率服从正态分布，两种配方生产的橡胶伸长率的标准差是否有显著差异($\alpha=0.05$)?

4.15　某车床生产滚珠，随机抽取 50 个产品，测得它们的直径(单位：mm)为

15.0　15.8　15.2　15.1　15.9　14.7　14.8　15.5　15.6　15.3　15.1　15.3　15.0
15.6　15.7　14.8　14.5　14.2　14.9　14.9　15.2　15.0　15.3　15.6　15.1　14.9
14.2　14.6　15.8　15.2　15.9　15.2　15.0　14.9　14.8　14.5　15.1　15.5　15.5
15.1　15.1　15.0　15.3　14.7　14.5　15.5　15.0　14.7　14.6　14.2

经过计算知道，样本均值 $\bar{x}=15.1$，样本方差是 0.4325^2，滚珠直径是否服从 $N(15.1, 0.4325^2)$($\alpha=0.05$)?

4.16　某工厂近五年来发生了 63 次事故，按星期几分类如题 4.16 表所示。

题 4.16 表

星期	一	二	三	四	五	六
次数	9	10	11	8	13	12

事故是否与星期几有关($\alpha=0.05$)?

4.17　随机抽查 1 000 人，得到统计资料如题 4.17 表所示。

题 4.17 表

	男	女
正常	442	514
色盲	38	6

色盲与性别是否有关($\alpha=0.05$)?

4.18　利用 Python 编程解答 4.1 题。

4.19　利用 Python 编程解答 4.2 题。

4.20　利用 Python 编程解答 4.8 题。

4.21　利用 Python 编程解答 4.11 题。

4.22　利用 Python 编程解答 4.12 题。

4.23　利用 Python 编程解答 4.13 题。

4.24　利用 Python 编程解答 4.14 题。

4.25　利用 Python 编程解答 4.15 题。

4.26　利用 Python 编程解答 4.16 题。

4.27　利用 Python 编程解答 4.17 题。

实验(二) Python 在常用统计估计与检验中的应用

1. 实验基本内容

(1) 认识各种估计、检验,以 t 检验为切入点进一步深入学习与尝试。

(2) 单一样本的 t 检验。

(3) 两独立样本的 t 检验。

(4) 两配对样本的 t 检验。

2. 实验基本要求

(1) 熟悉:单一样本的 t 检验、两独立样本的 t 检验和两配对样本的 t 检验。

(2) 掌握:利用 Python 对实际问题进行均值比较和 t 检验。尝试编程完成常用估计与检验其中之一的估计和检验,并给出相关结果。

3. Python 编程实验报告中的内容

(1) ① 简述常用的点估计方法有哪些?矩估计法与极大似然法的原理分别是什么?

② 试述假设检验的基本步骤。

(2) 利用 Jupyter Notebook 编程实现单一正态总体均值的估计(包含主要步骤及使用验证成功的画面截图)。

有一批食盐,现从中随机地抽取了 16 袋,称得质量(单位:g)如下:

506	508	499	503	504	510	497	512
496	509	502	506	496	493	505	514

设袋装食盐的质量近似服从正态分布,试编写程序:

① 已知 $\sigma=6.2$,求总体均值 μ 的置信度为 0.95 的区间估计;

② 未知 σ,求总体均值 μ 的置信度为 0.95 的区间估计。

(3) 利用 Jupyter Notebook 编程实现一个样本总体均值的 t 检验(包含主要步骤及使用验证成功的画面截图。)

有一批食盐,现从中随机地抽取了 16 袋,称得质量(单位:g)如下:

506	508	499	503	504	510	497	512
496	509	502	506	496	493	505	514

设袋装食盐的质量近似服从正态分布,试编写程序:

① 已知 $\sigma=6.2$,在 $\alpha=0.05$ 时检验总体均值 $\mu=500$ 的显著性;

② σ 未知,在 $\alpha=0.05$ 时检验总体均值 $\mu=500$ 的显著性。

(4) 利用 Jupyter Notebook 编程实现两个独立样本总体均值差的估计与检验(包含主要步骤及使用验证成功的画面截图)。

用两种方法(A 和 B)测定冰自 −0.72 ℃转变为 0 ℃的水融化的热量(单位:cal/g),测得以下数据:

A 方法	79.98	80.04	80.02	80.04	80.03	80.03	80.04	79.97	80.05
	80.03	80.02	80.00	80.02					
B 方法	80.02	79.94	79.98	79.97	79.97	80.03	79.95	79.97	

设这两个样本相互独立,且分别来自正态总体 $N(\mu_1,\sigma^2)$ 和 $N(\mu_2,\sigma^2)$,μ_1、μ_2、σ^2 均未知,编程

完成：

① $\mu_1-\mu_2$信度为0.95的置信区间；

② 显著水平为0.05的$H_0:\mu_1=\mu_2$的检验。

(5) 单一正态总体方差的检验。利用Jupyter Notebook编程实现单正态总体方差的检验(包含主要步骤及使用验证成功的画面截图)。

设一种混杂品种小麦的株高服从正态分布$N(\mu,\sigma^2)$，现经过提纯实验随机抽取10株，株高(单位:cm)为

90　105　101　95　100　100　101　105　93　97

若原来方差$\sigma_0^2=196$。试根据实验数据在$\alpha=0.01$下检验方差是否有显著差异。

(6) 双正态总体方差比的检验。利用Jupyter Notebook编程实现双正态总体方差是否相等的检验(包含主要步骤及使用验证成功的画面截图)。

某研究机构收集到两种论文的数据，如下：

数据Ⅰ　1.79　1.75　1.67　1.65　1.87　1.74　1.94　1.62
　　　　2.06　1.33　1.96　1.69　1.70

数据Ⅱ　2.39　2.51　2.86　2.56　2.29　2.49　2.36　2.58
　　　　2.62　2.41

设数据Ⅰ、Ⅱ分别来自正态总体$N(\mu_1,\sigma_1^2)$和$N(\mu_2、\sigma_2^2)$，μ_1、μ_2、σ_2^2、σ_1^2均未知。在$\alpha=0.10$的条件下检验$H_0:\sigma_1^2=\sigma_2^2$，$H_1:\sigma_1^2\neq\sigma_2^2$。

(7) 简单介绍本次编程实验的体会。

第5章 方差分析

方差分析是英国统计学家费歇尔在20世纪20年代创立的。目前,这种方法已被应用于很多领域。它是分析试验(或观测)数据的一种重要方法。本章主要介绍单因素试验和双因素试验方差分析的基本原理与方法。

5.1 单因素试验的方差分析

本节思维导图

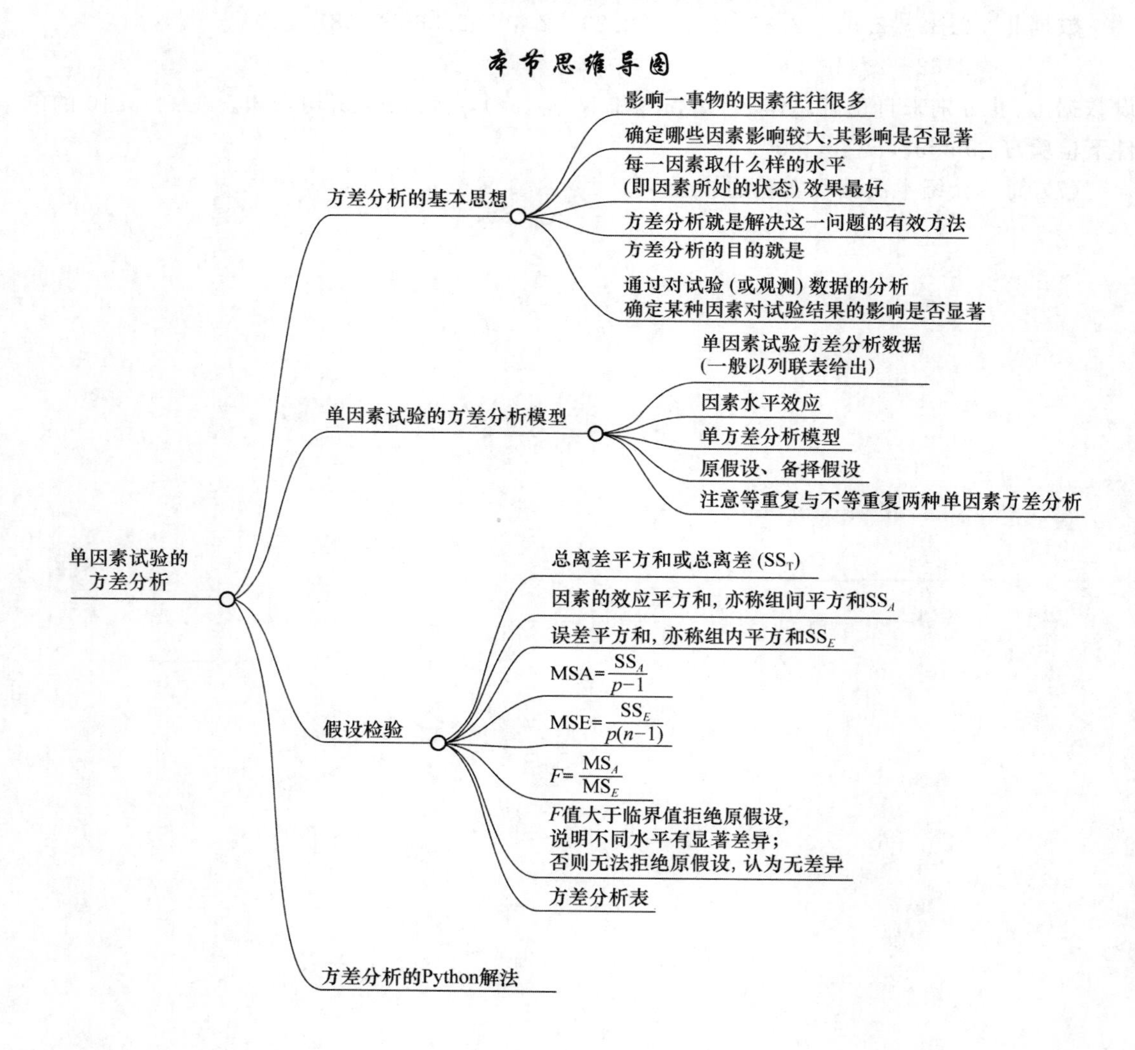

5.1.1 方差分析的基本思想

在科学试验、生产实践和经营管理中，影响一事物的因素往往很多。例如：农作物的产量受品种、施肥的种类及数量等因素的影响；化工产品的质量受原料成分、原料剂量、反应时间、反应温度、压力、机器设备等因素的影响；商品的销售量受商品的包装、广告宣传、价格等因素的影响。通过对试验（或观测）数据的分析，我们要确定哪些因素影响较大，其影响是否显著，且每一种因素取什么样的水平（即因素所处的状态）效果最好。方差分析就是解决这一问题的有效方法。

例 5.1.1 某化工厂为了探求合适的反应时间以提高其产品（一种试剂）的产出率，在其他条件都加以控制的情况下，对不同的反应时间进行了5次试验，结果如表5.1.1所示。

表 5.1.1 试剂产出率数据

反应时间/min	产出率/%				
60	73	71	79	74	72
70	85	87	84	85	83
80	80	78	75	74	76

例 5.1.2 某企业现有电池3批，它们分别是来自3个供应商 A、B、C，为评比其质量，各随机抽取几只电池作为样品，经试验得其寿命（单位：h）如表5.1.2所示。

表 5.1.2 电池寿命数据

供应商	电池寿命/h					
A	40	38	42	45	46	
B	26	34	30	28	32	29
C	39	40	43	50		

例 5.1.3 某公司生产一种产品，其销售量不受季节的影响，为了研究产品的零售价格对其产品销售量的影响，进行了调查，不同价格水平下的月销售量如表5.1.3所示。

表 5.1.3 产品销售量数据

产品价格/元	月份					
	1	2	3	4	5	6
1 050	163	176	170	185	180	175
1 000	184	198	179	190	189	192
950	206	191	218	224	220	219

以上3个例子都是单因素试验，即在试验中只有一个因素（试验条件）在改变。从例5.1.1中可以看出，对于不同的反应时间，其产出率存在差异，这种差异可以认为是反应时间这一因素对产出率的影响；在同一反应时间条件下，其产出率也存在差异，这种差异是由其他一些不能控制的次要因素共同作用造成的，可以看作由随机因素造成的。问题是产出率的差异主要是由反应时间不同造成的，还是由其他随机因素造成的？即反应时间对产出率的影响是否显著，或者说，不同反应时间条件下的产出率是否存在显著差异。

类似地，在例 5.1.2 中，要考察 3 个供应商的电池寿命是否存在显著差异；在例 5.1.3 中，要考察不同价格水平下产品的销售量是否存在显著差异。

方差分析的目的就是通过对试验（或观测）数据的分析来确定某种因素对试验结果的影响是否显著。

5.1.2 单因素试验的方差分析模型

设因素 A 有 p 个水平 $A_1, A_2, \cdots, A_p$。在水平 $A_j(j=1,2,\cdots,p)$ 下进行了 $n(n>1)$ 次独立试验，得到如表 5.1.4 所示的试验结果。

表 5.1.4 单因素试验方差分析数据

因素 A	观察值	样本总和	样本均值
A_1	$x_{11}\quad x_{12}\quad \cdots \quad x_{1n}$	$T_{1\cdot}$	$\bar{x}_{1\cdot}$
A_2	$x_{21}\quad x_{22}\quad \cdots \quad x_{2n}$	$T_{2\cdot}$	$\bar{x}_{2\cdot}$
$\vdots$	$\vdots$	$\vdots$	$\vdots$
A_p	$x_{p1}\quad x_{p2}\quad \cdots \quad x_{pn}$	$T_{p\cdot}$	$\bar{x}_{p\cdot}$

在表 5.1.4 中，x_{ij} 表示因素 A 取第 i 个水平时所得的第 j 个试验结果，x_{ij} 不仅与因素 A 的第 i 个水平有关，而且受随机因素的影响。因此，可将它表示成

$$x_{ij}=\mu_i+\varepsilon_{ij},\quad i=1,2,\cdots,p,\quad j=1,2,\cdots,n$$

其中：μ_i 表示在因素 A 取第 i 个水平下，没有随机因素干扰时应得到的试验结果值；ε_{ij} 表示仅受随机因素影响的试验误差，它是一个随机变量。这样同一水平下的试验数据可以认为是来自同一个总体的，并假定这一总体服从正态分布，且对应于不同水平的正态总体，其方差是相同的。也就是说，对应于 A_i 的总体服从正态分布 $N(\mu_i,\sigma^2)$。这样检验因素 A 对试验结果的影响是否显著就转化为检验 p 个正态总体的均值是否相等，即检验

$$H_0:\mu_1=\mu_2=\cdots=\mu_p,\quad H_1:\mu_1,\mu_2,\cdots,\mu_p \text{ 不全相等} \tag{5.1.1}$$

因此，单因素方差分析就相当于多总体均值的假设检验。从某种意义来说，它是这一问题的推广。

令 $\alpha_i=\mu_i-\mu(i=1,2,\cdots,p)$，称 α_i 为水平 A_i 的效应，即

$$\mu=\frac{1}{p}\sum_{i=1}^{p}\mu_i$$

则

$$x_{ij}=\mu+\alpha_i+\varepsilon_{ij},\quad i=1,2,\cdots,p,\quad j=1,2,\cdots,n$$

显然 α_i 满足 $\sum\limits_{i=1}^{p}\alpha_i=0$。综合以上假定，可建立单因素方差分析模型如下：

$$\begin{cases} x_{ij}=\mu+\alpha_i+\varepsilon_{ij}, \quad i=1,2,\cdots,p,j=1,2,\cdots,n \\ \varepsilon_{ij}\sim N(0,\sigma^2) \\ \sum\limits_{i=1}^{p}\alpha_i=0 \end{cases} \tag{5.1.2}$$

于是检验 $H_0:\mu_1=\mu_2=\cdots=\mu_p$ 等价于检验 $H_0:\alpha_1=\alpha_2=\cdots=\alpha_p=0$。因此，单因素方差分析就是在模型(5.1.2)的假定下，检验

$$H_0:\alpha_1=\alpha_2=\cdots=\alpha_p=0,\quad H_1:\alpha_1,\alpha_2,\cdots\alpha_p\text{不全为零} \tag{5.1.3}$$

5.1.3 假设检验

为了建立检验统计量，首先对总离差平方和进行分解，即

$$SS_T=\sum_{i=1}^{p}\sum_{j=1}^{n}(x_{ij}-\bar{x})^2 \tag{5.1.4}$$

其中，

$$\bar{x}=\frac{1}{np}\sum_{i=1}^{p}\sum_{j=1}^{n}x_{ij}$$

是数据的总平均。

SS_T 反映了全部试验数据之间的离散程度，称为总离差平方和或总离差。

$\bar{x}_{i.}=\frac{1}{n}\sum_{j=1}^{n}x_{ij}$ 即水平 A_i 下的样本平均值，则

$$\begin{aligned}SS_T&=\sum_{i=1}^{p}\sum_{j=1}^{n}[(x_{ij}-\bar{x}_{i.})+(\bar{x}_{i.}-\bar{x})]^2\\&=\sum_{i=1}^{p}\sum_{j=1}^{n}(x_{ij}-\bar{x}_{i.})^2+\sum_{i=1}^{p}\sum_{j=1}^{n}(\bar{x}_{i.}-\bar{x})^2\\&\quad+2\sum_{i=1}^{p}\sum_{j=1}^{n}(x_{ij}-\bar{x}_{i.})(\bar{x}_{i.}-\bar{x})\end{aligned}$$

易知上式中第三项等于零，于是可将 SS_T 分解成

$$SS_T=SS_A+SS_E \tag{5.1.5}$$

其中

$$SS_A=\sum_{i=1}^{p}\sum_{j=1}^{n}(\bar{x}_{i.}-\bar{x})^2=n\sum_{i=1}^{p}(\bar{x}_{i.}-\bar{x})^2 \tag{5.1.6}$$

$$SS_E=\sum_{i=1}^{p}\sum_{j=1}^{n}(x_{ij}-\bar{x}_{i.})^2 \tag{5.1.7}$$

SS_A 的各项 $(\bar{x}_{i.}-\bar{x})^2$ 表示 A_i 水平下的样本均值与数据总平均的差异，这种差异是由水平 A_i 引起的，因而 SS_A 的大小反映了因素 A 对试验结果的影响程度，SS_A 越大，表明因素 A 的影响程度越大，SS_A 叫作因素 A 的效应平方和，亦称组间平方和；SS_E 的各项 $(x_{ij}-\bar{x}_{i.})^2$ 表示在水平 A_i 下样本观察值与第 i 组样本均值的差异，这是由随机因素所引起的，SS_E 越大表明随机因素的影响程度越大，SS_E 叫作误差平方和，亦称组内平方和。显然，SS_A 相对于 SS_E 越大，也就是说比值 $\frac{SS_A}{SS_E}$ 越大，因素 A 的影响就越显著；反之，因素 A 的影响被淹没在随机因素的影响之中，即因素 A 的影响不显著。那么，究竟比值 $\frac{SS_A}{SS_E}$ 多大时，才能说明因素 A 的影响显著呢？为此需要知道在原假设 H_0 成立时比值 $\frac{SS_A}{SS_E}$ 的分布。可以证明，当原假设 H_0 成立时，

比值 $\dfrac{\frac{SS_A}{p-1}}{\frac{SS_E}{p(n-1)}}$ 服从自由度为 $(p-1,p(n-1))$ 的 F 分布。

由于$\dfrac{\dfrac{SS_A}{p-1}}{\dfrac{SS_E}{p(n-1)}}$和$\dfrac{SS_A}{SS_E}$表达的含义相同，且为了直接利用我们熟知的 F 分布，可以建立下面的检验统计量：

$$F=\frac{\dfrac{SS_A}{p-1}}{\dfrac{SS_E}{p(n-1)}}=\frac{MS_A}{MS_E} \tag{5.1.8}$$

其中，$MS_A=\dfrac{SS_A}{p-1}$，$MS_E=\dfrac{SS_E}{p(n-1)}$，$p-1$ 是 SS_A 的自由度，$p(n-1)$是 SS_E 的自由度。

通过以上分析可见：当 F 值较大时，表明因素 A 对试验结果的影响显著；反之，影响不显著。给定显著性水平 α，查 F 分位数表得分位数 $F_{1-\alpha}(p-1,p(n-1))$。当 $F>F_{1-\alpha}(p-1,p(n-1))$ 时，拒绝 H_0，认为因素 A 对试验结果有显著影响；反之，当 $F<F_{1-\alpha}(p-1,p(n-1))$ 时，不能拒绝 H_0，即认为因素 A 对试验结果无显著影响，或者更确切地说，就现有观察数据而言，还不能看出因素 A 的影响。为简便起见，将上述分析列成方差分析表，如表 5.1.5 所示。

表 5.1.5　单因素试验方差分析表

方差来源	平方和	自由度	均方和	F
因素 A	SS_A	$p-1$	$MS_A=\dfrac{SS_A}{p-1}$	$F=\dfrac{MS_A}{MS_E}$
误差	SS_E	$p(n-1)$	$MS_E=\dfrac{SS_E}{p(n-1)}$	
总和	SS_T	$np-1$		

在实际中，可按如下简便公式来计算 SS_T、SS_A、SS_E：

$$T_{i\cdot}=\sum_{j=1}^{n}x_{ij},\quad i=1,2,\cdots,p$$

$$T_{\cdot\cdot}=\sum_{i=1}^{p}\sum_{j=1}^{n}x_{ij}$$

则有

$$SS_T=\sum_{i=1}^{p}\sum_{j=1}^{n}x_{ij}^2-\frac{T_{\cdot\cdot}^2}{np} \tag{5.1.9}$$

$$SS_A=\sum_{i=1}^{p}\frac{T_{i\cdot}^2}{n}-\frac{T_{\cdot\cdot}^2}{np} \tag{5.1.10}$$

$$SS_E=SS_T-SS_A=\sum_{i=1}^{p}\sum_{j=1}^{n}x_{ij}^2-\sum_{i=1}^{p}\frac{T_{i\cdot}^2}{n} \tag{5.1.11}$$

例 5.1.4　利用表 5.1.1 中的数据，检验反应时间对产出率是否有显著影响，并指出反应时间取何水平时，产出率最高，已知 $\alpha=0.05$。

解　本例中，$p=3$，$n=5$，经计算得

$$SS_T=\sum_{i=1}^{p}\sum_{j=1}^{n}x_{ij}^2-\frac{T_{\cdot\cdot}^2}{np}=397.6$$

$$SS_A=\sum_{i=1}^{p}\frac{T_{i\cdot}^2}{n}-\frac{T_{\cdot\cdot}^2}{np}=326.8$$

$$SS_E=SS_T-SS_A=70.8$$

于是得方差分析表如表 5.1.6 所示。

表 5.1.6　反应时间对产出率方差分析表

方差来源	平方和	自由度	均方和	F
因素 A	326.8	2	163.4	$F=27.6949$
误差	70.8	12	5.9	
总和	397.6	14		

因 $F_{0.95}(2,12)=3.89<27.6949$，故在水平 0.05 下拒绝 H_0，认为不同反应时间下的产出率存在显著差异。由于当反应时间为 60 min，70 min，80 min 时，其产出率的平均值分别是 73.8，84.8，76.6，因此认为当反应时间为 70 min 时，产出率最高。不过，值得注意的是，若反应时间取水平 65 min，70 min，75 min，即水平之间差距变小时，这 3 个反应时间下的产出率可能不存在显著差异，且 70 min 也不一定就是最好的。由此可见，因素对试验结果是否存在显著影响是就其所取水平而言的。

注意：以上都是在针对每个因素等重复试验条件下进行讨论的，不过在不等重复试验条件下，即对应于各水平下的试验次数不全相同（如例 5.1.2），可作相似的讨论，只不过计算公式稍微复杂一点而已。

从本节开始需要增加最小二乘模块，这是 Python 进行数据分析的重要工具，也是进一步进行机器学习及人工智能等学习的核心基础之一。为方便 Python 读取，建议使用的数据格式为.csv 格式，如表 5.1.7 所示。

表 5.1.7　Data5_1_1 试剂产出数据表(.csv 格式)

x
73
71
79
74
72
85
87
84
85
83
80
78
75
74
76

本例可利用 Python 求解，程序如下。

```
#第5章方差分析
%matplotlib inline
import numpy as np
import pandas as pd
from scipy.stats import norm,chi2,t,f
import matplotlib.pyplot as plt
import statsmodels.api as sm
#以下第5章开始使用
from statsmodels.formula.api import ols
from statsmodels.graphics.api import interaction_plot, abline_plot
from statsmodels.stats.anova import anova_lm
#例5.1.4
X = pd.read_csv('D:/book2021/data5_1_1.csv') #读入csv格式的数据
A = np.repeat(['a1','a2','a3'],[5,5,5]) #利用np.repeat生成因素A
X['A'] = A  #因素A数据加入X中
model1 = ols('x~A',data = X).fit() #调用普通最小二乘分析模型
anova1 = anova_lm(model1) #生成方差分析表
anova1  #输出方差分析表
out:基于Python的反应时间对产出率方差分析表
          df      sum_sq      mean_sq      F             PR(>F)
A         2.0     326.8       163.4        27.694915     0.000032
Residual  12.0    70.8        5.9          NaN           NaN
```

从 p 值可以看出,拒绝原假设,即不同反应时间对试剂产出率有显著影响。

例 5.1.5 临界闪烁频率是人眼对于闪光能源够分辨出它在闪烁的最高频率(以 Hz 计)。对于超过临界闪烁频率的频率,即使光源实际上是在闪烁的,而人看起来是连续的(不闪烁)。一项研究旨在判断临界闪烁频率的均值是否与人眼的虹膜颜色有关,所得数据如表 5.1.8 所示。

表 5.1.8 临界闪烁频率数据表

虹膜颜色	临界闪烁频率/Hz							
棕色	26.8	27.9	23.7	25.0	26.3	24.8	25.7	24.5
绿色	26.4	24.2	28.0	26.9	29.1			
蓝色	25.7	27.2	29.9	28.5	29.4	28.3		

试在显著性水平 0.05 下,检验各种虹膜颜色相应的临界闪烁频率的均值有无显著差异。设各个总体服从正态分布,且方差相等,不同颜色下的样本之间相互独立。

解 根据题意知,满足方差分析模型的条件。

$$H_0:\alpha_1=\alpha_2=\alpha_3=0,\quad H_1:\alpha_1,\alpha_2,\alpha_3\text{至少有 1 个不为 0}$$

$$SS_T=\sum_{i=1}^{p}\sum_{j=1}^{n_i}x_{ij}^2-\frac{T_{\cdot\cdot}^2}{np}=61.307\,368\,421\,052\,63$$

$$SS_A=\sum_{i=1}^{p}\frac{T_{i\cdot}^2}{n}-\frac{T_{\cdot\cdot}^2}{np}=22.997\,285$$

$$SS_E = SS_T - SS_A = 38.310\,083$$
$$F = MS_A/MS_E = 11.498\,643/2.394\,380 = 4.802\,346 > F_{0.05}(2,16) = 3.633\,723\,467\,591\,63$$

在显著性水平 0.05 下，各种虹膜颜色相应的临界闪烁频率的均值有显著的差异。

本例可利用 Python 求解，程序如下。

```
import pandas as pd  # 导入 pandas 模块
from statsmodels.formula.api import ols # 导入普通最小二乘模块
from statsmodels.stats.anova import anova_lm # 导入方差分析模块
```

表 5.1.9　Data5_1_1 cff 数据表(.csv 格式，g 是因素虹膜颜色)

cff	g
26.8	a1
26.3	a1
27.9	a1
24.8	a1
23.7	a1
25.7	a1
25.0	a1
24.5	a1
26.4	a2
29.1	a2
24.2	a2
28.0	a2
26.9	a2
25.7	a3
29.4	a3
27.2	a3
28.3	a3
29.9	a3
28.5	a3

```
# 将 Data5_1_1 cff 数据表(.csv 格式，g 是因素)存放在 D://book2021/ data5_1_5.csv
X = pd.read_csv("D://book2021/data5_1_5.csv") # 读取.csv 数据
y = X.cff  # 设定因变量
model = ols('y ~ g',X).fit() # 进行回归分析
anovat = anova_lm(model) # 获取方差分析数据
anovat # 输出方差分析结果即方差分析表
out:
  df          sum_sq      mean_sq         F            PR(>F)
g           2.0       22.997285      11.498643     4.802346   0.023249
Residual    16.0      38.310083      2.394380
total       18.0      61.307368
```

5.2 双因素试验的方差分析

本节思维导图

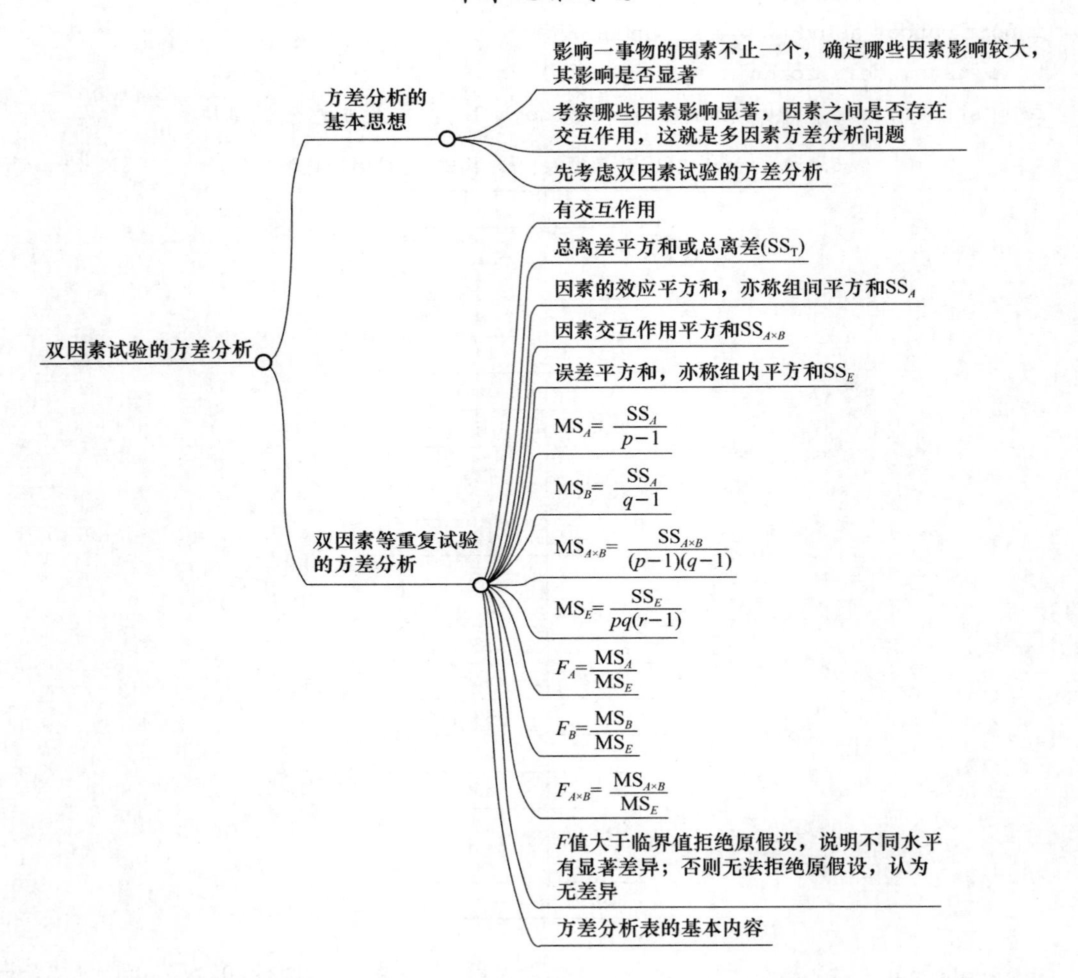

在许多实际问题中，影响试验（或观测）结果的因素往往不止一个。例如，影响产出率的因素除了反应时间外，还有反应温度、搅拌速度等。这样就要考察哪些因素影响显著，因素之间是否存在交互作用，这就是多因素方差分析问题。本节介绍两种双因素方差分析方法。

5.2.1 双因素等重复试验的方差分析

例 5.2.1 某工序给零件镀银，测试了 3 种不同配方在两种工艺下镀上银层的厚度，在每个试验条件下进行了两次试验，数据如表 5.2.1 所示。

这里有两个因素，一个因素是配方，另一个因素是工艺。它们两者同时影响着银层的厚度。由于存在两个因素，因此除了要分别考察每个因素对银层厚度的影响外，还要研究不同配方和不同工艺对银层厚度的联合影响是否正好是它们每个因素分别对银层厚度的影响的叠加。例如，当不考虑随机因素的干扰时，如果将配方固定为 A_1，采用乙工艺比采用甲工艺时银层的厚度薄 1 μm，如果将工艺固定为甲工艺，采用配方 A_3 比采用配方 A_1 时银层的厚度薄 2 μm，那么采用配方 A_3、工艺乙时银层的厚度并非比采用配方 A_1、工艺甲时银层的厚度要薄 1＋2＝3 μm。也就是说，是否存在这样的情况，即分别使银层厚度达到最薄的配方与工艺搭配在一起可能会使银层厚度大大增加，而看起来单独来说不是最优的配方和工艺搭配在一起，由于搭配得当而使银层厚度大大变薄。这种由于各个因素不同水平的搭配所产生的新的影响称为交互作用。这是多因素试验方差分析不同于单因素试验之处。

表 5.2.1　银层的厚度数据(单位:μm)

配方	甲		乙	
A_1	32	31	30	30
A_2	29	29	31	32
A_3	29	28	30	31

一般地，设影响试验结果的两个因素为 A 和 B，因素 A 有 p 个水平 $A_1,A_2,\cdots,A_p$，因素 B 有 q 个水平 $B_1,B_2,\cdots,B_q$，在每一试验条件(A_i,B_j)下均做了 r 次重复试验，得到表 5.2.2 所示的结果。表中每组数据$\{x_{ij1},x_{ij2},\cdots,x_{ijr}\}$可认为是来自同一总体的样本，假定

$$\begin{cases} x_{ijk}\sim N(\mu_{ij},\sigma^2), \quad i=1,2,\cdots,p, \quad j=1,2,\cdots,q, \quad k=1,2,\cdots,r \\ \text{各 } x_{ijk} \text{ 独立} \end{cases} \tag{5.2.1}$$

x_{ijk} 可写成 $x_{ijk}=\mu_{ij}+\varepsilon_{ijk}$，其中，$\varepsilon_{ijk}\sim N(0,\sigma^2)$，令

$$\mu=\frac{1}{pq}\sum_{i=1}^{p}\sum_{j=1}^{q}\mu_{ij} \quad \mu_{i\cdot}=\frac{1}{q}\sum_{j=1}^{q}\mu_{ij} \quad \mu_{\cdot j}=\frac{1}{p}\sum_{i=1}^{p}\mu_{ij}$$

$$\alpha_i=\mu_{i\cdot}-\mu \quad \beta_j=\mu_{\cdot j}-\mu \quad \gamma_{ij}=\mu_{ij}-\mu_{i\cdot}-\mu_{\cdot j}+\mu$$

称 μ 为总平均，α_i 为水平 A_i 的效应，β_j 为水平 B_j 的效应，γ_{ij} 为水平 A_i 和 B_j 的交互效应。易见

$$\sum_{i=1}^{p}\alpha_i=0 \quad \sum_{j=1}^{q}\beta_j=0$$

$$\sum_{j=1}^{q}\gamma_{ij}=0, \quad i=1,2,\cdots,p$$

$$\sum_{i=1}^{p}\gamma_{ij}=0, \quad j=1,2,\cdots,q$$

于是双因素试验的方差分析模型可写为

$$\begin{cases} x_{ijk}=\mu+\alpha_i+\beta_j+\gamma_{ij}+\varepsilon_{ijk} \\ \varepsilon_{ijk}\sim N(0,\sigma^2) \\ \text{各 } \varepsilon_{ijk} \text{ 独立}, i=1,2,\cdots,p, \quad j=1,2,\cdots,q, \quad k=1,2,\cdots,r \\ \sum_{i=1}^{p}\alpha_i=0,\sum_{j=1}^{q}\beta_j=0,\sum_{i=1}^{p}\gamma_{ij}=0,\sum_{j=1}^{q}\gamma_{ij}=0 \end{cases} \tag{5.2.2}$$

对这一模型，要分别检验因素 A、因素 B、因素 A 与 B 的交互作用对试验结果是否有显著影

响，即检验以下 3 个假设

$$\begin{cases} H_{01}: \alpha_1 = \alpha_2 = \cdots = \alpha_p = 0 \\ H_{11}: \alpha_1, \alpha_2, \cdots, \alpha_p \text{ 不全为零} \end{cases} \tag{5.2.3}$$

$$\begin{cases} H_{02}: \beta_1 = \beta_2 = \cdots = \beta_q = 0 \\ H_{12}: \beta_1, \beta_2, \cdots, \beta_q \text{ 不全为零} \end{cases} \tag{5.2.4}$$

$$\begin{cases} H_{03}: \gamma_{11} = \gamma_{12} = \cdots = \gamma_{pq} = 0 \\ H_{13}: \gamma_{11}, \gamma_{12}, \cdots, \gamma_{pq} \text{ 不全为零} \end{cases} \tag{5.2.5}$$

为此需分别建立检验统计量。

表 5.2.2　双因素等重复试验的方差分析数据

因素 A	因素 B			
	B_1	B_2	$\cdots$	B_q
A_1	$x_{111}, x_{112}, \cdots, x_{11r}$	$x_{121}, x_{122}, \cdots, x_{12r}$	$\cdots$	$x_{1q1}, x_{1q2}, \cdots, x_{1qr}$
A_2	$x_{211}, x_{212}, \cdots, x_{21r}$	$x_{221}, x_{222}, \cdots, x_{22r}$	$\cdots$	$x_{2q1}, x_{2q2}, \cdots, x_{2qr}$
$\vdots$	$\vdots$	$\vdots$	$\vdots$	$\vdots$
A_p	$x_{p11}, x_{p12}, \cdots, x_{p1r}$	$x_{p21}, x_{p22}, \cdots, x_{p2r}$	$\cdots$	$x_{pq1}, x_{pq2}, \cdots, x_{pqr}$

记 $\bar{x} = \dfrac{1}{pqr} \sum_{i=1}^{p} \sum_{j=1}^{q} \sum_{k=1}^{r} x_{ijk}$，

$$\bar{x}_{ij\cdot} = \frac{1}{r} \sum_{k=1}^{r} x_{ijk}, \quad i = 1,2,\cdots,p, \quad j = 1,2,\cdots,q$$

$$\bar{x}_{i\cdot\cdot} = \frac{1}{qr} \sum_{j=1}^{q} \sum_{k=1}^{r} x_{ijk}, \quad i = 1,2,\cdots,p$$

$$\bar{x}_{\cdot j\cdot} = \frac{1}{pr} \sum_{i=1}^{p} \sum_{k=1}^{r} x_{ijk}, \quad j = 1,2,\cdots,q$$

则总的离差平方和

$$\begin{aligned} \mathrm{SS_T} &= \sum_{i=1}^{p} \sum_{j=1}^{q} \sum_{k=1}^{r} (x_{ijk} - \bar{x})^2 \\ &= \sum_{i=1}^{p} \sum_{j=1}^{q} \sum_{k=1}^{r} [(x_{ijk} - \bar{x}_{ij\cdot}) + (\bar{x}_{i\cdot\cdot} - \bar{x}) + (\bar{x}_{\cdot j\cdot} - \bar{x}) + (\bar{x}_{ij\cdot} - \bar{x}_{i\cdot\cdot} - \bar{x}_{\cdot j\cdot} + \bar{x})]^2 \\ &= \sum_{i=1}^{p} \sum_{j=1}^{q} \sum_{k=1}^{r} (x_{ijk} - \bar{x}_{ij\cdot})^2 + qr \sum_{i=1}^{p} (\bar{x}_{i\cdot\cdot} - \bar{x})^2 + pr \sum_{j=1}^{q} (\bar{x}_{\cdot j\cdot} - \bar{x})^2 \\ &\quad + r \sum_{i=1}^{p} \sum_{j=1}^{q} (\bar{x}_{ij\cdot} - \bar{x}_{i\cdot\cdot} - \bar{x}_{\cdot j\cdot} + \bar{x})^2 \\ &= \mathrm{SS_E} + \mathrm{SS_A} + \mathrm{SS_B} + \mathrm{SS_{A\times B}} \end{aligned} \tag{5.2.6}$$

$$\mathrm{SS_E} = \sum_{i=1}^{p} \sum_{j=1}^{q} \sum_{k=1}^{r} (x_{ijk} - \bar{x}_{ij\cdot})^2 \tag{5.2.7}$$

$$\mathrm{SS_A} = qr \sum_{i=1}^{p} (\bar{x}_{i\cdot\cdot} - \bar{x})^2 \tag{5.2.8}$$

$$SS_B = pr\sum_{j=1}^{q}(\bar{x}_{\cdot j\cdot} - \bar{x})^2 \tag{5.2.9}$$

$$SS_{A\times B} = r\sum_{i=1}^{p}\sum_{j=1}^{q}(\bar{x}_{ij\cdot} - \bar{x}_{i\cdot\cdot} - \bar{x}_{\cdot j\cdot} + \bar{x})^2 \tag{5.2.10}$$

称 SS_E、SS_A、SS_B、$SS_{A\times B}$分别为误差平方和、因素 A 的效应平方和、因素 B 的效应平方和、A 与 B 的交互效应平方和。

在模型(5.2.2)的假定下,可以证明如下结论:

(1) $E\left(\frac{SS_E}{pq(r-1)}\right)=\sigma^2$ 且 $\frac{SS_E}{\sigma^2}\sim\chi^2(pq(r-1))$

(2) $E\left(\frac{SS_A}{p-1}\right)=\sigma^2+\frac{qr\sum\limits_{i=1}^{p}\alpha_i^2}{p-1}$

(3) $E\left(\frac{SS_B}{q-1}\right)=\sigma^2+\frac{pr\sum\limits_{j=1}^{q}\beta_j^2}{q-1}$

(4) $E\left(\frac{SS_{A\times B}}{(p-1)(q-1)}\right)=\sigma^2+\frac{r\sum\limits_{i=1}^{p}\sum\limits_{j=1}^{q}\gamma_{ij}^2}{(p-1)(q-1)}$

构造检验统计量

$$F_A=\frac{SS_A/(p-1)}{SS_E/pq(r-1)} \tag{5.2.11}$$

$$F_B=\frac{SS_B/(q-1)}{SS_E/pq(r-1)} \tag{5.2.12}$$

$$F_{A\times B}=\frac{SS_{A\times B}/(p-1)(q-1)}{SS_E/pq(r-1)} \tag{5.2.13}$$

其中,$pqr-1$, $pq(r-1)$, $p-1$, $q-1$, $(p-1)(q-1)$分别是 SS_T, SS_E, SS_A, SS_B, $SS_{A\times B}$的自由度。

可以证明:当假设 H_{01} 成立时,$\frac{SS_A}{\sigma^2}\sim\chi^2(p-1)$,且与 SS_E 独立,所以 $F_A\sim F(p-1,pq(r-1))$。当假设 H_{02} 成立时,$\frac{SS_B}{\sigma^2}\sim\chi^2(q-1)$且与 SS_E 独立,所以 $F_B\sim F(q-1,pq(r-1))$当假设 H_{03} 成立时,$\frac{SS_{A\times B}}{\sigma^2}\sim\chi^2((p-1)(q-1))$且与 SS_E独立,所以 $F_{A\times B}\sim F((p-1)(q-1),pq(r-1))$。

取显著性水平 α,

- 当 $F_A>F_{1-\alpha}(p-1,pq(r-1))$时,拒绝 H_{01};
- 当 $F_B>F_{1-\alpha}(p-1,pq(r-1))$时,拒绝 H_{02};
- 当 $F_{A\times B}>F_{1-\alpha}(p-1,pq(r-1))$时,拒绝 H_{03}。

上述结果可汇总成方差分析表5.2.3。

表 5.2.3 双因素有重复方差分析表

方差来源	平方和	自由度	均方和	F
因素 A	SS_A	$p-1$	$MS_A=\frac{SS_A}{p-1}$	$F_A=\frac{MS_A}{MS_E}$
因素 B	SS_B	$q-1$	$MS_B=\frac{SS_B}{q-1}$	$F_B=\frac{MS_B}{MS_E}$
交互作用	$SS_{A\times B}$	$(p-1)(q-1)$	$MS_{A\times B}=\frac{SS_{A\times B}}{(p-1)(q-1)}$	$F_{A\times B}=\frac{MS_{A\times B}}{MS_E}$
误差	SS_E	$pq(r-1)$	$MS_E=\frac{SS_E}{pq(r-1)}$	
总和	SS_T	$pqr-1$		

在实际计算中,可按下式计算各个平方和:

$$SS_T = \sum_{i=1}^{p}\sum_{j=1}^{q}\sum_{k=1}^{r}x_{ijk}^2 - \frac{T_{\cdots}^2}{pqr} \tag{5.2.14}$$

$$SS_A = \frac{1}{qr}\sum_{i=1}^{p}T_{i\cdot\cdot}^2 - \frac{T_{\cdots}^2}{pqr} \tag{5.2.15}$$

$$SS_B = \frac{1}{pr}\sum_{j=1}^{q}T_{\cdot j\cdot}^2 - \frac{T_{\cdots}^2}{pqr} \tag{5.2.16}$$

$$SS_E = \sum_{i=1}^{p}\sum_{j=1}^{q}\sum_{k=1}^{r}x_{ijk}^2 - \frac{1}{r}\sum_{i=1}^{p}\sum_{j=1}^{q}T_{ij\cdot}^2 \tag{5.2.17}$$

$$SS_{A\times B}=SS_T-SS_A-SS_B-SS_E \tag{5.2.18}$$

$$T_{\cdots} = \sum_{i=1}^{p}\sum_{j=1}^{q}\sum_{k=1}^{r}x_{ijk}$$

$$T_{ij\cdot} = \sum_{k=1}^{r}x_{ijk},\quad i=1,2,\cdots,p,\quad j=1,2,\cdots,q$$

$$T_{i\cdot\cdot} = \sum_{j=1}^{q}\sum_{k=1}^{r}x_{ijk},\quad i=1,2,\cdots,p$$

$$T_{\cdot j\cdot} = \sum_{i=1}^{p}\sum_{k=1}^{r}x_{ijk},\quad j=1,2,\cdots,q$$

例 5.2.2 在例 5.2.1 中,假定双因素方差分析所需的条件均满足,试在水平 $\alpha=0.05$ 下,检验不同配方(因素 A)、不同工艺(因素 B)下的银层厚度是否有显著差异,配方和工艺的交互作用是否显著,配方和工艺分别取何水平时,银层厚度最薄。

解 根据表 5.2.1 的数据,利用式(5.2.14)~式(5.2.18),经计算得方差分析表 5.2.4。查附表得 $F_{0.95}(2,6)=5.14$,$F_{0.95}(1,6)=5.99$。由此可见,在水平 $\alpha=0.05$ 下,不同配方下银层厚度无显著差异,而不同工艺下银层厚度有显著差异,且配方和工艺的交互作用显著,由表 5.2.1 中的数据可知,采用配方 A_3 和工艺甲时银层厚度最薄。

表 5.2.4 不同配方(因素 A)、不同工艺(因素 B)下的银层厚度方差分析表

方差来源	平方和	自由度	均方	F
因素 A(配方)	3.166 7	2	1.583 4	4.750 2
因素 B(工艺)	3	1	3	9.0
交互作用 $A\times B$	9.5	2	4.75	14.25
误差	2.0	6	0.333 3	
总和	17.666 7	11		

本例可利用 Python 求解,程序如下。

先把数据写成.csv 格式(表 5.2.5),存放在 D://book2021/data5_2_1.csv。

表 5.2.5 镀银不同配方(因素 *A*)、不同工艺(因素 *B*)下的银层厚度数据表(.csv 格式)

x	*A*	*B*
32	a1	b1
31	a1	b1
30	a1	b2
30	a1	b2
29	a2	b1
29	a2	b1
31	a2	b2
32	a2	b2
29	a3	b1
28	a3	b1
30	a3	b2
31	a3	b2

```
import pandas as pd   # 导入 pandas 模块
from statsmodels.formula.api import ols # 导入普通最小二乘模块
from statsmodels.stats.anova import anova_lm # 导入方差分析模块
X = pd.read_csv("D://book2021/data5_2_1.csv") # 读取.csv 数据
y = X.x  # 设定因变量
model = ols('y ~ A + B + A:B',X).fit()
# 进行回归分析,A 因素代表配方,B 因素代表工艺,双因素有重复交互作用模型
anovat = anova_lm(model) # 获取方差分析数据
anovat # 输出方差分析结果即方差分析表
out:
# Python 给出的不同配方(因素 A)、不同工艺(因素 B)下的银层厚度方差分析表
  df        sum_sq    mean_sq       F          PR(>F)
A           2.0       3.166667    1.583333     4.75       0.058004
B           1.0       3.000000    3.000000     9.00       0.024008
A:B         2.0       9.500000    4.750000     14.25      0.005260
Residual    6.0       2.000000    0.333333     NaN        NaN
```

5.2.2 双因素无重复试验的方差分析

本节思维导图

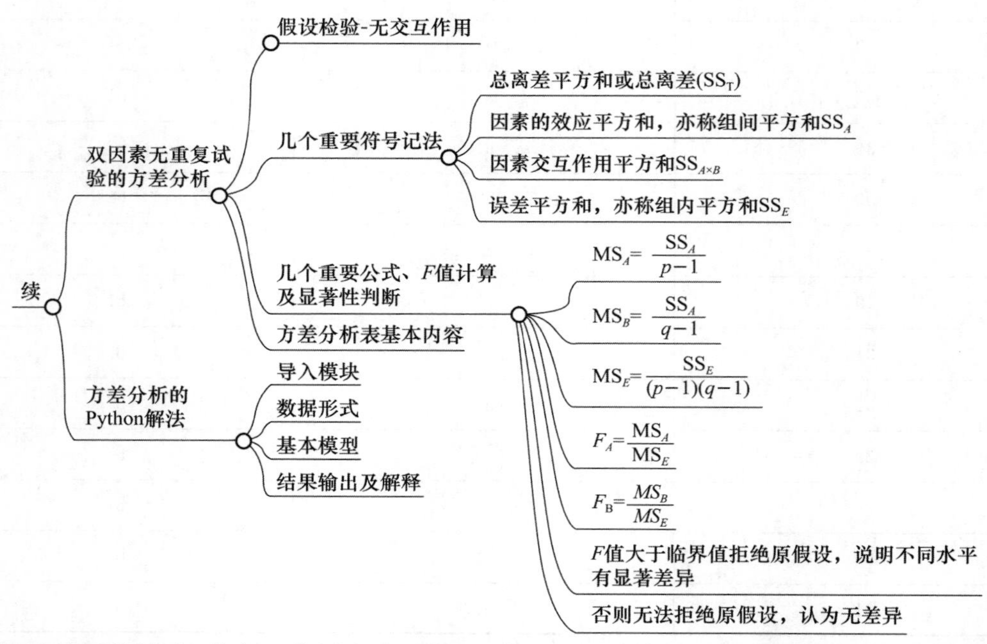

通过前面的讨论，若交互作用存在，则对于每一试验条件(A_i,B_j)，必须做重复试验，只有这样，才能将交互效应平方和从总的离差平方和中分解出来。在实际中，如果我们已经知道不存在交互作用，或已知交互作用对试验结果的影响很小，则可以不考虑交互作用。这时不必做重复试验，对于两个因素的每一组合(A_i,B_j)只做一次试验，所得结果如表 5.2.6 所示。

表 5.2.6 双因素无重复试验的数据

因素 A	因素 B			
	B_1	B_2	…	B_q
A_1	x_{11}	x_{12}	…	x_{1q}
A_2	x_{21}	x_{22}	…	x_{2q}
⋮	⋮	⋮	⋮	⋮
A_p	x_{p1}	x_{p2}	…	x_{pq}

双因素无重复试验的方差分析数据由于不存在交互作用，无重复试验，则

$$r=1,\quad \gamma_{ij}=0,\quad i=1,2,\cdots,p,\quad j=1,2,\cdots,q$$

于是模型可写成

$$\begin{cases} x_{ij}=\mu+\alpha_i+\beta_j+\varepsilon_{ij}, \quad i=1,2,\cdots,p, \quad j=1,2,\cdots,q \\ \varepsilon_{ij}\sim N(0,\sigma^2) \\ \text{各 } \varepsilon_{ij} \text{ 独立} \\ \sum_{i=1}^{p}\alpha_i=0, \quad \sum_{j=1}^{q}\beta_j=0 \end{cases} \tag{5.2.19}$$

根据这一模型,我们要检验以下两个假设:

$$\begin{cases} H_{01}:\alpha_1=\alpha_2=\cdots=\alpha_p=0 \\ H_{11}:\alpha_1,\alpha_2,\cdots,\alpha_p \text{ 不全为零} \end{cases} \tag{5.2.20}$$

$$\begin{cases} H_{02}:\beta_1=\beta_2=\cdots=\beta_q=0 \\ H_{12}:\beta_1,\beta_2,\cdots,\beta_q \text{ 不全为零} \end{cases} \tag{5.2.21}$$

相应的方差分析如表5.2.7所示。

表5.2.7 双因素无重复试验的方差分析表

方差来源	平方和	自由度	均方和	F
因素 A	SS_A	$p-1$	$MS_A=\frac{SS_A}{p-1}$	$F_A=\frac{MS_A}{MS_E}$
因素 B	SS_B	$q-1$	$MS_B=\frac{SS_B}{q-1}$	$F_B=\frac{MS_B}{MS_E}$
误差	SS_E	$(p-1)(q-1)$	$MS_E=\frac{SS_E}{(p-1)(q-1)}$	
总和	SS_T	$pq-1$		

$$SS_T=\sum_{i=1}^{p}\sum_{j=1}^{q}(x_{ij}-\bar{x})^2=\sum_{i=1}^{p}\sum_{j=1}^{q}x_{ij}^2-\frac{T_{\cdot\cdot}^2}{pq} \tag{5.2.22}$$

$$SS_A=q\sum_{i=1}^{p}(\bar{x}_{i\cdot}-\bar{x})^2=\frac{1}{q}\sum_{i=1}^{p}T_{i\cdot}^2-\frac{T_{\cdot\cdot}^2}{pq} \tag{5.2.23}$$

$$SS_B=p\sum_{j=1}^{q}(\bar{x}_{\cdot j}-\bar{x})^2=\frac{1}{p}\sum_{j=1}^{q}T_{\cdot j}^2-\frac{T_{\cdot\cdot}^2}{pq} \tag{5.2.24}$$

$$SS_E=\sum_{i=1}^{p}\sum_{j=1}^{q}(x_{ij}-\bar{x}_{i\cdot}-\bar{x}_{\cdot j}+\bar{x})^2=SS_T-SS_A-SS_B \tag{5.2.25}$$

其中

$$\bar{x}_{i\cdot}=\frac{1}{q}\sum_{j=1}^{q}x_{ij},\quad i=1,2,\cdots,p$$

$$\bar{x}=\frac{1}{pq}\sum_{i=1}^{p}\sum_{j=1}^{q}x_{ij},\quad \bar{x}_{\cdot j}=\frac{1}{p}\sum_{i=1}^{p}x_{ij},\quad j=1,2,\cdots,q$$

$$T_{\cdot\cdot}=\sum_{i=1}^{p}\sum_{j=1}^{q}x_{ij},T_{\cdot j}=\sum_{i=1}^{p}x_{ij},\quad j=1,2,\ldots,q$$

$$T_{i\cdot}=\sum_{j=1}^{q}x_{ij},\quad i=1,2,\cdots,p$$

取显著性水平 α,

- 当 $F_A>F_{1-\alpha}(p-1,(p-1)q-1))$ 时,拒绝 H_{01};
- 当 $F_B>F_{1-\alpha}(p-1,(p-1)(q-1))$ 时,拒绝 H_{02}。

例5.2.3 在一个小麦农业试验中,考虑4种不同的品种和3种不同的施肥方法,小麦的亩产量数据如表5.2.8所示。试在水平 $\alpha=0.05$ 下,检验小麦品种和施肥方法对小麦的亩产量是否存在显著影响。

表 5.2.8　不同小麦品种、施肥方法的亩产量(单位:kg)

品种	施肥方法		
	1	2	3
1	292	316	325
2	310	318	317
3	320	318	310
4	370	365	330

利用式(5.2.22)～式(5.2.25),经计算得方差分析表 5.2.9。查表得 $F_{0.95}(2,6)=5.14$,$F_{0.95}(3,6)=4.76$,从而在 $\alpha=0.05$ 下,施肥方法对小麦产量无显著影响,但小麦品种对产量有显著影响。

表 5.2.9　4 种不同的品种和 3 种不同的施肥方法方差分析表

方差来源	平方和	自由度	均方	F
品种	3 824.25	3	1 274.75	5.226 1
施肥方法	162.5	2	81.25	0.333 1
误差	1 463.5	6	243.916 7	
总和	5 450.25	11		

从前面的分析可以看出,对于双因素试验,在每个试验条件下做重复试验,其试验次数已经很多,且方差分析的计算量已显过大,那么对于三因素或更多因素的试验,若作全面试验(即每个试验条件下均做试验),则相应的试验次数和计算量会以指数速度递增。

例如,一个试验中涉及 4 个因素 A,B,C,D,分别有 p,q,r,s 个水平,每个试验条件下重复做 t 次试验,则共需要做 $pqrst$ 次试验,这样试验次数往往太多,实施起来不太现实。因此,在实际中,一般只选部分实施,即在 $pqrs$ 个试验条件中选出一部分试验条件,在这一部分试验条件下做试验。当然,这一部分条件不是任意选取的,它们必须满足以下 3 个条件。

(1) 它们具有一定的代表性。

(2) 根据这些试验数据能够估计出模型中的所有参数。

(3) 总的离差平方和能够进行相应的分解。

本例可利用 Python 求解,程序如下。

```
%matplotlib inline
import numpy as np
import pandas as pd
from scipy.stats import norm,chi2,t,f
import matplotlib.pyplot as plt
import statsmodels.api as sm
#以下第 5 章开始使用
from statsmodels.formula.api import ols
from statsmodels.graphics.api import interaction_plot, abline_plot
from statsmodels.stats.anova import anova_lm
X = pd.read_csv("d:/book2021/data5_2_3.csv" )
```

```
A = np.repeat(['a1','a2','a3'],[4,4,4])
B =
np.array(['b1','b2','b3','b4','b1','b2','b3','b4','b1','b2','b3','b4'])

X['A'] = A
X['B'] = B
model1 = ols('x~A+B',X).fit()
anova1 = anova_lm(model1)
print(anova1)

            df      sum_sq      mean_sq         F        FR(>F)
A           2.0     162.50      81.250000    0.333106   0.729149
B           3.0     3824.25     1274.750000  5.226170   0.041262
Residuals   6.0     1463.50     243.916667        NaN        NaN
```

从 p 值可以看出,施肥方法作用不显著,而品种的作用是显著的。

例 5.2.4 车间里有 5 位工人,有 3 台不同型号的车床,生产同一品种的产品,现在让每个工人轮流在台上操作,记录其日产量,结果如表 5.2.10 所示。

表 5.2.10 不同工人(因素 A),不同车床型号(因素 B)加工零件数据表

车床型号	工人				
	1	2	3	4	5
1	64	73	63	81	78
2	75	66	61	73	80
3	78	67	80	69	71

试问:不同工人和不同车床型号对产量有无显著影响? 已知 $\alpha=0.05$。

解 根据题意知,数据满足方差分析所需要的条件。

$$H_{01}:\alpha_1=\alpha_2=\alpha_3=0,\ H_{11}:\alpha_1,\alpha_2,\alpha_3,\text{至少有一个不为零}$$

$$H_{02}:\beta_1=\beta_2=\beta_3=\beta_4=\beta_5=0,\ H_{12}:\beta_1,\beta_2,\beta_3,\beta_4,\beta_5\text{至少有一个不为零}$$

经计算得

$$p=4,q=5,r=1,F_{0.05}(2,8)=4.458\,97,F_{0.05}(4,8)=3.837\,85$$

$$SS_T=\sum_{i=1}^{p}\sum_{j=1}^{n_i}x_{ij}^2-\frac{T_{\cdot\cdot}^2}{n}=628.933\,333\,333\,3$$

$$SS_A=\sum_{i=1}^{p}\frac{T_{i.}^2}{n_i}-\frac{T_{\cdot\cdot}^2}{n}=10.133\,333$$

$$SS_B=\sum_{j=1}^{q}\frac{T_{.j}^2}{n_j}-\frac{T_{\cdot\cdot}^2}{n}=154.266\,667$$

$$SS_E=SS_T-SS_A-SS_B=464.533\,333$$

$$F_A=\frac{SS_A/(p-1)}{SS_E/(p-1)(q-1)}=0.087\,256<F_{0.05}(2,8)=3.885\,293\,834\,652\,393\,3$$

$$F_B=\frac{SS_A/(q-1)}{SS_E/(p-1)(q-1)}=0.664\ 179<F_{0.05}(4,8)=3.885\ 293\ 834\ 652\ 393\ 3$$

不能拒绝原假设,认为不同工人和不同车床型号对产量都无显著影。

本例可利用 Python 求解,程序如下。

```
import pandas as pd
import numpy as np
from statsmodels.formula.api import ols
from statsmodels.stats.anova import anova_lm
from scipy.stats import f,t,chi2,norm
X = pd.read_csv('D://book2021/data5_2_11.csv')
y = X.x
model = ols('y ~ A + B',X).fit()
anovat = anova_lm(model)
print(anovat)
out:
            df      sum_sq          mean_sq       F          PR(>F)
A           2.0     10.133333       5.066667      0.087256   0.917303
B           4.0     154.266667      38.566667     0.664179   0.634290
Residual    8.0     464.533333      58.066667     NaN        NaN
total       14.0    628.933333333
```

data5_2_11.csv

x	A	B
64	a1	b1
73	a1	b2
63	a1	b3
81	a1	b4
78	a1	b5
75	a2	b1
66	a2	b2
61	a2	b3
73	a2	b4
80	a2	b5
78	a3	b1
67	a3	b2
80	a3	b3
69	a3	b4
71	a3	b5

至于如何选取试验条件,这是试验设计的内容,如正交设计、均匀设计等,其细节已远超出本书的范围,在此不再多说。

习　题　5

5.1　根据例 5.1.2 中的试验数据，检验在显著性水平 $\alpha=0.05$ 下，3 种电池的平均寿命有无显著差异。设各工厂所生产的电池的寿命服从同方差的正态分布。

5.2　将抗生素注入人体会产生抗生素与血浆蛋白质结合的现象，以致减弱了药效。题表 5.2 列出了 5 种常用的抗生素注入牛的体内时，抗生素与血浆蛋白质结合的百分比。试在水平 $\alpha=0.05$ 下检验这些百分比的均值有无显著的差异。设各总体服从正态分布，且方差相同。

题 5.2 表

青霉素	四环素	链霉素	红霉素	氯霉素
29.6	27.3	5.8	21.6	25.5
24.3	32.6	6.2	17.4	32.8
28.5	30.8	11.0	18.3	25.0
32.0	34.8	8.3	19.0	24.2

5.3　一个年级有 3 个小班。他们进行了一次数学考试，现从各个班级随机地抽取了一些学生，记录其成绩如题 5.3 表所示。

题 5.3 表

第一小班	73　89　82　43　80　73　66　60　45　93　36　77
第二小班	88　78　48　91　51　85　74　56　77　31　78　62　76　96　80
第三小班	79　56　91　71　71　87　41　59　68　53　79　15

试在显著性水平 $\alpha=0.05$ 下检验各班级的平均分数有无显著差异。设各个总体服从正态分布，且方差相等。

5.4　为了寻求合适的反应温度和时间，测试了不同温度、时间条件下溶液中的有效成分比例的数据，如题 5.4 表所示。

题 5.4 表

温度	1 h	1.5 h	2 h
50 ℃	76%	83%	80%
60 ℃	80%	85%	82%
70 ℃	82%	86%	83%

(1) 试在显著性水平 $\alpha=0.05$ 下分别检验温度和时间对溶液中的有效成分比例是否有显著影响。

(2) 根据试验数据决定该化学反应采用哪种温度进行多长时间为宜。

5.5　题 5.5 表给出了某种化工过程在 3 种浓度、4 种温度水平下得率的数据。

题 5.5 表

浓度/%	温度/℃							
	10		24		38		52	
2	14	10	11	11	13	9	10	12
4	9	7	10	8	7	11	6	10
6	5	11	13	14	12	13	14	10

假设在诸水平搭配下得率的总体服从正态分布，且方差相等。试在水平 $\alpha=0.05$ 下检验：在不同浓度下得率有无显著差异；在不同温度下得率是否有显著差异；交互作用的效应是否显著。

5.6　设有 3 台机器，用来生产规格相同的铝合金薄板。取样，测量薄板的厚度，精确至 1/1000 cm，得结果如题 5.6 表所示。

题 5.6 表

机器Ⅰ	机器Ⅱ	机器Ⅲ
0.236	0.257	0.258
0.238	0.253	0.264
0.248	0.255	0.259
0.245	0.254	0.267
0.243	0.261	0.262

(1) 不同机器生产薄板是否有显著差异？($\alpha=0.05$)

(2) 未知参数σ^2，μ_j，δ_j($j=1,2,3$)的点估计及均值差的置信水平为 0.95 的置信区间。

5.7　利用 Python 编程解答 5.1 题。

5.8　利用 Python 编程解答 5.2 题。

5.9　利用 Python 编程解答 5.3 题。

5.10　利用 Python 编程解答 5.4 题。

5.11　利用 Python 编程解答 5.5 题。

5.12　利用 Python 编程解答 5.6 题。

实验(三)　Python 在方差分析中的应用

1. 实验基本内容

(1) 认识方差分析模块。

(2) 单因素方差分析及双因素方差分析中的变量设置。

(3) 影响民航客运量的因素案例分析。

(4) 影响财政收入的因素案例分析。

(5) 其他网络数据分析案例或教材案例分析。

注：从(3)(4)(5)中任选一项。

2. 实验基本要求

(1) 熟悉：方差分析模型及其应用。

(2) 掌握:利用 Python 对实际问题作方差分析。

3. Python 编程实验报告的内容

(1) ① 简述方差分析的原假设与备择假设。

② 写出单因素方差分析表。

(2) 利用 Jupyter Notebook 编程实现单因素方差分析,试检验 3 个供应商电池的平均寿命是否有显著差异($\alpha=0.05$)。要求包含主要步骤及使用验证成功的画面截图。

某企业现有 3 批电池,它们分别来自 3 个供应商 A、B、C,为比较其质量,各随机抽取几只电池作为样品,经试验得其寿命(单位:h)如实验表 3.1 所示。

实验表 3.1

供应商	电池寿命
A	40　38　42　45　46
B	26　34　30　28　32　29
C	39　40　43　50

(3) 利用 Jupyter Notebook 编程实现双因素有交互作用的重复方差分析($\alpha=0.05$)。要求包含主要步骤及使用验证成功的画面截图。

考虑合成纤维中对纤维弹性有影响的两个因素:收缩率 A 和拉伸倍数 B。A 和 B 各取 4 种水平,整个试验进行两次,试验结果如实验表 3.2 所示。试验收缩率和总拉伸倍数分别对纤维弹性有无显著影响,并检验二者对纤维弹性有无显著交互作用(给定显著性水平 $\alpha=5\%$)。

实验表 3.2

因素 A	因素 B			
	460(B_1)	520(B_2)	580(B_3)	640(B_4)
0(A_1)	71　73	72　73	75　73	77　73
4(A_2)	73　75	76　74	78　77	74　74
8(A_3)	76　73	79　77	74　75	74　73
12(A_4)	75　73	73　72	70　71	69　69

(4) 利用 Jupyter Notebook 编程实现双因素无重复方差分析($\alpha=0.05$)。要求包含主要步骤及使用验证成功的画面截图。

在一个小麦农业试验中,考虑 4 种不同的品种和 3 种不同的施肥方法,小麦亩产量数据(单位:kg)如实验表 3.3 所示。试在水平 $\alpha=0.05$ 下,检验小麦品种和施肥方法对小麦亩产量是否存在影响。

实验表 3.3

品种	施肥方法		
	1	2	3
1	292	316	325
2	310	318	317
3	320	318	310
4	370	365	330

第 6 章　一元线性回归分析

回归分析是数理统计学中应用很广的一个分支，它是一种处理一个变量与另一个变量、一个变量与多个变量、多个变量与多个变量之间关系的统计方法。

“回归”一词是由英国生物学家兼统计学家 F. 高尔顿（F. Goltan）在 1886 年左右提出来的。高尔顿以父母的平均身高 x 作为自变量，其一成年儿子的身高 y 为因变量，观察了 1 074 对父母及其一成年儿子的身高，将所得 (x,y) 值标在直角坐标系上，结果发现二者的关系近似于一条直线，且总的趋势是 y 随着 x 的增加而增加。通过进一步的分析发现：这 1 074 个 x 值的算术平均为 $\overline{x}=68$ in（1 in＝25.4 mm），而 1 074 个 y 值的算术平均值为 $\overline{y}=69$ in，即子代身高平均增加了 1 in。据此，人们可能会作出这样的推理：如果父母平均身高为 a in，则这些父母的子代平均身高应为 $(a+1)$ in，即比父代多 1 in。但高尔顿观察的结果与此不符。他发现：当父母平均身高为 72 in 时，他们的子代身高平均只有 71 in，不但达不到预计的 $72+1=73$ in，反而比父母平均身高矮了；反之，若父母平均身高为 64 in，则观察数据显示子代平均身高为 67 in，比预计的 $64+1=65$ in 要多。高尔顿对此的解释是：大自然有一种约束机制，使人类身高分布保持某种稳定形态而不作两极分化。这就是一种使身高“回归于中心”的作用。正是通过这个例子，高尔顿引入了“回归”这个词。当然，“回归”一词的现代含义要广泛得多。

本章主要讨论一元线性回归问题，即研究两个变量之间的关系，并对多元线性回归作一简单介绍。

6.1　变量之间的关系与一元线性回归模型

本节思维导图

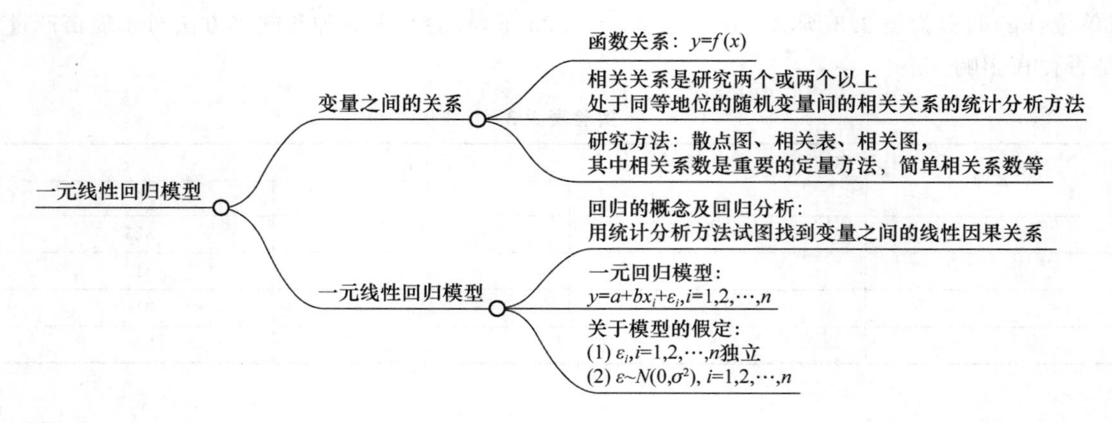

6.1.1　变量之间的关系

在自然界和人类社会中，变量之间相互变动的数量关系大致可分为两种：确定性关系和非确定性关系。确定性关系是指变量之间的关系可以用函数关系来表达，如圆的面积 $A=\pi r^2$（r 为圆的半径）。而非确定性关系不能简单地表示为函数关系，如人的身高与体重之间的关系。一般来说，身高越高，体重越重，但同样高度的人，体重往往不相同，即身高不能严格地确定体重。又如，由于规模效益，一般来说，产品的产量越高，单位成本越小，但产量相同的两个企业，其单位成本也不尽相同，即产量不能严格地确定单位成本。这类关系称为相关关系。回归分析和相关分析就是处理具有相关关系变量的两种统计方法，但回归分析着重于寻求变量之间近似的函数关系，相关分析致力于寻求一些数量指标，以反映有关变量之间关系深浅的程度。

相关分析是研究两个或两个以上处于同等地位的随机变量间的相关关系的统计分析方法。最初是 K. Person 研究连续变量之间的关系时提出了相关系数的概念，后来研究范围有了进一步扩大，Spearman 提出了等级相关系数的概念。相关分析与回归分析之间的区别是：回归分析侧重于研究随机变量间的依赖关系，以便用一个变量去预测另一个变量；相关分析侧重于发现随机变量间的种种相关特性。相关分析在工农业、水文、气象、社会经济和生物学等方面都有应用。

为了确定相关变量之间的关系，首先应该收集一些数据，这些数据应该是成对的，如人的身高和体重，然后在直角坐标系上描述这些点，这一组点集称为“散点图”。

根据散点图，当自变量取某一值时，因变量对应为一概率分布，如果对于所有的自变量取值的概率分布都相同，则说明因变量和自变量是没有相关关系的。反之，如果自变量的取值不同，因变量的分布也不同，则说明两者是存在相关关系的。

相关分析与回归分析在实际应用中有密切关系。然而在回归分析中，所关心的是一个随机变量 Y 对另一个（或一组）随机变量 X 的依赖关系的函数形式。而在相关分析中，所讨论的变量的地位一样，分析侧重于随机变量之间的种种相关特征。例如，以 X、Y 分别表示小学生的数学与语文成绩，人们感兴趣的是二者的关系如何，而不在于由 X 去预测 Y。

如何确定相关关系的存在、相关关系呈现的形态和方向、相关关系的密切程度？其主要方法是绘制相关图表和计算相关系数。

① 相关系数按积差方法计算，同样以两变量与各自平均值的离差为基础，通过两个离差相乘来反映两变量之间的相关程度；着重研究线性的单相关系数。

② 确定相关关系的数学表达式。

③ 确定因变量估计值误差的程度。

关于相关关系这里只进行简单介绍，更详细的内容会在统计学相关的书籍中出现，感兴趣的读者可以查阅。

6.1.2　一元线性回归模型

例 6.1.1　为了研究某类企业的产量和成本之间的关系，现随机抽取 30 个企业，以月产量 x 为自变量，单位成本 y 为因变量，其月产量和单位成本的数据如表 6.1.1 所示。

利用 Python 作图，程序如下。

```
%matplotlib inline
import pandas as pd #在回归分析中使用频率非常高
from statsmodels.formula.api import ols
#这是回归分析必需的模块,当然还有其他模块支持回归分析,如 ML 库
import matplotlib.pyplot as plt
X = pd.read_csv("D://book2021/data6_1_1.csv") #读取.csv 数据
x = X.x #调用数据 x
y = X.y #调用数据 y
fig = plt.figure(figsize = (12,8)) #作图的大小
plt.scatter(x,y) #画 x,y 的散点图
plt.xlabel('x',fontsize = 15) #标识 x 轴
plt.ylabel('y',fontsize = 15) #标识 y 轴
plt.show() #图形显示,如图 6.1.1 所示。
```

表 6.1.1　某类企业的产量和成本数据

企业编号	月产量 x_i/台	单位成本 y_i/千元	企业编号	月产量 x_i/台	单位成本 y_i/千元
1	17	175	16	46	148
2	19	173	17	47	147
3	20	168	18	48	143
4	21	171	19	50	145
5	25	170	20	53	141
6	29	165	21	56	142
7	34	167	22	56	136
8	36	163	23	59	132
9	39	160	24	63	127
10	39	158	25	64	128
11	42	162	26	65	124
12	42	159	27	67	128
13	44	155	28	67	123
14	45	151	29	69	125
15	45	156	30	70	121

将每对观察值(x_i,y_j)在直角坐标系中描点(如图 6.1.1 所示),这种图称为散点图。从图中大致可以看出单位成本随着产量的增加而减少,它们之间大致呈线性关系,但这些点不是严格地成一直线,即成本随着产量的增加基本上以线性关系减少,但也呈现出某种不规则的偏离,即随机性的偏离。因此,单位成本与月产量的关系可表示为

$$y=a+bx+\varepsilon \tag{6.1.1}$$

其中:$a+bx$ 表示 y 随 x 变化的总趋势;ε 是随机变量,它表示 y 与 x 间关系的不确定性,称为

随机干扰误差项。一般地，大量随机干扰因素将相互抵消，其平均干扰为零，即 $E(\varepsilon)=0$，这样 $E(y|x)=a+bx$，即给定 x 时 y 的条件期望与 x 呈线性关系。

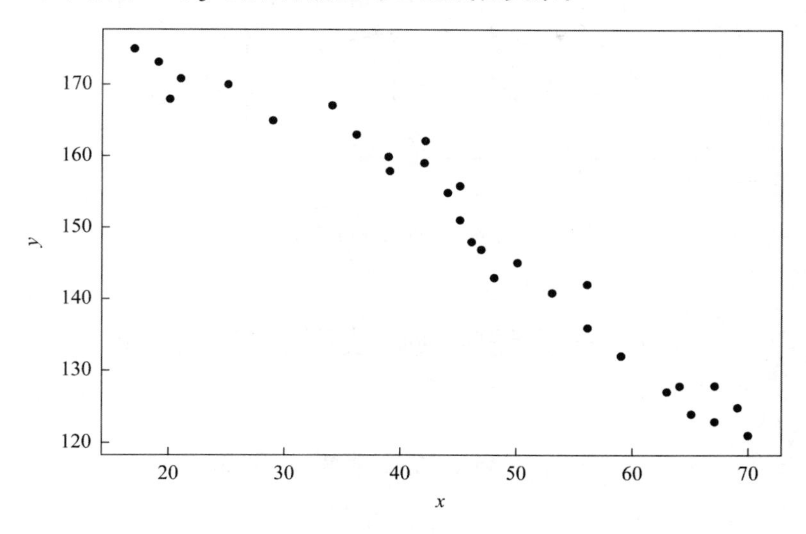

图 6.1.1　例 6.1.1 的散点图

一般来说，随机扰动误差项有以下几个来源。

(1) 未被考虑但又影响着因变量 y 的种种因素。

(2) 变量的观测误差。

(3) 模型的设定误差，即 y 对 x 的变化趋势可能是非线性趋势。

(4) 在试验或观测中，人们无法控制且难以解释的干扰因素。

通常若对自变量 x 和因变量 y 作 n 次观测，得 n 对数值 (x_i,y_i)，$i=1,2,\cdots,n$，则式(6.1.1)可写成

$$y_i=a+bx_i+\varepsilon_i,\quad i=1,2,\cdots,n \tag{6.1.2}$$

并假定

(1) $\varepsilon_1,\varepsilon_2,\cdots,\varepsilon_n$ 相互独立；

(2)
$$\varepsilon\sim N(0,\sigma^2),\quad i=1,2,\cdots,n \tag{6.1.3}$$

其中，a、b、σ^2 是未知参数，称式(6.1.2)和式(6.1.3)为一元线性回归模型。

上述假定(1)意味着试验(或观测)是独立进行的；假定(2)包括两方面，即正态性和方差齐性，而方差齐性意味着 y 偏离其均值的程度不受自变量 x 的影响。有的情况下，这种假定不成立，如家庭消费与家庭收入之间的关系，低收入家庭的收入主要用于生活必需品，同样收入的家庭之间的消费差别不大；而高收入家庭的生活必需品只占其收入的很小一部分，他们的消费行为差别往往很大，因此同样高收入的家庭之间的消费额差别就很大。

在上述讨论中，月产量称为自变量，单位成本称为因变量，且月产量的取值可以由人进行控制，但有时变量间并无明显的因果关系存在，且自变量也并非是随机的，如人的身高和体重，不能说身高是因体重是果，或体重是因身高是果。另外，随机地抽出一个人，同时测量其身高和体重，二者都是随机变量。今后，如无特别说明，在一元回归分析中将固定使用自变量和因变量这对名词，且认为自变量是非随机的。一元线性回归模型可形象地用图 6.1.2 来表示。

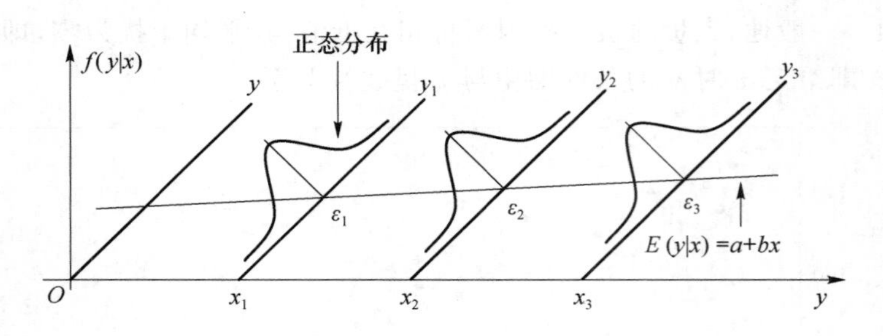

图 6.1.2　回归分析原理图

6.2　一元线性回归模型的参数估计

6.2.1 和 6.2.2 节思维导图

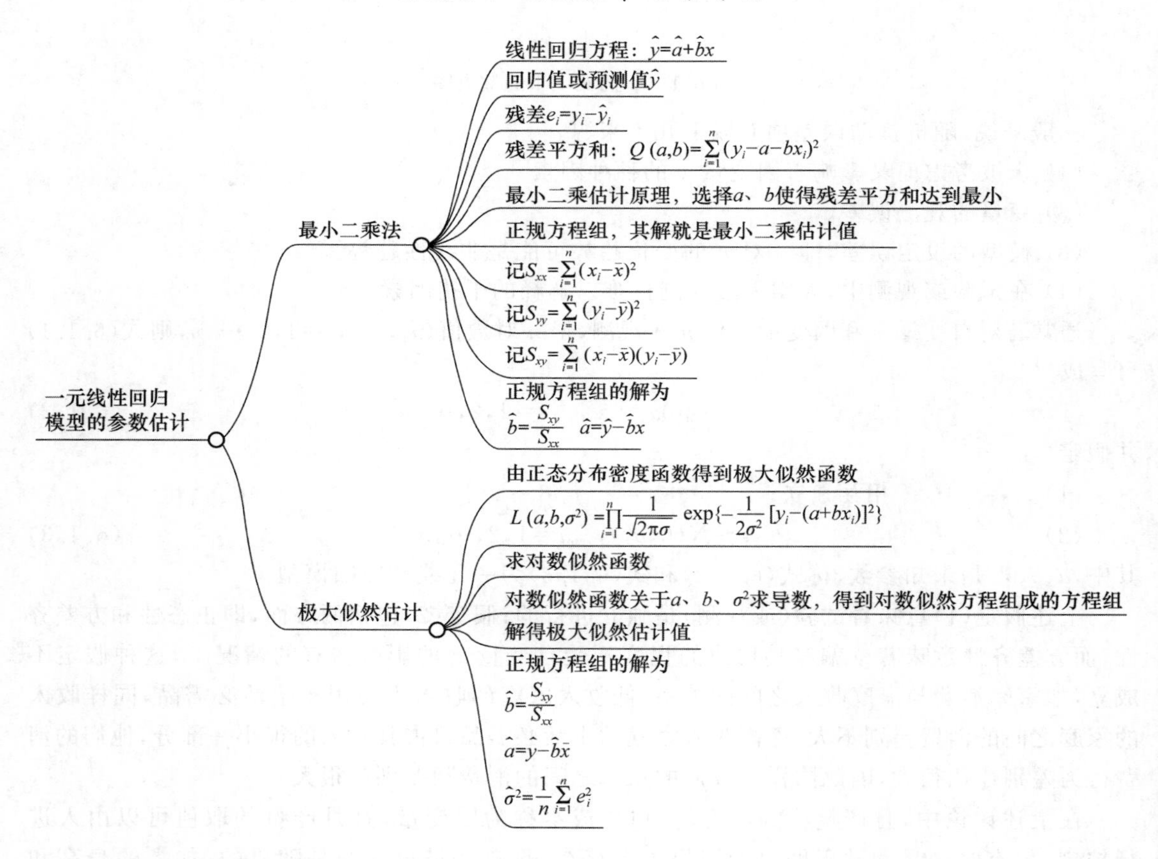

6.2.1　最小二乘法

在式(6.1.2)和式(6.1.3)的假定下，根据 n 对观测数据(x_i,y_i)，$i=1,2,\cdots,n$，估计模型中的参数 a、b。若$\hat{a}$、$\hat{b}$分别是它们的估计，则对于给定的 x，取$\hat{y}=\hat{a}+\hat{b}x$ 作为 y 的估计。方程$\hat{y}$

$=\hat{a}+\hat{b}x$ 称为 y 关于 x 的线性回归方程,其图形为回归直线。直观上,应选择$\hat{a}$、$\hat{b}$使得所有数据点(x_i,y_i),$i=1,2,\cdots,n$ 尽可能地靠近回归直线。记

$$\hat{y}_i=\hat{a}+\hat{b}x_i,\quad i=1,2,\cdots,n \tag{6.2.1}$$

$$e_i=y_i-\hat{y},\quad i=1,2,\cdots,n \tag{6.2.2}$$

称$\hat{y}_i$ 为 $x=x_i$ 时 y 的回归值,称 e_i 为残差,即观测值与回归值之差。

于是,$e_1,e_2,\cdots,e_n$ 反映了数据点(x_i,y_i)对回归直线的偏离程度,我们希望这些偏离越小越好,衡量这些偏离大小的一个合理的单一指标为它们的平方和。令

$$Q(a,b)=\sum_{i=1}^{n}[y_i-(a+bx_i)]^2=\sum_{i=1}^{n}\varepsilon_i^2$$

参数 a、b 的估计值$\hat{a}$、$\hat{b}$满足

$$\begin{aligned}Q(\hat{a},\hat{b})&=\sum_{i=1}^{n}(y_i-(\hat{a}+\hat{b}x_i))^2\\&=\min_{a,b}\left\{\sum_{i=1}^{n}(y_i-(a+bx_i))^2\right\}\\&=\min_{a,b}\{Q(a,b)\}\end{aligned}$$

为此,取 Q 分别关于 a、b 的偏导数,并令它们等于零。

$$\begin{cases}\left.\dfrac{\partial Q}{\partial a}\right|_{\substack{a=\hat{a}\\b=\hat{b}}}=-2\sum\limits_{i=1}^{n}[y_i-(\hat{a}+\hat{b}x_i)]=0\\\left.\dfrac{\partial Q}{\partial b}\right|_{\substack{a=\hat{a}\\b=\hat{b}}}=-2\sum\limits_{i=1}^{n}[y_i-(\hat{a}+\hat{b}x_i)]x_i=0\end{cases} \tag{6.2.3}$$

方程组(6.2.3)称为正规方程。

解上述方程组得

$$\begin{cases}\hat{b}=\dfrac{n\sum\limits_{i=1}^{n}x_iy_i-(\sum\limits_{i=1}^{n}x_i)(\sum\limits_{i=1}^{n}y_i)}{n\sum\limits_{i=1}^{n}x_i^2-(\sum\limits_{i=1}^{n}x_i)^2}=\dfrac{\sum\limits_{i=1}^{n}(x_i-\bar{x})(y_i-\bar{y})}{\sum\limits_{i=1}^{n}(x_i-\bar{x})^2}\\\hat{a}=\dfrac{1}{n}\sum\limits_{i=1}^{n}y_i-\dfrac{\hat{b}}{n}\sum\limits_{i=1}^{n}x_i=\bar{y}-\hat{b}\bar{x}\end{cases} \tag{6.2.4}$$

其中

$$\bar{x}=\frac{1}{n}\sum_{i=1}^{n}x_i,\quad \bar{y}=\frac{1}{n}\sum_{i=1}^{n}y_i$$

上述估计的原则是使误差平方和达到最小,因此,这种估计方法称为最小二乘估计法,式(6.2.4)确定的 $\hat{a}$、$\hat{b}$ 称为 a、b 的最小二乘估计。

将 $\hat{a}=\bar{y}-\hat{b}\bar{x}$ 代入线性回归方程 $\hat{y}=\hat{a}+\hat{b}x$ 得

$$\hat{y}=\bar{y}+\hat{b}(x-\bar{x}) \tag{6.2.5}$$

式(6.2.5)表明,回归直线经过散点图的几何中心$(\bar{x},\bar{y})$。回归直线及各种图示如图 6.2.1 所示。

为了计算方便，记

$$
\begin{cases}
S_{xx} = \sum_{i=1}^{n} (x_i - \bar{x})^2 = \sum_{i=1}^{n} x_i^2 - \frac{1}{n} \left(\sum_{i=1}^{n} x_i\right)^2 \\
S_{xy} = \sum_{i=1}^{n} (x_i - \bar{x})(y_i - \bar{y}) = \sum_{i=1}^{n} x_i y_i - \frac{1}{n} \left(\sum_{i=1}^{n} x_i\right)\left(\sum_{i=1}^{n} y_i\right) \\
S_{yy} = \sum_{i=1}^{n} (y_i - \bar{y})^2 = \sum_{i=1}^{n} y_i^2 - \frac{1}{n} \left(\sum_{i=1}^{n} y_i\right)^2
\end{cases}
\tag{6.2.6}
$$

则

$$
\begin{cases}
\hat{b} = \dfrac{S_{xy}}{S_{xx}} \\
\hat{a} = \bar{y} - \hat{b}\bar{x}
\end{cases}
\tag{6.2.7}
$$

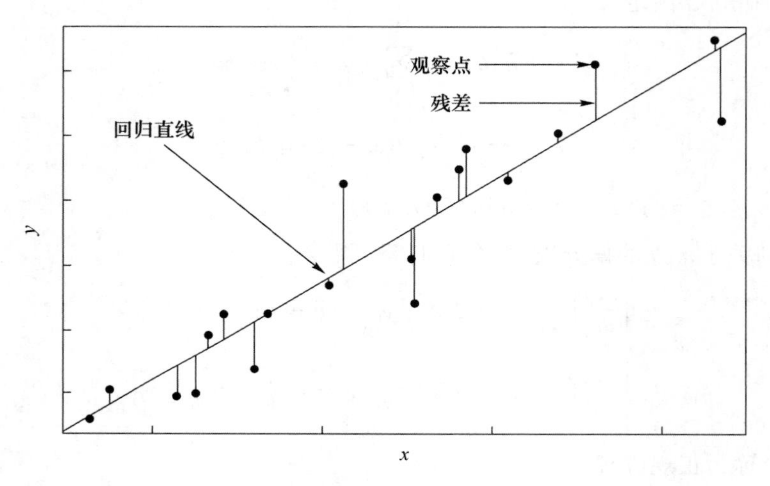

图 6.2.1　回归直线的各种图示

例 6.2.1　根据表 6.1.1 给出的观测数据，确定 y 对 x 的线性回归方程。

解　画出散点图，根据式(6.2.6)得

$$S_{xx} = 7\,380.7, \bar{x} = 45.9$$

$$S_{xy} = -7\,713.7, \bar{y} = 148.766\,7$$

进而得

$$\hat{b} = \frac{S_{xy}}{S_{xx}} = \frac{7\,713.7}{7\,380.7} = -1.045$$

$$\hat{a} = 148.766\,7 - (-1.045) \times 45.9 = 196.738$$

于是，线性回归方程为

$$\hat{y} = 196.738 - 1.045x \tag{6.2.8}$$

本例可利用 Python 求解，程序如下。

```
#第 6 章一元回归分析 例 6.2.1
import pandas as pd #在回归分析中使用频率非常高
import numpy as np #在回归分析中使用频率有所下降
from statsmodels.formula.api import ols
#这是回归分析必需的模块，当然还有其他模块支持回归分析，如 ML 库
```

```
from statsmodels.stats.anova import anova_lm #方差分析必需的模块
from scipy.stats import f,t,chi2,norm #从 scipy 库中导入各种分布
X = pd.read_csv("D://book2021/data6_1_1.csv") #读取.csv 数据
model = ols('y ~ x',X).fit() #回归拟合的基本模型
print(model.summary()) #打印回归分析结果
                            OLS Regression Results
==============================================================================
Dep. Variable:                      y   R-squared:                       0.945
Model:                            OLS   Adj. R-squared:                  0.943
Method:                 Least Squares   F-statistic:                     484.8
Date:                Sun, 31 Jan 2021   Prob (F-statistic):           3.21e-19
Time:                        07:17:01   Log-Likelihood:                -83.701
No. Observations:                  30   AIC:                             171.4
Df Residuals:                      28   BIC:                             174.2
Df Model:                           1
Covariance Type:            nonrobust
==============================================================================
                 coef    std err          t      P>|t|      [0.025      0.975]
------------------------------------------------------------------------------
Intercept    196.7376      2.302     85.446      0.000     192.021     201.454
x             -1.0451      0.047    -22.017      0.000      -1.142      -0.948
==============================================================================
Omnibus:                        1.134   Durbin-Watson:                   0.922
Prob(Omnibus):                  0.567   Jarque-Bera (JB):                1.108
Skew:                           0.394   Prob(JB):                        0.575
Kurtosis:                       2.484   Cond. No.                         150.
==============================================================================

Warnings:
[1] Standard Errors assume that the covariance matrix of the errors is correctly specified.
```

其中,Intercept 的 coef 是回归截距 196.737 6,x 对的 coef 是回归系数是 -1.0451。因此,回归方程是:$\hat{y}=196.738-1.045x$。

6.2.2 极大似然估计

利用最小二乘估计 a、b 时,没有用到回归模型(6.1.3)中正态性的假定。现在我们考虑在回归模型式(6.1.2)、式(6.1.3)的假定下,如何求 a、b、σ^2 的极大似然估计。

给定一组自变量的值 $x_1,x_2,\cdots,x_n$,作 n 次独立试验,相应地得到因变量 y 的一组样本 $y_1,y_2,\cdots,y_n$,它们相互独立,且 $y_i \sim N(a+bx_i,\sigma^2)$,则似然函数

$$L(a,b,\sigma^2) = \prod_{i=1}^{n} \frac{1}{\sqrt{2\pi}\sigma}\exp\left\{-\frac{1}{2\sigma^2}[y_i-(a+bx_i)]^2\right\}$$

$$= (2\pi\sigma^2)^{-\frac{n}{2}}\exp\left\{-\frac{1}{2\sigma^2}\sum_{i=1}^{n}[y_i-(a+bx_i)]^2\right\}$$

于是两边取对数得

$$\ln L = -\frac{n}{2}\ln 2\pi - \frac{n}{2}\ln\sigma^2 - \frac{1}{2\sigma^2}\sum_{i=1}^{n}[y_i-(a+bx_i)]^2$$

解方程组

$$\begin{cases}\dfrac{\partial \ln L}{\partial a}=\dfrac{1}{\sigma^2}\sum\limits_{i=1}^{n}[y_i-(a+bx_i)]=0\\ \dfrac{\partial \ln L}{\partial b}=\dfrac{1}{\sigma^2}\sum\limits_{i=1}^{n}[y_i-(a+bx_i)]x_i=0\\ \dfrac{\partial \ln L}{\partial \sigma^2}=-\dfrac{n}{2\sigma^2}+\dfrac{1}{2\sigma^4}\sum\limits_{i=1}^{n}[y_i-(a+bx_i)]^2=0\end{cases} \tag{6.2.9}$$

得 a、b、σ^2 的极大似然估计

$$\begin{cases}\hat{b}=\dfrac{S_{xy}}{S_{xx}}\\ \hat{a}=\overline{y}-\hat{b}\overline{x}\\ \hat{\sigma}^2=\dfrac{1}{n}\sum\limits_{i=1}^{n}[y_i-(\hat{a}+\hat{b}x_i)]^2=\dfrac{1}{n}\sum\limits_{i=1}^{n}(y_i-\hat{y}_i)^2=\dfrac{1}{n}\sum\limits_{i=1}^{n}e_i^2\end{cases} \tag{6.2.10}$$

可见，a、b 得的极大似然估计与其最小二乘估计一致。

6.2.3 估计的性质

本节思维导图

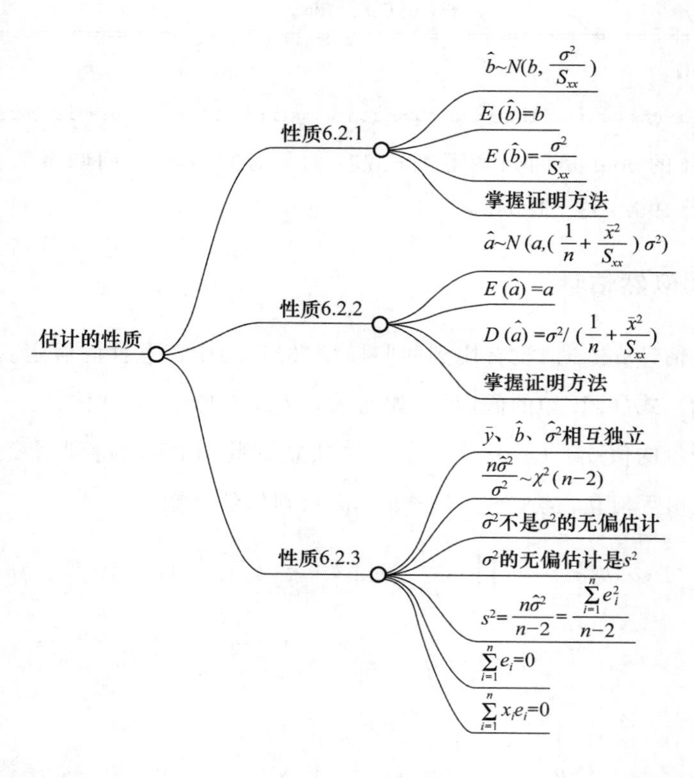

在式(6.1.2)和式(6.1.3)的假定下，由式(6.2.9)确定的 a、b、σ^2 的估计具有以下性质。

性质 6.2.1 $\hat{b}$ 服从正态分布，且

$$
\begin{cases}
E(\hat{b}) = b \\
D(\hat{b}) = \sigma^2 / \sum_{i=1}^{n} (x_i - \bar{x})^2 = \dfrac{\sigma^2}{S_{xx}}
\end{cases}
\tag{6.2.11}
$$

可见，$\hat{b}$ 是 b 的无偏估计。

性质 6.2.2　$\hat{a}$ 服从正态分布，且

$$
\begin{cases}
E(\hat{a}) = a \\
D(\hat{a}) = \dfrac{\sigma^2}{\left(\dfrac{1}{n} + \dfrac{\bar{x}^2}{S_{xx}}\right)}
\end{cases}
\tag{6.2.12}
$$

可见，$\hat{a}$ 也是 a 的无偏估计。

性质 6.2.3　$\bar{y}$、$\hat{b}$、$\hat{\sigma}^2$ 相互独立，且

$$
\frac{n\hat{\sigma}^2}{\sigma^2} \sim \chi^2(n-2) \tag{6.2.13}
$$

可见，$\hat{\sigma}^2$ 并非是 σ^2 的无偏估计，而 σ^2 的无偏估计是

$$
s^2 = \frac{n\hat{\sigma}^2}{n-2} = \frac{1}{n-2}\sum_{i=1}^{n} e_i^2 \tag{6.2.14}
$$

另外，残差平方和 $\sum_{i=1}^{n} e_i^2$ 的自由度为 $n-2$，这是由于 $e_1, e_2, \cdots, e_n$ 并非相互独立，它们满足两个约束条件 $\sum_{i=1}^{n} e_i = 0$ 和 $\sum_{i=1}^{n} x_i e_i = 0$，此即正规方程(6.2.3)。

性质 6.2.1 的证明：

由于

$$
\sum_{i=1}^{n} (x_i - \bar{x})(y_i - \bar{y}) = \sum_{i=1}^{n} (x_i - \bar{x}) y_i
$$

$$
\sum_{i=1}^{n} (x_i - \bar{x})^2 = \sum_{i=1}^{n} (x_i - \bar{x}) x_i
$$

令

$$
c_i = \frac{x_i - \bar{x}}{\sum_{i=1}^{n} (x_i - \bar{x})^2} = \frac{x_i - \bar{x}}{S_{xx}}, \quad i = 1, 2, \cdots, n
$$

则

$$
\hat{b} = \frac{\sum_{i=1}^{n} (x_i - \bar{x}) y_i}{\sum_{i=1}^{n} (x_i - \bar{x})^2} = \sum_{i=1}^{n} c_i y_i
$$

$\hat{b}$ 为 $y_1, y_2, \cdots, y_n$ 的线性组合。因为 $y_1, y_2, \cdots, y_n$ 相互独立，且

$$y_i \sim N(a+bx_i, \sigma^2), \quad i=1,2,\cdots,n$$

所以 $\hat{b}$ 应服从正态分布，且

$$E(\hat{b}) = E\left(\sum_{i=1}^{n} c_i y_i\right) = \sum_{i=1}^{n} c_i E(y_i)$$

$$= \sum_{i=1}^{n} c_i (a + bx_i) = a\sum_{i=1}^{n} c_i + b\sum_{i=1}^{n} c_i x_i$$

$$= 0 + b \cdot \sum_{i=1}^{n} (x_i - \bar{x}) x_i / S_{xx} = b$$

$$D(\hat{b}) = \sum_{i=1}^{n} D(c_i y_i) = \sum_{i=1}^{n} c_i^2 D(y_i) = \sum_{i=1}^{n} c_i^2 \sigma^2$$

$$= \frac{\sum_{i=1}^{n} (x_i - \bar{x})^2}{S_{xx}^2} \cdot \sigma^2 = \frac{\sigma^2}{S_{xx}}$$

证毕。

性质 6.2.2 的证明：

易见 $\hat{a} = \bar{y} - \hat{b}\bar{x}$ 仍是 $y_1, y_2, \cdots, y_n$ 的线性组合，因而应服从正态分布。

$$E(\hat{a}) = E(\bar{y} - \hat{b}\bar{x}) = E(\bar{y}) - \bar{x}E(\hat{b}) = (a + b\bar{x}) - b\bar{x} = a$$

$$D(\hat{a}) = D(\bar{y}) + D(\hat{b}\bar{x}) - 2\mathrm{COV}(\bar{y}, \hat{b}\bar{x})$$

因为

$$D(\bar{y}) = D\left(\frac{1}{n}\sum_{i=1}^{n} y_i\right) = \frac{\sigma^2}{n}$$

$$D(\hat{b}\bar{x}) = \bar{x}^2 D(\hat{b}) = \frac{\bar{x}^2}{S_{xx}} \cdot \sigma^2$$

$$\mathrm{COV}(\bar{y}, \hat{b}\bar{x}) = \bar{x}\mathrm{COV}(\bar{y}, \hat{b}) = \frac{\bar{x}}{n}\mathrm{COV}\left(\sum_{i=1}^{n} y_i, \sum_{j=1}^{n} c_j y_j\right)$$

$$= \frac{\bar{x}}{n}\sum_{i=1}^{n}\sum_{j=1}^{n} c_j \mathrm{COV}(y_i, y_j) = \frac{\bar{x}}{n}\sum_{j=1}^{n} c_j D(y_j)$$

$$= \frac{\bar{x}}{n} \cdot \sigma^2 \sum_{j=1}^{n} c_j = 0$$

$$D(\hat{a}) = \left(\frac{1}{n} + \frac{\bar{x}^2}{S_{xx}}\right)\sigma^2$$

证毕。

6.3　回归方程的线性显著性检验

本节思维导图

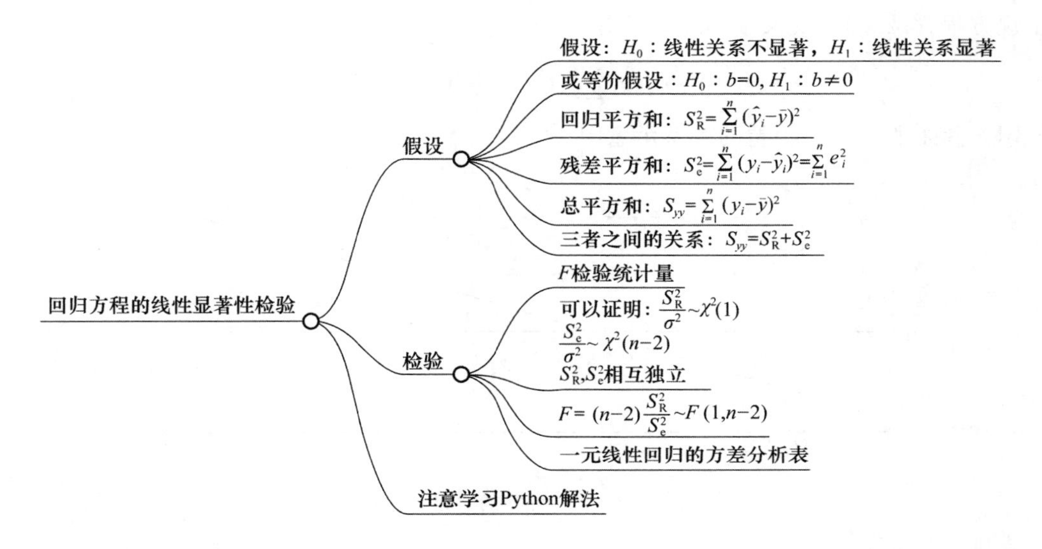

在模型(6.1.2)中，我们假定 y 关于 x 的回归 $E(y|x)$ 具有 $a+bx$ 的线性形式。回归函数 $E(y|x)$ 是否为线性函数，一般有两种方法来进行判断：一种方法是根据相关领域的专业知识或以往经验来判断；另一种方法是在无法用第一种方法判断的情况下根据实际观测数据，利用假设检验的方法来判断。在 6.2 节的讨论中，不难看出，在拟合回归直线的实际计算中，并不需要对变量作任何假定，即对任意 n 对数据，均可利用式(6.2.4)求出回归方程，即可拟合一条直线以表示 x 和 y 之间的关系，那么这条直线是否具有实用价值？或者说，x 和 y 之间是否具有明显的线性关系？本节将利用假设检验的方法来加以判断，即检验

$$H_0: y \text{ 对 } x \text{ 的线性关系不显著},\ H_1: y \text{ 对 } x \text{ 的线性关系显著} \tag{6.3.1}$$

不难看出，若线性关系显著，则 b 不应为零，因为若 $b=0$，则 y 就不依赖于 x 了。因此检验式(6.3.1)等价于检验

$$H_0: b=0,\quad H_1: b\neq 0 \tag{6.3.2}$$

为此，考察 n 个 y 的观测值 $y_1, y_2, \cdots, y_n$ 的总离差平方和的分解：

$$\begin{aligned}S_{yy} &= \sum_{i=1}^{n}(y_i-\bar{y})^2 = \sum_{i=1}^{n}[(y_i-\hat{y}_i)+(\hat{y}_i-\bar{y})]^2 \\ &= \sum_{i=1}^{n}(y_i-\hat{y}_i)^2+\sum_{i=1}^{n}(\hat{y}_i-\bar{y})^2 \\ &\quad +2\sum_{i=1}^{n}(y_i-\hat{y}_i)(\hat{y}_i-\bar{y})\end{aligned}$$

因为交叉项

$$\begin{aligned}
&\sum_{i=1}^{n}(y_i-\hat{y}_i)(\hat{y}_i-\overline{y})\\
&=\sum_{i=1}^{n}[y_i-(\hat{a}+\hat{b}x_i)]\cdot\hat{b}(x_i-\overline{x})\\
&=\hat{b}\Big[\sum_{i=1}^{n}(y_i-(\hat{a}+\hat{b}x_i))x_i-\overline{x}\sum_{i=1}^{n}(y_i-(\hat{a}+\hat{b}x_i))\Big]
\end{aligned}$$

由正规方程(6.2.3)得交叉项为零。于是

$$\sum_{i=1}^{n}(y_i-\overline{y})^2=\sum_{i=1}^{n}(y_i-\hat{y}_i)^2+\sum_{i=1}^{n}(\hat{y}_i-\overline{y})^2 \tag{6.3.3}$$

图 6.3.1 所示为三种差的关系示意图。

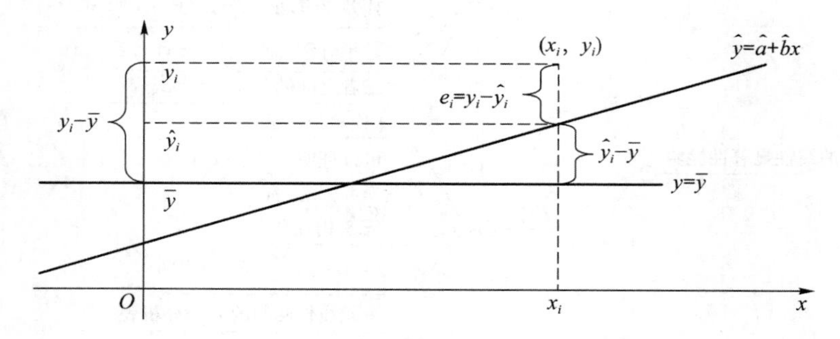

图 6.3.1　三种差的关系示意图

令

$$S_e^2=\sum_{i=1}^{n}(y_i-\hat{y}_i)^2 \tag{6.3.4}$$

$$S_R^2=\sum_{i=1}^{n}(\hat{y}_i-\overline{y})^2 \tag{6.3.5}$$

则

$$S_{yy}=S_e^2+S_R^2 \tag{6.3.6}$$

其中，S_R^2 称为回归平方和，S_e^2 称为残差平方和。若 $b=0$，则回归直线 $\hat{y}=\hat{a}+\hat{b}x$ 就变成 $\hat{y}=\overline{y}$，和直线 $y=\overline{y}$ 重合，此时 S_R^2 应为零。因此，S_R^2 表示由于 x 的变化而引起的 y 的变化，它反映了 y 的变差中由 y 随 x 作线性变化的部分。S_R^2 在 S_{yy} 中的比例越大，表明 x 对 y 的线性影响越大，即 y 对 x 的线性关系越显著。另外，若 y 完全由 x 确定，则给定 $x=x_i$ 时，y 的观测值 y_i 应等于其回归值 $\hat{y}_i$，S_e^2 应为零。因此 S_e^2 是除了 x 对 y 的线性影响外的一切随机因素所引起的 y 的变差部分。若 S_e^2 在 S_{yy} 中的比例越大，则 S_R^2 在 S_{yy} 中的比例越小，这表明由 x 的变化而引起的 y 的线性变化部分淹没在由于随机因素引起的 y 的变化中，这时 y 对 x 的线性关系就不显著，回归方程也就失去了实际意义。因此，可利用比值

$$F=\frac{S_R^2}{S_e^2/(n-2)}=(n-2)\frac{S_R^2}{S_e^2} \tag{6.3.7}$$

作为检验假设(6.3.2)的检验统计量。当 F 值较大时，拒绝原假设 H_0；反之，当 F 值较小时，不能拒绝 H_0。

可以证明

(1) $\dfrac{S_e^2}{\sigma^2}\sim\chi^2(n-2)$ 且 S_e^2 与 S_R^2 相互独立；

（2）当 H_0 成立时

$$\frac{S_R^2}{\sigma^2} \sim \chi^2(1)$$

于是，当 H_0 成立时，

$$F=(n-2)\frac{S_R^2}{S_e^2} \sim F(1,n-2)$$

给定显著性水平 α，当 $F > F_{1-\alpha}(1,n-2)$ 时拒绝 H_0，即认为 y 对 x 的线性关系显著；反之，认为 y 对 x 的线性关系不显著。以上检验过程可归纳成方差分析表 6.3.1。

表 6.3.1　一元线性回归的方差分析表

变差来源	平方和	自由度	均方	F
回归	$S_R^2=\sum_{i=1}^{n}(\hat{y}_i-\bar{y})^2$	1	S_R^2	$(n-2)\frac{S_R^2}{S_e^2}$
残差	$S_e^2=\sum_{i=1}^{n}(y_i-\hat{y}_i)^2$	$n-2$	$\frac{S_e}{n-2}$	
总和	S_{yy}	$n-1$		

S_{yy}、S_R^2、S_e^2 通常按下式计算：

$$S_{yy}=\sum_{i=1}^{n} y_i^2-\frac{1}{n}\left(\sum_{i=1}^{n} y_i\right)^2 \tag{6.3.8}$$

$$\begin{aligned} S_R^2 &= \sum_{i=1}^{n}(\hat{y}_i-\bar{y})^2=\sum_{i=1}^{n}(\hat{a}+\hat{b}x_i-\bar{y})^2 \\ &= \sum_{i=1}^{n}[(\bar{y}-\hat{b}\bar{x}+\hat{b}x_i)-\bar{y}]^2 \\ &= \hat{b}^2\sum_{i=1}^{n}(x_i-\bar{x})^2=\hat{b}^2 S_{xx}=\hat{b}S_{xy} \end{aligned} \tag{6.3.9}$$

$$S_e^2=S_{yy}-S_R^2 \tag{6.3.10}$$

$$F=\frac{S_R^2}{S_e^2}(n-2) \tag{6.3.11}$$

例 6.3.1　给定显著性水平 $\alpha=0.05$，试检验例 6.2.1 中的回归方程(6.2.8)的线性效果是否显著。

解　由式(6.3.8)～式(6.3.10)，经计算得方差分析表 6.3.2。

表 6.3.2　成本对产量回归的方差分析表

变差来源	平方和	自由度	均方	F
回归 残差	8 061.724 465.642	1 28	8 061.724 16.630	484.767
总和	8 527.367	29		

查表得 $F_{0.95}(1,28)=4.20<484.767$，因此拒绝 H_0，认为当显著性水平 $\alpha=0.05$ 时，回归方程(6.2.8)的线性显著。

本例可利用 Python 求解，程序如下。

```
#  第6章一元回归分析 例6.3.1
import pandas as pd #在回归分析中使用频率非常高
import numpy as np #在回归分析中使用频率有所下降
```

```
from statsmodels.formula.api import ols
#这是回归分析必需的模块,当然还有其他模块支持回归分析,如 ML 库
from statsmodels.stats.anova import anova_lm #方差分析必需的模块
from scipy.stats import f,t,chi2,norm #从 scipy 库中导入各种分布
X = pd.read_csv("D://book2021/data6_1_1.csv") #读取.csv 数据
model = ols('y ~ x',X).fit() #回归拟合的基本模型
anovat = anova_lm(model) #方差分析表
print(anovat) #打印回归分析的方差来源即方差分析表
          df        sum_sq       mean_sq           F        PR(>F)
x         1.0    8061.724185  8061.724185  484.767361  3.214937e-19
Residual  28.0   465.642482   16.630089       NaN          NaN
```

从 F 或 p(<0.05)可以看出,线性关系非常显著。

6.4 根据回归方程进行预测和控制

本节思维导图

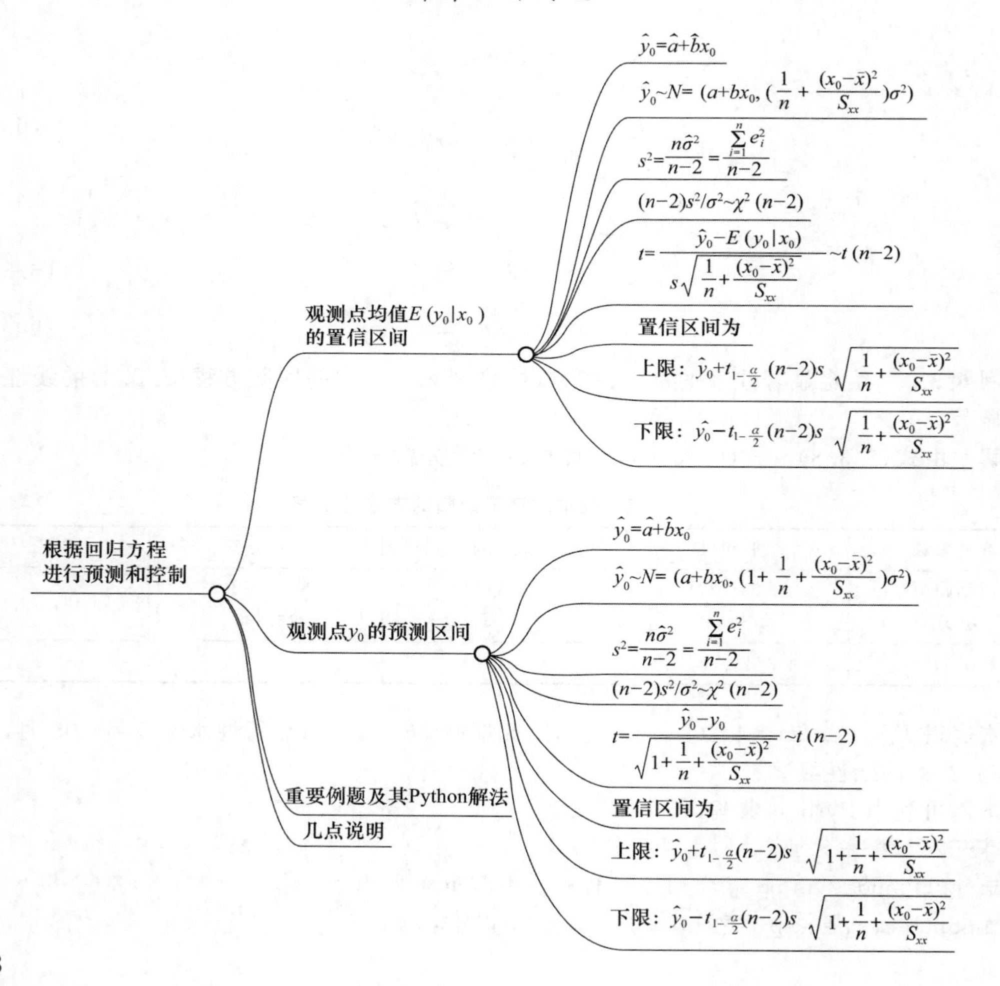

前几节的讨论主要在于揭示变量 x 和 y 之间是否存在线性相关关系以及如何描述它们之间的线性关系。本节讨论回归分析的另一内容——回归预测，即如果 y 对 x 的线性回归方程线性效果显著，那么如何根据自变量 x 的值预测因变量 y 的取值范围——预测区间，以及 y 均值的置信区间。

6.4.1　观测点均值 $E(y_0|x_0)$ 的置信区间

根据变量 x 和 y 的 n 对样本数据 (x_i,y_i)，$i=1,2,\cdots,n$，拟合 y 对 x 的线性回归方程 $\hat{y}=\hat{a}+\hat{b}x$。假定通过检验，该回归方程线性显著。设当自变量 $x=x_0$ 时，因变量 y 的观测值为 y_0，则在线性回归模型式(6.1.2)和式(6.1.3)的假定下，

$$y_0=a+bx_0+\varepsilon \quad 且 \quad \varepsilon_0\sim N(0,\sigma^2) \tag{6.4.1}$$

于是在 x_0 处 y 的均值 $E(y_0|x_0)=a+bx_0$，而在 x_0 处，y 的回归值

$$\hat{y}_0=\hat{a}+\hat{b}x_0 \tag{6.4.2}$$

其中，$\hat{a}$、$\hat{b}$ 由式(6.2.4)给出。很自然，取 $\hat{y}_0$ 作为 $E(y_0|x_0)=a+bx_0$ 的估计值。由于 $\hat{a}$、$\hat{b}$ 均是 $y_1,y_2,\cdots,y_n$ 的线性组合，则 $\hat{y}_0$ 也是 $y_1,y_2,\cdots,y_n$ 的线性组合。而 $y_1,y_2,\cdots,y_n$ 相互独立，且 $y_i\sim N(a+bx_i,\sigma^2)$。

易证

$$\hat{y}_0\sim N\left(a+bx_0,\left(\frac{1}{n}+\frac{(x_0-\bar{x})^2}{S_{xx}}\right)\sigma^2\right) \tag{6.4.3}$$

因此

$$\frac{\hat{y}_0-E(y_0|x_0)}{\sigma\sqrt{\dfrac{1}{n}+\dfrac{(x_0-\bar{x})^2}{S_{xx}}}}\sim N(0,1) \tag{6.4.4}$$

由式(6.2.13)和式(6.2.14)得

$$\frac{(n-2)s^2}{\sigma^2}\sim \chi^2(n-2) \tag{6.4.5}$$

其中，S^2 是 σ^2 的无偏估计。另外，由性质 6.2.3 知 $\bar{y}$、$\hat{b}$、$\hat{\sigma}^2$ 相互独立，因此 $\hat{y}_0=\hat{a}+\hat{b}x_0=\bar{y}+\hat{b}(x_0-\bar{x})$ 与 $s^2=\dfrac{n\hat{\sigma}^2}{n-2}$ 独立，从而根据式(6.4.4)和式(6.4.5)得

$$\frac{\hat{y}_0-E(y_0|x_0)}{s\sqrt{\dfrac{1}{n}+\dfrac{(x_0-\bar{x})^2}{S_{xx}}}}\sim t(n-2) \tag{6.4.6}$$

则有

$$P\left(\left|\frac{\hat{y}_0-E(y_0|x_0)}{s\sqrt{\dfrac{1}{n}+\dfrac{(x_0-\bar{x})^2}{S_{xx}}}}\right|<t_{1-\frac{\alpha}{2}}(n-2)\right)=1-\alpha$$

从而 $E(y_0|x_0)$ 的 $100(1-\alpha)\%$ 置信区间为

$$\hat{y}_0 - s\sqrt{\frac{1}{n}+\frac{(x_0-\bar{x})^2}{S_{xx}}}\cdot t_{1-\frac{\alpha}{2}}(n-2) < E(y_0|x_0) < \hat{y}_0 + s\sqrt{\frac{1}{n}+\frac{(x_0-\bar{x})^2}{S_{xx}}}\cdot t_{1-\frac{\alpha}{2}}(n-2) \tag{6.4.7}$$

例 6.4.1 设在例 6.1.1 所提到的某类企业中，现有若干个企业均计划下个月产量为 51 台，求其单位成本均值的 95%置信区间。

解 经计算得 $\bar{x}=45.9, S_{xx}=7\,380.7$。由式(6.2.14)及表 6.3.2 得

$$s^2 = \frac{1}{n-2}\sum_{i=1}^{n} e_i^2 = \frac{S_e^2}{n-2} = \frac{465.642}{30-2} = 16.630$$

查表得 $t_{0.975}(28)=2.048\,4$，于是

$$s\sqrt{\frac{1}{n}+\frac{(x_0-\bar{x})^2}{S_{xx}}}\cdot t_{0.975}(28) = \sqrt{16.630}\cdot\sqrt{\frac{1}{30}+\frac{(51-45.9)^2}{7\,380.7}}\cdot 2.048\,4 = 1.603\,7$$

由式(6.2.8)得

$$\hat{y}_0 = \hat{a}+\hat{b}x_0 = 196.738 - 1.045\times 51 = 143.443$$

由式(6.4.7)得，当 $x_0=51$ 时，单位成本均值 $E(y_0|x_0)$ 的置信区间为(141.839 3,145.046 7)[①]。

本例可利用 Python 求解，程序如下。

```
#第 6 章一元回归分析 例 6.4.1
import pandas as pd #在回归分析中使用频率非常高
import numpy as np #在回归分析中使用频率有所下降
from statsmodels.formula.api import ols
#这是回归分析必需的模块，当然还有其他模块支持回归分析，如 ML 库
from statsmodels.stats.anova import anova_lm #方差分析必需的模块
from scipy.stats import f,t,chi2,norm #从 scipy 库中导入各种分布
X = pd.read_csv("D://book2021/data6_1_1.csv") #读取.csv 数据
model = ols('y ~ x',X).fit() #回归拟合的基本模型
from statsmodels.sandbox.regression.predstd import wls_prediction_std
#预测模块
#所有点预测值：
print(model.predict().roud(3) #取小数点后 3 位有效数字
[178.971 176.88 175.835 174.79 170.61 166.429 161.204 159.113 155.978 155.978
152.843 152.843 150.752 149.707 149.707 148.662 147.617 146.572 144.482 141.346
138.211 138.211 135.076 130.895 129.85 128.805 126.715 126.715 124.624 123.579]
```

① 本例中 $E(y_0|x_0)$ 的 95% 置信区间(141.839 3,145.046 7)可这样理解：设现有同类企业 km 个，其月产量均为 51 台，第 i 组 k 个企业，单位成本为 $y_{i1}, y_{i2}, \cdots, y_{ik}$，平均单位成本 $\bar{y}_{i\cdot} = \frac{1}{k}\sum_{j=1}^{k} y_{ij}, i=1,2,\cdots,m$，则当 k 和 m 充分大时，在 m 个平均单位成本 $\bar{y}_{1\cdot}, \bar{y}_{2\cdot}, \cdots, \bar{y}_{m\cdot}$ 中大约有 95% 落在(141.839 3,145.046 7)区间中，与利用 Python 计算的值稍有差异，忽略即可。

```
#单点预测值：
x0 = 51 #要预测的点
pre_y0 = model.params[0] + model.params[1] * x0
#根据线性模型对给定点的预测值
#求点预测均值置信区间
s = np.sqrt(model.mse_resid) #观察值的估计标准误
x0 = 51 #要预测的点
alpha = 0.05 #显著性水平
pre_y0 = model.params[0] + model.params[1] * x0
#根据线性模型对给定点的预测值
d = s * np.sqrt(1/len(X) + (x0 - np.mean(X.x)) * * 2/(len(X) * np.var(X.x))) * t.isf(alpha/2,len(X) - 2) #预测区间误差限
c1 =  pre_y0 - d #预测区间下限
c2 =  pre_y0 + d #预测区间上限
print(c1.round(3),c2.round(3)) #打印均值预测区间下限、上限,取3位有效数字
out:
141.833 145.04
```

6.4.2　观测值 y_0 的预测区间

当 $x=x_0$ 时,仍然用 $\hat{y}_0$ 作为 y_0 的预测值,因为 (x_0,y_0) 是将要做的一次独立试验的结果,故 $y_0,y_1,y_2,\cdots,y_n$ 相互独立,而 $\hat{y}_0$ 是 $y_1,y_2,\cdots,y_n$ 的线性组合,故 y_0、$\hat{y}_0$ 相互独立。于是由式(6.4.1)和式(6.4.3)得

$$y_0-\hat{y}_0\sim N\left(0,\left(1+\frac{1}{n}+\frac{(x_0-\bar{x})^2}{S_{xx}}\right)\sigma^2\right)$$

$$\frac{y_0-\hat{y}_0}{\sigma\sqrt{1+\frac{1}{n}+\frac{(x_0-\bar{x})^2}{S_{xx}}}}\sim N(0,1) \tag{6.4.8}$$

则由于 y_0 与 $y_1,y_2,\cdots,y_n$ 独立,从而也与 $\hat{\sigma}^2$ 独立,结合性质 6.2.3 知,y_0、$\hat{y}_0$、s^2 相互独立,故根据式(6.4.5)和式(6.4.8)得

$$\frac{y_0-\hat{y}_0}{s\sqrt{1+\frac{1}{n}+\frac{(x_0-\bar{x})^2}{S_{xx}}}}\sim t(n-2)$$

于是对于给定的置信度 $1-\alpha$ 有

$$P\left(\left|\frac{y_0-\hat{y}_0}{s\sqrt{1+\frac{1}{n}+\frac{(x_0-\bar{x})^2}{S_{xx}}}}\right|<t_{1-\frac{\alpha}{2}}(n-2)\right)=1-\alpha$$

从而得 y_0 的 $100(1-\alpha)\%$ 预测区间为

$$\hat{y}_0-s\sqrt{1+\frac{1}{n}+\frac{(x_0-\bar{x})^2}{S_{xx}}}\cdot t_{1-\frac{\alpha}{2}}(n-2)<y_0 \\ <\hat{y}_0+s\sqrt{1+\frac{1}{n}+\frac{(x_0-\bar{x})^2}{S_{xx}}}\cdot t_{1-\frac{\alpha}{2}}(n-2) \tag{6.4.9}$$

例 6.4.2 在例 6.1.1 中，现有某个企业计划其下月产量为 51 台，求该企业下月的单位成本的 95%预测区间。

解 类似于例 6.4.1 得

$$s\sqrt{1+\frac{1}{n}+\frac{(x_0-\bar{x})^2}{S_{xx}}}\cdot t_{0.975}(28) \\ =\sqrt{16.630}\times\sqrt{1+\frac{1}{30}+\frac{(51-45.9)^2}{7\,380.7}}\times 2.048\,4=8.505\,9$$

根据式(6.4.9)得，单位成本 y_0 的 95%预测区间为(134.937 1,151.948 9)[①]。

本例可利用 Python 求解，程序(接例 6.4.1 中的程序)如下。

```
wls_prediction_std(model,[1,51],alpha = 0.05) #点预测区间
s,c1,c2 = wls_prediction_std(model,[1,51],alpha = 0.05)
#点预测区间,s是估计标准误
print(c1,c2)#点预测的下限、上限
out:
[134.93061162] [151.94252147]
#尝试Python编程如下:
s = np.sqrt(model.mse_resid) #观察值的估计标准误差
x0 = 51 #要预测的点
alpha = 0.05 #显著性水平
pre_y0 = model.params[0] + model.params[1]*x0 #根据线性模型对给定点的预测值
d = s*np.sqrt(1+1/len(X)+(x0-np.mean(X.x))**2/(len(X)*np.var(X.x)))*
t.isf(alpha/2,len(X)-2) #预测区间误差限
c1 =  pre_y0 - d #预测区间下限
c2 =  pre_y0 + d #预测区间上限
print(c1.round(3),c2.round(3)) #打印点预测区间下限、上限,取3位有效数字
out:
134.931 151.943
```

例 6.4.3 表 6.4.1 列出在不同质量下 6 根弹簧的长度。

表 6.4.1 不同质量下 6 根弹簧的长度

质量 x/g	5	10	15	20	25	30
长度 y/cm	7.25	8.12	8.95	9.90	10.9	11.8

① 本例中，y_0 的 95%预测区间为(134.937 1,151.948 9)可这样理解：设现有 m 个同类企业，其月产量均为 51 台，相应的单位成本为 $y_1,y_2,\cdots,y_m$，则当 m 充分大时，在 m 个单位成本中大约有 95%落在(134.937 1,151.948 9)区间中，与利用 Python 计算的值稍有差异，忽略即可。

(1) 将这 6 组观察值标在坐标纸上,观察长度关于质量的散点图是否可以线性拟合;
(2) 求回归方程;
(3) 对线性方程进行显著性检验;
(4) 试在 $x=16$ 时作出 y 的 95%的预测区间;
(5) 试在 $x=16$ 时作出预测点的均值 95%的预测区间。

解: (1) 将这 6 对观察值标在坐标纸上,如图 6.4.1 所示。

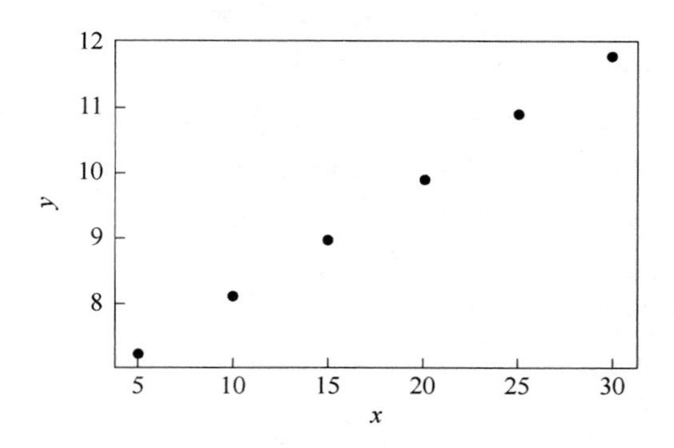

图 6.4.1　弹簧长度与重物质量关系散点图

本例可利用 Python 求解,程序如下。

```
%matplotlib inline
import matplotlib.pyplot as plt
X = pd.read_csv('D://book2021/data6_4_3.csv')
y = X.y
x = X.x
plt.scatter(x,y)
plt.xlabel('x')
plt.ylabel('y')
plt.show() # 输出图形如图 6.4.1 所示
```

(2) 求回归方程。

根据题意计算得

$$S_{xx}=\sum_{i=1}^{n}(x_i-\overline{x})^2=437.5$$

$$S_{xy}=\sum_{i=1}^{n}(x_i-\overline{x})(y_i-\overline{y})=80.1$$

$$S_{yy}=\sum_{i=1}^{n}(y_i-\overline{y})^2=14.678\,333$$

$$\hat{b}=\frac{S_{xy}}{S_{xx}}=0.183\,1$$

$$\hat{a}=\overline{y}-\hat{b}\,\overline{x}=6.282\,67$$

$$\hat{\sigma}^2=\frac{S_{yy}-\hat{b}^2\times S_{xx}}{n-2}=0.003\,291\,9$$

$$\hat{\sigma} = 0.0573751$$

回归方程为

$$\hat{y}=6.28267+0.1831x$$

本例可利用 Python 求解,程序如下。

```
#第 6 章一元回归分析 例 6.4.3
import pandas as pd #在回归分析中使用频率非常高
import numpy as np #在回归分析中使用频率有所下降
from statsmodels.formula.api import ols
#这是回归分析必需的模块,当然还有其他模块支持回归分析,如 ML 库
from statsmodels.stats.anova import anova_lm #方差分析必需的模块
from scipy.stats import f,t,chi2,norm #从 scipy 库中导入各种分布
from statsmodels.sandbox.regression.predstd import wls_prediction_std #预测模块
X = pd.read_csv("D://book2021/data6_4_3.csv") #读取.csv 数据
model = ols('y ~ x',X).fit() #回归拟合的基本模型
print(model.summary())
#输出结果如下:
                            OLS Regression Results
==============================================================================
Dep. Variable:                      y   R-squared:                       0.999
Model:                            OLS   Adj. R-squared:                  0.999
Method:                 Least Squares   F-statistic:                     4455.
Date:                Sun, 31 Jan 2021   Prob (F-statistic):           3.02e-07
Time:                        11:44:07   Log-Likelihood:                 9.8516
No. Observations:                   6   AIC:                            -15.70
Df Residuals:                       4   BIC:                            -16.12
Df Model:                           1
Covariance Type:            nonrobust
==============================================================================
                 coef    std err          t      P>|t|      [0.025      0.975]
------------------------------------------------------------------------------
Intercept      6.2827      0.053    117.624      0.000       6.134       6.431
x              0.1831      0.003     66.745      0.000       0.175       0.191
==============================================================================
Omnibus:                          nan   Durbin-Watson:                   1.363
Prob(Omnibus):                    nan   Jarque-Bera (JB):                0.680
Skew:                          -0.583   Prob(JB):                        0.712
Kurtosis:                       1.833   Cond. No.                         44.5
==============================================================================

Warnings:
[1] Standard Errors assume that the covariance matrix of the errors is correctly specified.
```

(3) 对线性方程进行显著性检验。

方法一,F 检验法。

$$H_0:\text{线性关系不显著},\ H_1:\text{线性关系显著}$$

$$S_{yy} = \sum_{i=1}^{n} y_i^2 - \frac{1}{n}\left(\sum_{i=1}^{n} y_i\right)^2 = 14.678333333333342$$

$$S_{xx} = 437.5$$

$$S_R^2 = \sum_{i=1}^{n} (\hat{y}_i - \overline{y})^2 = \sum_{i=1}^{n} (\hat{a} + \hat{b}x_i - \overline{y})^2$$
$$= \sum_{i=1}^{n} [(\overline{y} - \hat{b}\overline{x} + \hat{b}x_i) - \overline{y}]^2$$
$$= \hat{b}^2 \sum_{i=1}^{n} (x_i - \overline{x})^2 = \hat{b}^2 S_{xx}$$
$$= 14.6652$$
$$S_e^2 = S_{yy} - S_R^2 = 0.01317$$
$$F = \frac{S_R^2}{S_e^2}(n-2) = \frac{14.6652}{0.01317} \times 4 = 4454.123$$

根据显著性水平 $\alpha=0.05$ 查表得

$$F_{0.05}(1,4) = 7.71$$

$F > F_{0.05}(1,4)$，拒绝原假设，弹簧长度和重物质量的线性关系显著。

利用 Python 求解，程序如下。

```
print(anova_lm(model))
print('F = {:.4F}'.format(anova_lm(model).F[0]))
out:
          df      sum_sq     mean_sq            F        PR(>F)
x         1.0     14.665166  14.665166  4454.917981  3.018716e-7
Residual  4.0     0.013168   0.003292           NaN          NaN
F = 4454.9180
```

容易看出 F 非常大，p 非常小，因此拒绝原假设，认为线性关系显著。

方法二，t 检验法。

$$H_0: b=0, H_1: b \neq 0$$

先计算

$$s_{\hat{b}} = \sqrt{\hat{\sigma}^2 / S_{xx}} = 0.0027435$$

$$t = \frac{\hat{b}}{s_{\hat{b}}} = \frac{0.1831}{0.0027435} = 66.7396$$

根据显著水平 $\alpha=0.05$ 查表得

$$t_{0.025}(4) = 2.7764$$

$$t > t_{0.025}(4)$$

所以拒绝原假设，即弹簧长度和重物质量的线性关系显著。与方法一得出的结论相同。事实上二者存在平方关系，即 $F=t^2$。

利用 Python 求解，程序如下。

```
X = pd.read_csv("D://book2021/data6_4_3.csv") #读取.csv 数据
model = ols('y ~ x',X).fit() #回归拟合的基本模型
print(model.summary()) #打印回归分析结果
OUT:
                            OLS Regression Results
==============================================================================
Dep. Variable:                      y   R-squared:                       0.999
Model:                            OLS   Adj. R-squared:                  0.999
Method:                 Least Squares   F-statistic:                     4455.
Date:                Sun, 31 Jan 2021   Prob (F-statistic):           3.02e-07
Time:                        16:00:10   Log-Likelihood:                 9.8516
No. Observations:                   6   AIC:                            -15.70
Df Residuals:                       4   BIC:                            -16.12
Df Model:                           1
Covariance Type:            nonrobust
==============================================================================
                 coef    std err          t      P>|t|      [0.025      0.975]
------------------------------------------------------------------------------
Intercept      6.2827      0.053    117.624      0.000       6.134       6.431
x              0.1831      0.003     66.745      0.000       0.175       0.191
==============================================================================
Omnibus:                          nan   Durbin-Watson:                   1.363
Prob(Omnibus):                    nan   Jarque-Bera (JB):                0.680
Skew:                          -0.583   Prob(JB):                        0.712
Kurtosis:                       1.833   Cond. No.                         44.5
==============================================================================
```

从打印结果的 t 及 p 都可以拒绝原假设，认为线性关系显著。

（4）试在 $x=16$ 时作出 y 的 95％的预测区间。

置信下限：

$$\hat{y}|_{x=x_0}-t_{\alpha/2}(n-2)\hat{\sigma}\sqrt{1+\frac{1}{n}+\frac{(x_0-\bar{x})^2}{S_{xx}}}=9.04$$

置信上限：

$$\hat{y}|_{x=x_0}+t_{\alpha/2}(n-2)\hat{\sigma}\sqrt{1+\frac{1}{n}+\frac{(x_0-\bar{x})^2}{S_{xx}}}=9.384$$

利用 Python 求解，程序如下。

```
s = np.sqrt(model.mse_resid) #观察值的估计标准误差
x0 = 16 #要预测的点
alpha = 0.05 #显著性水平
pre_y0 = model.params[0] + model.params[1] * x0 #根据线性模型对给定点的预测值
d = s * np.sqrt(1 + 1/len(X) + (x0 - np.mean(X.x)) * * 2/(len(X) * np.var(X.x))) *
t.isf(alpha/2,len(X) - 2) #预测区间误差限
c1 =  pre_y0 - d #预测区间下限
c2 =  pre_y0 + d #预测区间上限
print(c1.round(3),c2.round(3)) #打印点预测区间下限、上限，取 3 位有效数字
out:
9.04 9.384
```

调用现有模块，程序如下。

```
x0 = 16
s,c1,c2 = wls_prediction_std(model,[1,x0],alpha = 0.05)
#点预测区间,s是估计标准误
print(c1.round(3),c2.round(3))#点预测的下限、上限
out:
[9.04] [9.384]
```

(5) 试在 $x=16$ 时作出预测点的均值 95% 的预测区间

置信下限：

$$\hat{y}|_{x=x_0}-t_{\alpha/2}(n-2)\hat{\sigma}\sqrt{\frac{1}{n}+\frac{(x_0-\bar{x})^2}{S_{xx}}}=9.146$$

置信上限：

$$\hat{y}|_{x=x_0}+t_{\alpha/2}(n-2)\hat{\sigma}\sqrt{\frac{1}{n}+\frac{(x_0-\bar{x})^2}{S_{xx}}}=9.278$$

利用 Python 求解，程序如下。

```
s = np.sqrt(model.mse_resid) #观察值的估计标准误差
x0 = 16 #要预测的点
alpha = 0.05 #显著性水平
pre_y0 = model.params[0] + model.params[1] * x0 #根据线性模型对给定点的预测值
d = s * np.sqrt(1/len(X) + (x0 - np.mean(X.x)) * * 2/(len(X) * np.var(X.x))) * t.
isf(alpha/2,len(X) - 2) #预测区间误差限
c1 =  pre_y0 - d #预测区间下限
c2 =  pre_y0 + d #预测区间上限
print(c1.round(3),c2.round(3)) #打印预测区间下限、上限,取3位有效数字
out:
9.146 9.278
```

6.4.3　几点说明

(1) 预测区间与置信区间意义相似，只是后者对未知参数而言，前者是对随机变量而言。

(2) 对应于已知的 x_0、y_0 的均值 $E(y_0|x_0)$ 的预测精度要比对 y_0 的预测精度要高。这是因为在置信度相同的情况下，由式(6.4.7)和式(6.4.9)易见，$E(y_0|x_0)$ 的置信区间比 y_0 的预测区间更窄。这可以用图 6.4.2 来解释。

(3) 由式(6.4.7)和式(6.4.9)易见，当 x_0 越靠近 $\bar{x}$ 时，预测精度越高；反之，精度越差。如果 $x_0\in(\min\limits_{1\leqslant i\leqslant n}\{x_i\},\max\limits_{1\leqslant i\leqslant n}\{x_i\})$，即 x_0 在样本数据值域之内，这样的预测称为内插预测；如果 $x_0\notin(\min\limits_{1\leqslant i\leqslant n}\{x_i\},\max\limits_{1\leqslant i\leqslant n}\{x_i\})$，即 x_0 在样本数据值域之外，这样的预测就称为外推预测。由于在样本数据值域以外，变量之间的线性关系可能发生变化，如图 6.4.3 所示，故外推预测具有一定的风险，而内插预测利用的是经过检验的模型，故相对可靠。

(4) 自变量的样本数据 $x_1,x_2,\cdots,x_n$ 越分散，即离差平方和 $S_{xx}=\sum\limits_{i=1}^{n}(x_i-\bar{x})^2$ 越大，则预测精度越高。因此，若 x 是可控制的，选出诸 x_i 时应使 S_{xx} 尽量大，以提高预测精度。

$E(y_0|x_0)$ 的置信区间和 y_0 的预测区间都是在线性回归模型假定式(6.1.2)和式(6.1.3)

成立的前提下推导出来的。关于模型正确与否可利用残差图、有重复观察数据的模型检验等方法来判断，本书不再赘述。

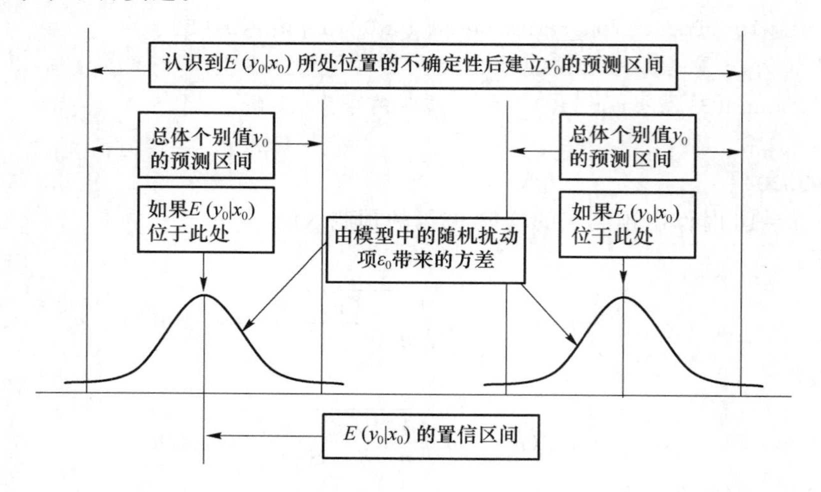

图 6.4.2　各种区间示意图

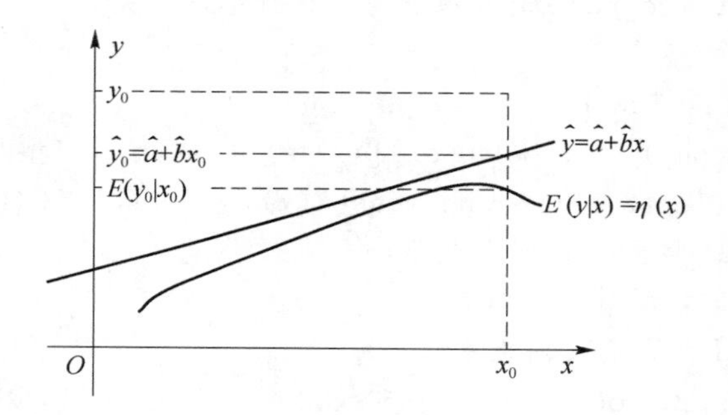

图 6.4.3　样本观测值、预测值及置信区域之间的关系

6.5　可化为线性回归的非线性回归模型

本节思维导图

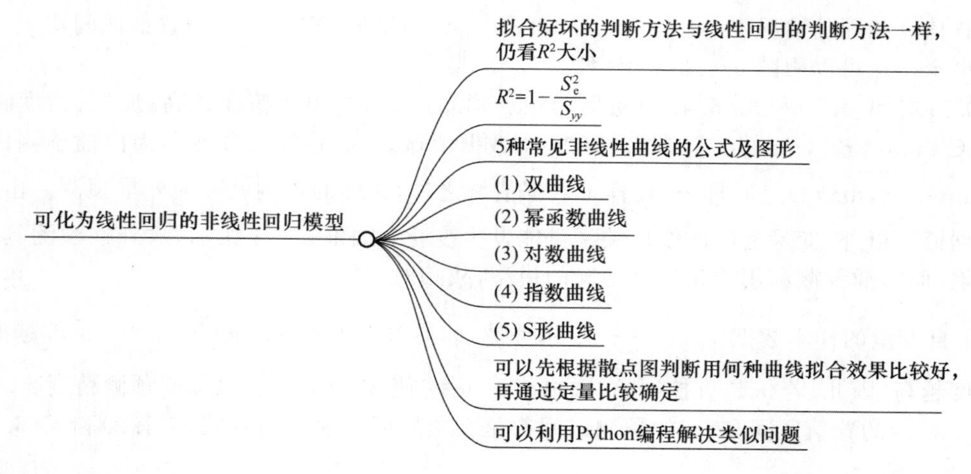

前几节讨论了两变量之间的内在关系为线性关系时，如何拟合回归直线。但是，在实际中有时两变量之间的内在关系是非线性关系。即 $E(y|x)=f(x;\theta_1,\theta_2)$ 是非线性的。一般地，确定两变量之间的函数关系通常有两种方法：一种方法是根据专业知识，通过理论推导或根据经验来确定函数类型，例如，在细菌培养实验中，每一时刻的细菌总量 y 与时间 x 有指数关系，即 $y=ae^{bx}$；另一种方法是在根据理论和经验无法推知 x 和 y 间函数类型的情况下，只能根据试验数据选取恰当类型的函数曲线来拟合。在拟合曲线时，最好用不同函数类型计算后进行比较。希望所拟合的 $\hat{y}=f(x;\hat{\theta}_1,\hat{\theta}_2)$ 曲线与观测数据 (x_i,y_i)，$i=1,2,\cdots,n$ 拟合较好，通常用残差平方和

$$S_e^2=\sum_{i=1}^{n}(\hat{y}_i-y_i)^2 \tag{6.5.1}$$

或相关指数

$$R^2=1-\frac{\sum_{i=1}^{n}(\hat{y}_i-y_i)^2}{\sum_{i=1}^{n}(y_i-\bar{y})^2}=1-\frac{S_e^2}{S_{yy}} \tag{6.5.2}$$

衡量拟合曲线的好坏，其中 $\hat{y}_i=f(x_i;\hat{\theta}_1,\hat{\theta}_2)$，且 S_e^2 越小或 R^2 越大，表明拟合效果越好。

在某些情况下，针对所选取的函数，可以通过适当的变换，将变量间的关系式化为线性形式，举例如下。

(1) 双曲线 $\frac{1}{y}=a+\frac{b}{x}+\varepsilon$，$\varepsilon\sim N(0,\sigma^2)$，如图 6.5.1 所示。

令

$$y'=\frac{1}{y},\quad x'=\frac{1}{x}$$

则

$$y'=a+bx'+\varepsilon,\quad \varepsilon\sim N(0,\sigma^2)$$

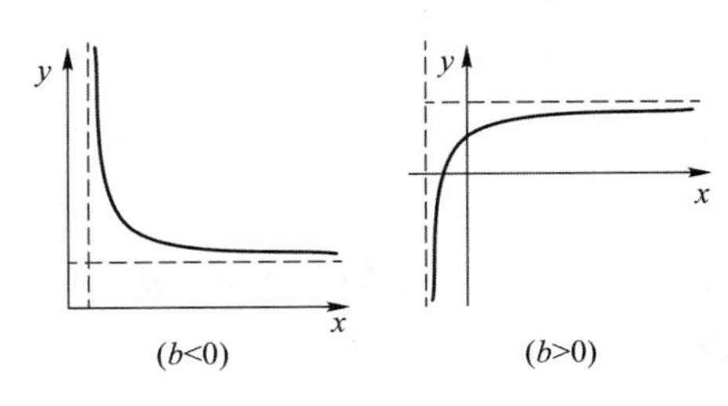

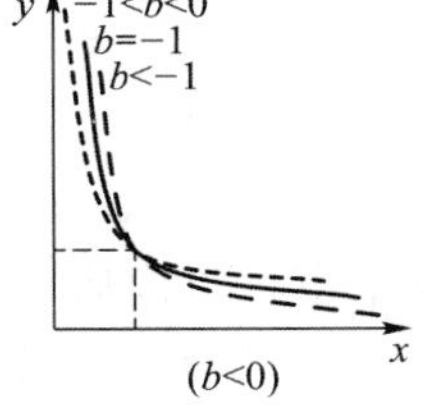

y
b>1
b=1
0<b<1
x
(b>0)

图 6.5.1　双曲线

图 6.5.2　幂函数曲线

(2) 幂函数曲线 $y=dx^b\varepsilon$，$\ln\varepsilon\sim N(0,\sigma^2)$，如图 6.5.2 所示。

令

$$y'=\ln y,\quad x'=\ln x,\quad a=\ln d,\quad \varepsilon'=\ln\varepsilon$$

则

$$y'=a+bx'+\varepsilon',\quad \varepsilon'\sim N(0,\sigma^2)$$

(3) 对数曲线 $y=a+b\ln x+\varepsilon$，$\varepsilon\sim N(0,\sigma^2)$，如图 6.5.3 所示。

令

$$x'=\ln x$$

则

$$y=a+bx'+\varepsilon,\quad \varepsilon\sim N(0,\sigma^2)$$

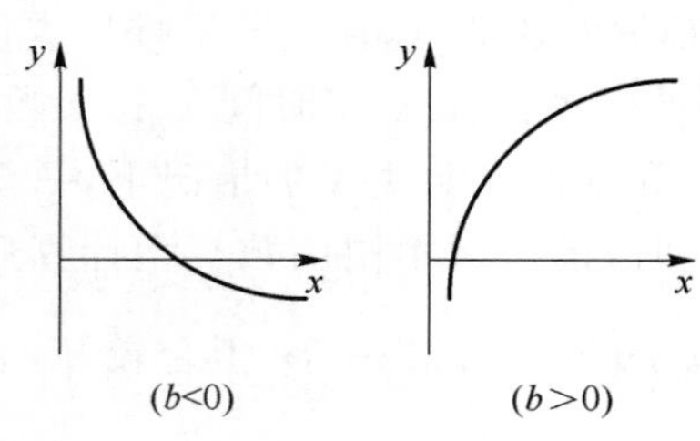

图 6.5.3 对数曲线

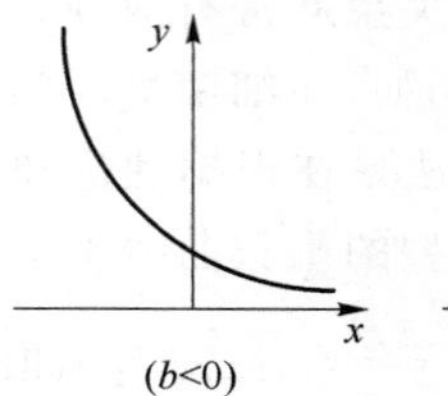

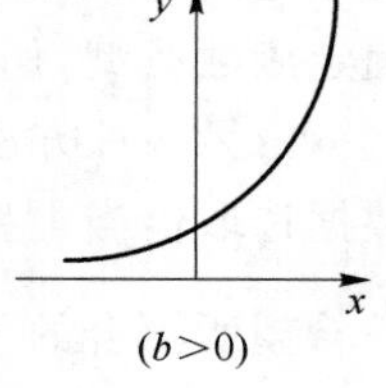

图 6.5.4 指数曲线

(4) 指数曲线 $y=de^{bx}\varepsilon$，$\ln\varepsilon\sim N(0,\sigma^2)$，如图 6.5.4 所示。

令

$$y'=\ln y,\quad a=\ln d,\quad \varepsilon'=\ln\varepsilon$$

则

$$y'=a+bx+\varepsilon',\quad \varepsilon'\sim N(0,\sigma^2)$$

(5) S 形曲线 $y=\dfrac{1}{a+be^{-x}+\varepsilon}$，$\varepsilon\sim N(0,\sigma^2)$，如图 6.5.5 所示。

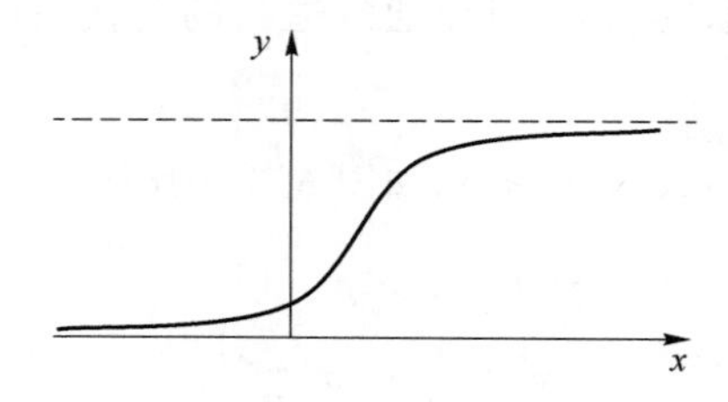

图 6.5.5 S 形曲线

令

$$y'=\frac{1}{y},\quad x'=e^{-x}$$

则

$$y'=a+bx'+\varepsilon,\quad \varepsilon\sim N(0,\sigma^2)$$

例 6.5.1 为了考察某市百货商店的销售额 x 与流通费用率 y 之间的关系，表 6.5.1 列出了该市 9 个商店的销售额与流通费用率的统计资料，求 y 关于 x 的回归方程。

表 6.5.1 销售额与流通费用率数据

商店编号	1	2	3	4	5	6	7	8	9
销售额 x/万元	1.5	4.5	7.5	6.5	15.5	16.5	19.5	22.5	25.5
流通费用率 y/%	7.0	4.8	3.6	3.1	2.7	2.5	2.4	2.3	2.2

解 作散点图，如图 6.5.6 所示。从图中可以看出，y 随 x 的增加而减少，它们之间大致呈双曲函数关系或幂函数关系。

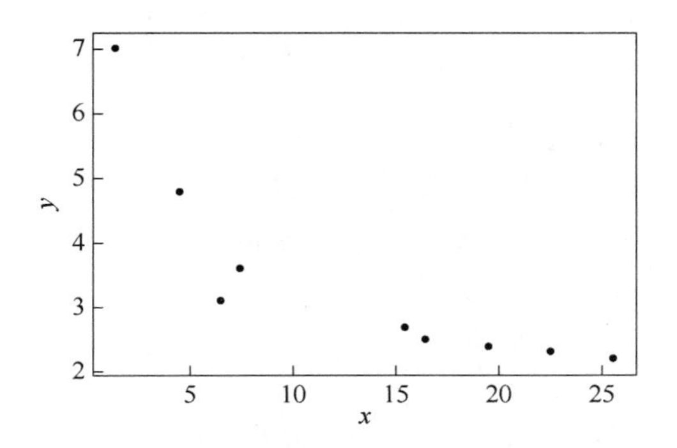

图 6.5.6　销售额与流通费用率散点图

先考察双曲线关系，即

$$y=a+\frac{b}{x}$$

令

$$y'=y,\quad x'=\frac{1}{x}$$

则上式可写成 $y'=a+bx'$，这是线性回归方程，从而可用最小二乘法估计 a 和 b，经计算得

$$\overline{x}'=0.159\,57,\quad \overline{y}'=3.4,\quad S_{x'x'}=0.320\,09,\quad S_{x'y'}=2.444\,69$$

从而

$$\hat{b}=\frac{S_{x'y'}}{S_{x'x'}}=7.637\,5,\quad \hat{a}=\overline{y}'-\hat{b}\overline{x}'=2.181\,3$$

于是得回归方程

$$y'=2.181\,3+7.637\,5x' \tag{6.5.3}$$

本例可利用 Python 求解，程序如下。

```
第一步，作散点图
#第 6 章一元回归分析 例 6.5.1
%matplotlib inline
import matplotlib.pyplot as plt
import pandas as pd #在回归分析中使用频率非常高
import numpy as np #在回归分析中使用频率有所下降
from statsmodels.formula.api import ols
#这是回归分析必需的模块，当然还有其他模块支持回归分析，如 ML 库。
from statsmodels.stats.anova import anova_lm #方差分析必需的模块
from scipy.stats import f,t,chi2,norm #从 scipy 库中导入各种分布
from statsmodels.sandbox.regression.predstd import wls_prediction_std
#预测模块
X = pd.read_csv("D://book2021/data6_5_1.csv") #读取.csv 数据
# model = ols('y ~ x',X).fit() #回归拟合的基本模型
# print(model.summary())#打印回归分析结果
fig = plt.figure(figsize = (12,8))#设置图形大小
```

```
x = X.x
y = X.y
plt.scatter(x,y) # 作散点图
plt.xlabel('x',fontsize = 15)# 设置 x 轴图标
plt.ylabel('y',fontsize = 15)# 设置 y 轴图标
plt.show() # 图形输出如图 6.5.6 所示
# 第二步,求倒数变形后的回归方程
x1 = 1/x
model = ols('y ~ x1',X).fit() # 回归拟合的基本模型
print(model.summary())# 打印回归分析结果
print(model.params) # 打印回归系数
                            OLS Regression Results
==============================================================================
Dep. Variable:                      y   R-squared:                       0.934
Model:                            OLS   Adj. R-squared:                  0.924
Method:                 Least Squares   F-statistic:                     98.38
Date:                Sun, 31 Jan 2021   Prob (F-statistic):           2.26e-05
Time:                        17:25:28   Log-Likelihood:                -4.1614
No. Observations:                   9   AIC:                             12.32
Df Residuals:                       7   BIC:                             12.72
Df Model:                           1
Covariance Type:            nonrobust
==============================================================================
                 coef    std err          t      P>|t|      [0.025      0.975]
------------------------------------------------------------------------------
Intercept      2.1813      0.190     11.467      0.000       1.731       2.631
x1             7.6376      0.770      9.918      0.000       5.817       9.458
==============================================================================
Omnibus:                        9.210   Durbin-Watson:                   1.690
Prob(Omnibus):                  0.010   Jarque-Bera (JB):                3.709
Skew:                           1.505   Prob(JB):                        0.157
Kurtosis:                       3.908   Cond. No.                         5.44
==============================================================================

Warnings:
[1] Standard Errors assume that the covariance matrix of the errors is correctly specified.
Intercept    2.181274
x1           7.637551
dtype: float64
```

即

$$y' = 2.1813 + 7.6375x'$$

或

$$y = 2.1813 + 7.6375/x$$

经检验,在显著性水平 $\alpha = 0.05$ 下,回归方程(6.5.3) 的线性关系显著,根据回归方程计算对应于各 x_i 的回归值 $\hat{y}_i = \dfrac{1}{\hat{y}'_i}$、残差 $e_i = y_i - \hat{y}_i$ 以及残差平方和 $\sum_{i=1}^{n} e_i^2$,具体数据如表 6.5.2 所示。

从表 6.5.2 中可以看出,残差平方和 $S_e^2 \approx 1.328$,总平方和 $S_{yy} = 20$,相关指数为 $R^2 = 1 - \dfrac{1.3286}{20} = 0.934$。另外,销售额与流通费用率的简单相关系数的平方为 0.753 4,因此两者是不同的。

表 6.5.2　残差平方和计算数据表

编号	x_i	y_i	$\frac{7.6375}{x_i}$	$\hat{y}'_i$	$e_i=y_i-\hat{y}_i$	e_i^2
1	1.5	7.0	5.091 667	7.273	0.273	0.074 529
2	4.5	4.8	1.697 222	3.878 5	−0.921 5	0.849 162
3	7.5	3.6	1.018 333	3.199 6	−0.400 4	0.160 320
4	6.5	3.1	1.175 000	3.356 3	0.256 3	0.065 690
5	15.5	2.7	0.492 742	2.674 0	−0.026	0.000 676
6	16.5	2.5	0.462 879	2.644 2	0.144 2	0.020 794
7	19.5	2.4	0.391 667	2.572 9	0.172 9	0.029 894
8	22.5	2.3	0.339 444	2.520 7	0.220 7	0.048 708
9	25.5	2.2	0.299 510	2.480 80	0.280 8	0.078 849
Σ						1.328 6

可利用 Python 求解，程序如下。

```
print(model.rsquared)
out:0.9597335787529462
```

再考察 x 与 y 之间的幂函数关系 $y=ax^b$，得回归方程 $y=8.076x^{-0.4098}$，残差平方和 $S_e^2=0.0488$，相关指数 $R^2=0.960$。

可利用 Python 求解，程序如下。

```
x2 = np.log(x)
y2 = np.log(y)
model = ols('y2 ~ x2',X).fit() # 回归拟合的基本模型
print(model.summary())# 打印回归分析结果
print(model.params) # 打印回归系数
out:
                            OLS Regression Results
==============================================================================
Dep. Variable:                     y2   R-squared:                       0.960
Model:                            OLS   Adj. R-squared:                  0.954
Method:                 Least Squares   F-statistic:                     166.8
Date:                Sun, 31 Jan 2021   Prob (F-statistic):           3.87e-06
Time:                        17:39:20   Log-Likelihood:                 10.707
No. Observations:                   9   AIC:                            -17.41
Df Residuals:                       7   BIC:                            -17.02
Df Model:                           1
Covariance Type:            nonrobust
==============================================================================
                 coef    std err          t      P>|t|      [0.025      0.975]
------------------------------------------------------------------------------
Intercept      2.0889      0.078     26.791      0.000       1.905       2.273
x2            -0.4098      0.032    -12.917      0.000      -0.485      -0.335
==============================================================================
Omnibus:                       14.231   Durbin-Watson:                   2.172
Prob(Omnibus):                  0.001   Jarque-Bera (JB):                6.147
Skew:                          -1.664   Prob(JB):                       0.0463
Kurtosis:                       5.307   Cond. No.                         7.90
==============================================================================
```

```
Warnings:
[1] Standard Errors assume that the covariance matrix of the errors is correctly specified.
Intercept     2.088930
x2           -0.409771
dtype: float64
```

把回归方程截距 2.088 9 代入原方程计算 a。

```
a = np.exp(model.params[0])
a
out:
  8.0763
```

写出回归方程：

$$y=8.0763x^{-0.4098}$$

因此，拟合幂函数曲线比拟合双曲线的实际效果要好。另外，在对 y 进行预测时，可先对 y' 进行预测，再将 y' 的预测区间变换到 y 的区间。

6.6 多元回归分析简介

本节思维导图

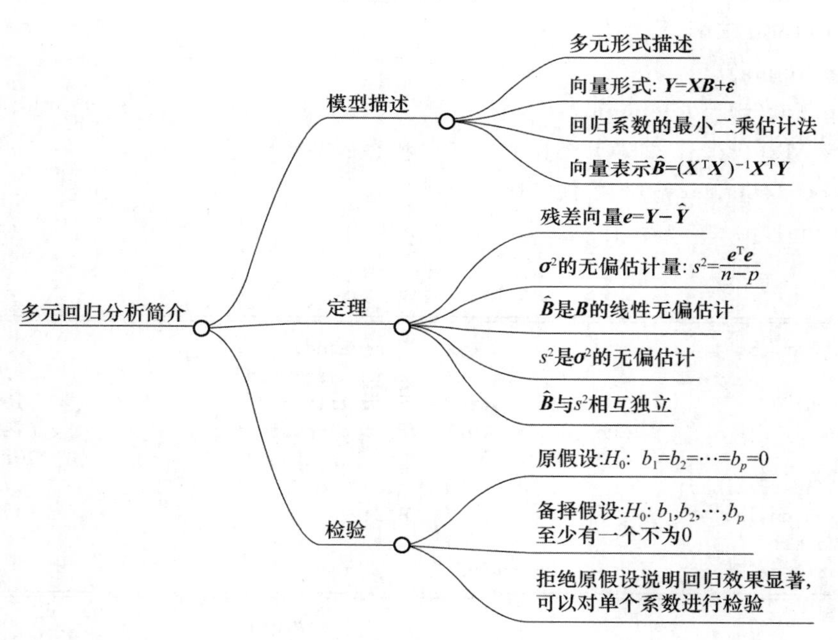

在实际问题中，影响一个量 y（称为因变量）的因素（称为自变量）往往有多个。例如：影响化工产品产出率的因素有反应温度、反应时间等；影响一种商品销售量的因素有人均年收入、该产品的价格、相关商品的价格等。我们把研究一个因变量与多个自变量之间相随变动的定量关系问题称为多元回归问题。通常考虑因变量关于自变量的线性关系，即多元线性回归问题。虽然多元回归比一元回归应用更广泛、方法更复杂，但其基本原理与一元回归类似，因而可看作一元回归分析的一种扩展。前几节中讨论一元回归分析的很多方法和概念对于多元回归问题仍然适用,但在计算和理论上较复杂一些。为此需要利用矩阵这一代数工具,使得叙述更方便,公式表达更简洁。本节并不打算对多元回归的理论方法等作详细介绍,只是对多元回归的模型和参数估计问题作一简单介绍。

本节考虑有 p 个自变量 $x_1,x_2,\cdots,x_n$ 的情形。多元线性回归模型为

$$y=b_0+b_1x_1+\cdots+b_px_p+\varepsilon,\quad \varepsilon\sim N(0,\sigma^2) \tag{6.6.1}$$

同时假定自变量是可控制的,即可视为非随机变量,其中,$b_1,b_2,\cdots,b_p$ 分别称为 y 对 $x_1,x_2,\cdots,x_p$ 的回归系数,ε 仍为随机干扰项。

现设对 $x_1,x_2,\cdots,x_p$ 和 y 进行了 n 次观察,得到 n 对观察值$(x_{i1},x_{i2},\cdots,x_{ip},y_i)$,$i=1,2,\cdots,n$,$\varepsilon_1,\varepsilon_2,\cdots,\varepsilon_n$ 是相应的随机误差,则基于样本的多元线性回归模型为

$$y_i=b_0+b_1x_{i1}+\cdots+b_px_{ip}+\varepsilon_i,\quad i=1,2,\cdots,n \tag{6.6.2}$$

并假定 $\varepsilon_1,\varepsilon_2,\cdots,\varepsilon_n$ 相互独立,且服从正态分布 $N(0,\sigma^2)$。令

$$\boldsymbol{Y}=\begin{pmatrix}y_1\\y_2\\\vdots\\y_n\end{pmatrix},\quad \boldsymbol{\varepsilon}=\begin{pmatrix}\varepsilon_1\\\varepsilon_2\\\vdots\\\varepsilon_n\end{pmatrix},\quad \boldsymbol{B}=\begin{pmatrix}b_0\\b_1\\\vdots\\b_p\end{pmatrix},\quad \boldsymbol{X}=\begin{pmatrix}1&x_{11}&\cdots&x_{1p}\\1&x_{21}&\cdots&x_{2p}\\\vdots&\vdots&&\vdots\\1&x_{n1}&\cdots&x_{np}\end{pmatrix}$$

则模型(6.6.2)可简写成

$$\boldsymbol{Y}=\boldsymbol{XB}+\boldsymbol{\varepsilon} \tag{6.6.3}$$

和一元回归分析一样,我们要根据观察所得数据 $b_0,b_1,b_2,\cdots,b_p,\sigma^2$ 进行估计。令

$$Q(b_0,b_1,\cdots,b_p)=\sum_{i=1}^{n}(y_i-(b_0+b_1x_{i1}+\cdots+b_px_{ip}))^2=\sum_{i=1}^{n}\varepsilon_i^2$$

则 $b_0,b_1,\cdots,b_p$ 的最小二乘估计 $\hat{b}_0,\hat{b}_1,\cdots,\hat{b}_p$ 应满足

$$Q(\hat{b}_0,\hat{b}_1,\cdots,\hat{b}_p)=\min_{b_0,b_1,\cdots,b_p}\{Q(b_0,b_1,\cdots,b_p)\}$$

即求 $b_0,b_1,\cdots,b_p$ 使 $Q(b_0,b_1,\cdots,b_p)$ 达到最小,为此令

$$\frac{\partial Q}{\partial b_j}=0,\quad j=0,1,2,\cdots,p$$

得

$$\begin{cases}-2\sum_{i=1}^{n}(y_i-(b_0+b_1x_{i1}+\cdots+b_px_{ip}))=0\\-2\sum_{i=1}^{n}(y_i-(b_0+b_1x_{i1}+\cdots+b_px_{ip}))x_{ij}=0,\quad j=1,2,\cdots,p\end{cases} \tag{6.6.4}$$

这 $p+1$ 个方程称为正规方程。

将式(6.6.4)进行整理,并用矩阵表示,即为

$$(\boldsymbol{X}^{\mathrm{T}}\boldsymbol{X})\boldsymbol{B}=\boldsymbol{X}^{\mathrm{T}}\boldsymbol{Y} \tag{6.6.5}$$

假定 $\boldsymbol{X}^{\mathrm{T}}\boldsymbol{X}$ 可逆,在式(6.6.5)两边左乘 $(\boldsymbol{X}^{\mathrm{T}}\boldsymbol{X})^{-1}$ 可得 $\boldsymbol{B}$ 的最小二乘估计

$$\hat{\boldsymbol{B}}=\begin{pmatrix}\hat{b}_0\\\hat{b}_1\\\vdots\\\hat{b}_p\end{pmatrix}=(\boldsymbol{X}^{\mathrm{T}}\boldsymbol{X})^{-1}\boldsymbol{X}^{\mathrm{T}}\boldsymbol{Y} \tag{6.6.6}$$

称 $\hat{y}_i=\hat{b}_0+\hat{b}_1x_{i1}+\cdots+\hat{b}_px_{ip}, i=1,2,\cdots,n$ 为回归值；称 $e_i=y_i-\hat{y}_i$ 为残差，令

$$\hat{\boldsymbol{Y}}=\begin{pmatrix}\hat{y}_1\\ \hat{y}_2\\ \vdots\\ \hat{y}_n\end{pmatrix}=\boldsymbol{X}\hat{\boldsymbol{B}}=\boldsymbol{X}(\boldsymbol{X}^{\mathrm{T}}\boldsymbol{X})^{-1}\boldsymbol{X}^{\mathrm{T}}\boldsymbol{Y} \tag{6.6.7}$$

$$\boldsymbol{e}=\begin{pmatrix}e_1\\ e_2\\ \vdots\\ e_n\end{pmatrix}=\begin{pmatrix}y_1-\hat{y}_1\\ y_2-\hat{y}_2\\ \vdots\\ y_n-\hat{y}_n\end{pmatrix} \tag{6.6.8}$$

$$=\boldsymbol{Y}-\hat{\boldsymbol{Y}}=\boldsymbol{Y}-\boldsymbol{X}(\boldsymbol{X}^{\mathrm{T}}\boldsymbol{X})^{-1}\boldsymbol{X}^{\mathrm{T}}\boldsymbol{Y}=(\boldsymbol{I}-\boldsymbol{X}(\boldsymbol{X}^{\mathrm{T}}\boldsymbol{X})^{-1}\boldsymbol{X}^{\mathrm{T}})\boldsymbol{Y}$$

$$s^2=\frac{1}{n-p-1}\sum_{i=1}^{n}e_i^2 \tag{6.6.9}$$

与一元线性回归类似，有如下定理。

定理 6.6.1 （1）$\hat{\boldsymbol{B}}$ 是 $\boldsymbol{B}$ 的线性无偏估计。

（2）s^2 是 σ^2 的无偏估计。

（3）$\hat{\boldsymbol{B}}$ 与 s^2 相互独立。

证明 （1）由于 $\varepsilon_1,\varepsilon_2,\cdots,\varepsilon_n$ 相互独立，且服从正态分布 $N(0,\sigma^2)$，因此 $E(\boldsymbol{\varepsilon})=0$，根据式(6.6.3)得

$$E(\boldsymbol{Y})=E(\boldsymbol{XB}+\boldsymbol{\varepsilon})=\boldsymbol{XB}+E(\boldsymbol{\varepsilon})=\boldsymbol{XB}$$

从而得

$$E(\hat{\boldsymbol{B}})=E((\boldsymbol{X}^{\mathrm{T}}\boldsymbol{X})^{-1}\boldsymbol{X}^{\mathrm{T}}\boldsymbol{Y})=(\boldsymbol{X}^{\mathrm{T}}\boldsymbol{X})^{-1}\boldsymbol{X}^{\mathrm{T}}E(\boldsymbol{Y})=(\boldsymbol{X}^{\mathrm{T}}\boldsymbol{X})^{-1}\boldsymbol{X}^{\mathrm{T}}\boldsymbol{XB}=\boldsymbol{B}$$

故 $\hat{\boldsymbol{B}}$ 是 $\boldsymbol{B}$ 的线性无偏估计。

（2）令 $\boldsymbol{P}=\boldsymbol{I}-\boldsymbol{X}(\boldsymbol{X}^{\mathrm{T}}\boldsymbol{X})^{-1}\boldsymbol{X}^{\mathrm{T}}$，则有 $\boldsymbol{P}^{\mathrm{T}}=\boldsymbol{P},\boldsymbol{P}^2=\boldsymbol{P}$，且 $\boldsymbol{P}$ 的迹

$$\mathrm{tr}(\boldsymbol{P})=\mathrm{tr}(\boldsymbol{I})-\mathrm{tr}(\boldsymbol{X}(\boldsymbol{X}^{\mathrm{T}}\boldsymbol{X})^{-1}\boldsymbol{X}^{\mathrm{T}})=n-\mathrm{tr}(\boldsymbol{X}^{\mathrm{T}}\boldsymbol{X}(\boldsymbol{X}^{\mathrm{T}}\boldsymbol{X})^{-1})=n-p-1$$

易见 $P(\boldsymbol{XB})=0$，而由式(6.6.8)知，$\boldsymbol{e}=\boldsymbol{PY}$，因此 $\boldsymbol{e}=\boldsymbol{PY}=\boldsymbol{PY}-\boldsymbol{PXB}=\boldsymbol{P}(\boldsymbol{Y}-\boldsymbol{XB})=\boldsymbol{P\varepsilon}$，这样

$$\sum_{i=1}^{n}e_i^2=\boldsymbol{e}^{\mathrm{T}}\boldsymbol{e}=(\boldsymbol{P\varepsilon})^{\mathrm{T}}(\boldsymbol{P\varepsilon})=\boldsymbol{\varepsilon}^{\mathrm{T}}\boldsymbol{P}^{\mathrm{T}}\boldsymbol{P\varepsilon}=\boldsymbol{\varepsilon}^{\mathrm{T}}\boldsymbol{P\varepsilon}$$

$$\begin{aligned}E\left(\sum_{i=1}^{n}e_i^2\right)&=E(\boldsymbol{\varepsilon}^{\mathrm{T}}\boldsymbol{P\varepsilon})=E(\mathrm{tr}(\boldsymbol{\varepsilon}^{\mathrm{T}}\boldsymbol{P\varepsilon}))\\&=E(\mathrm{tr}(\boldsymbol{P\varepsilon\varepsilon}^{\mathrm{T}}))\\&=\mathrm{tr}(E(\boldsymbol{P\varepsilon\varepsilon}^{\mathrm{T}}))\\&=\mathrm{tr}(\boldsymbol{P}E(\boldsymbol{\varepsilon\varepsilon}^{\mathrm{T}}))\\&=\mathrm{tr}(\boldsymbol{P}\cdot\sigma^2\boldsymbol{I})=\sigma^2\mathrm{tr}(\boldsymbol{P})=(n-p-1)\sigma^2\end{aligned}$$

从而 $E(S^2)=\dfrac{1}{n-p-1}E\left(\sum_{i=1}^{n}e_i^2\right)=\sigma^2$ 与一元线性回归一样，还需检验如下假设：

$$H_0:b_1=b_2=\cdots=b_p=0,\ H_1:b_1,b_2,\cdots,b_p\ \text{中至少有一个不为零}$$

若拒绝原假设 H_0，则说明多元回归模型线性效果显著；反之，回归方程并无实际意义。除此之外，还需要对单个回归系数进行检验，即检验

$$H_{0j}:b_j=0,\quad H_{1j}:b_j\neq 0$$

若拒绝 H_{0j}，则说明 x_j 对 y 的线性影响显著；反之，说明 x_j 对 y 的影响较小，应从回归方程中予以剔除，并重新计算回归方程，这实际上是对变量进行筛选。逐步回归分析就是讨论这样的问题。另外，和一元回归分析一样，可根据所得回归方程进行预测。对此，本书不再一一加以介绍。

习　题　6

6.1　在钢材碳含量对电阻的效应研究中，得到以下数据题 6.1 表。

题 6.1 表

碳含量 x/%	0.10	0.30	0.40	0.55	0.70	0.80	0.95
电阻 y(20 ℃时)/μΩ	15	18	19	21	22.6	23.8	26

设对于给定的 x、y 为正态变量，且方差与 x 无关。

(1) 画出(x_i，y_i)散点图；

(2) 求线性回归方程 $\hat{y}=\hat{a}+\hat{b}x$；

(3) 检验假设 $H_0:b=0$，$H_1:b\neq 0$，已知 $\alpha=0.05$；

(4) 求 $x=0.50$、置信度为 0.95 时，y 的预测区间。

6.2　题 6.2 表是退火温度 x 对黄铜延性 y 效应的试验结果，y 是以延长度计算的，且设对于给定 x、y 为正态变量，其方差与 x 无关。

题 6.2 表

x/℃	300	400	500	600	700	800
y/%	40	50	55	60	67	70

画出散点图并求 y 对于 x 的线性回归方程。

6.3　下面是回归分析的一个应用。如果两个变量 x、y 存在着相关关系，其中 y 的值难以测量，而 x 的值却容易测量，我们可以根据 x 的测量值利用 y 关于 x 的回归方程去估计 y 的值。题 6.3 表列出了 18 个 5～8 岁儿童的体重(容易测量)和体积(难以测量)。设对于给定的 x，y 是正态变量，其方差与 x 无关。

题 6.3 表

体重 x/kg	17.1	6.5	13.8	15.7	11.9	6.4
体积 y/dm^3	16.7	6.4	13.5	15.7	11.6	6.2
体重 x/kg	15.0	16.0	17.8	15.8	15.1	12.1
体积 y/dm^3	14.5	15.8	17.6	15.2	14.8	11.9
体重 x/kg	18.4	17.1	16.7	16.5	15.1	15.1
体积 y/dm^3	18.3	16.7	16.6	15.9	15.1	14.5

(1) 画出散点图；

(2) 求 y 关于 x 的线性回归方程 $\hat{y}=\hat{a}+\hat{b}x$；

(3) 求 $x=14.0$ 时，y 的置信度为 0.95 的预测区间。

6.4　考虑过原点的线性回归模型

$$y_i=bx_i+\varepsilon_i,\quad i=1,2,\cdots,n$$

误差项 $\varepsilon_1,\varepsilon_2,\cdots,\varepsilon_n$ 仍假定满足条件式(6.1.2)和式(6.1.3)。

(1) 给出 b 的最小二乘估计 $\hat{b}$；

(2) 给出残差平方和 $S_e^2=\sum_{i=1}^{n}e_i^2$ 的表达式，并证明 $\frac{S_e^2}{n-1}$ 是 σ^2 的无偏估计。

6.5　槲寄生是一种寄生在大树上部树枝上的寄生植物。它喜欢寄生在年轻的大树上，下面给出在一定条件下采集的数据，如题 6.5 表所示。

(1) 作出 (x_i,y_i) 的散点图；

(2) 令 $z_i=\ln y_i$，作出 (x_i,z_i) 的散点图；

(3) 以模型 $y=ae^{bx}\varepsilon$，$\ln\varepsilon\sim N(0,\sigma^2)$ 拟合数据，其中 a、b、σ^2 与 x 无关。试求曲线回归方程 $\hat{y}=\hat{a}e^{\hat{b}x}$。

题 6.5 表

x/年	3	4	9	15	40
y/株	28	10	15	6	1
	33	36	22	14	1
	22	24	10	9	

6.6　利用 Python 编程解答 6.1 题。

6.7　利用 Python 编程解答 6.2 题。

6.8　利用 Python 编程解答 6.3 题。

6.9　利用 Python 编程解答 6.5 题。

实验(四)　Python 在回归分析中的应用

1. 实验基本内容

(1) 认识回归分析模块。

(2) 掌握回归模型的基本内容。

(3) 掌握回归方程模块输出的内容及回归系数、t 值、p 值提取。

(4) 两种预测区间：给定预测变量的均值置信区间、点预测区间求法。

(5) 其他网络数据分析案例或教材案例分析。

2. 实验基本要求

(1) 熟悉：回归分析模型及其应用。

(2) 掌握：利用 Python 软件对实际问题进行回归分析。

3. Python 编程实验报告的内容

(1) 简述回归分析的模型及假设。

(2) 写出回归分析表中的 3 种基本和及其表达公式。

(3) 拟合效果:判定系数的公式及含义。

(4) 回归分析中的两种检验:t 检验及 F 检验。

(5) 预测及预测区间。

(6) 利用 Jupyter Notebook 编程实现线性回归分析的内容($\alpha=0.05$)。要求包含主要步骤及使用验证成功的画面截图。实验表 4.1 给出了 18 名 5~8 岁儿童的体重和体积。

实验表 4.1

体重 x/kg	17.1	10.5	13.8	15.7	11.9	10.4	15	16	17.8
体积 y/dm^3	16.7	10.4	13.5	15.7	11.6	10.2	14.5	15.8	17.6
体重 x/kg	15.8	15.1	12.1	18.4	17.1	16.7	16.5	15.1	15.1
体积 y/dm^3	15.2	14.8	11.9	18.3	16.7	16.6	15.9	15.1	14.5

试求:

① y 对 x 的回归方程;

② 对回归效果进行两种检验所得结论是否一致?

③ σ^2 的无偏估计量的大小;

④ a、b 的 95%的置信区间;

⑤ 当体重为 16.1 kg 时,计算观察值均值的置信区间及在该体重时预测体积区间。

(7) 简单叙述本次编程实验的个人体会。

参 考 文 献

[1] 盛骤，谢式千，潘承毅. 概率论与数理统计[M]. 4 版. 北京:高等教育出版社，2008.
[2] 刘喜波. 概率论与数理统计[M]. 北京:中国商业出版社，2013.
[3] 贾俊平，何晓群，金勇进. 统计学[M]. 7 版. 北京：中国人民大学出版社，2018.
[4] 吴翊，李永乐，胡庆军. 应用数理统计[M]. 长沙:国防科技大学出版社，1995.
[5] 庄楚强，吴亚森. 应用数理统计基础[M]. 广州:华南理工大学出版社，1992.

附录 A　习题参考答案

习题 1

略。

习题 2

2.1　(1) 0;

(2) 0.01。

2.2　(1) $f(x_1,x_2,x_3)=\prod_{i=1}^{3}\frac{1}{\sqrt{2\pi}\sigma}e^{-\frac{(x_i-\mu)^2}{2\sigma^2}}$;

(2) $X_1+X_2+X_3, X_2+2\mu, \min(X_1,X_2,X_3), X_3, \frac{\overline{X}-\mu}{\frac{S}{\sqrt{n}}}$是统计量,其余含未知参数的不是统计量。

2.3　$E(F_n^*(x))=p$

$D(F_n^*(x))=\frac{p(1-p)}{n}$

其中,$p=P(X\leqslant x)$。

2.4　0.74

2.5　证明略。

2.6　(1) 0.950 268 3;

(2) 0.975 027 3。

2.7　0.989 980 8

2.8　(1) θ;

(2) 证明略。

2.9　利用 Python 中的 numpy 模块获取正态随机数

```
#导入常用模块
%matplotlib inline
import numpy as np
import pandas as pd
from scipy.stats import norm,chi2,t,f
import matplotlib.pyplot as plt
import statsmodels.api as sm
```

```
mu = -1 #均值
sigma = 5 #标准差
num = 30 #随机数个数
X_norm = np.random.normal(mu, sigma, num) #调用随机数模块
X_norm #输出 30 个均值为-1、标准差为 5 的随机数
Out:
array([-1.73679165, -0.83596099, -6.42702793, -5.11039931, -1.35270421,
-3.50042941, -2.92721519, 0.36827181, -0.54590665, 3.27188037, -2.45374497,
-4.16956951, -0.38597175, 4.06047732,  2.78135077, -3.38420284, -0.0924488,
-8.2714959,  -7.89630432, -3.70137438, -2.68066065, 3.12376834, 0.46572355,
 3.9725661, 6.73736739, 3.9438372, 1.06550151, -0.0906666, 9.39831424,
4.23187857])
```

若只保留小数点后 4 位,可以利用 round()函数实现。

```
X_norm.round(4) #保留小数点后 4 位
Out:
array([-1.7368, -0.836, -6.427, -5.1104, -1.3527, -3.5004, -2.9272,
0.3683, -0.5459, 3.2719, -2.4537, -4.1696, -0.386, 4.0605,2.7814, -3.3842,
-0.0924, -8.2715, -7.8963, -3.7014, -2.6807, 3.1238, 0.4657, 3.9726,
6.7374, 3.9438, 1.0655, -0.0907,9.3983, 4.2319])
```

2.10

```
#调入常用模块见 2.9 解答,同一环境在连续时段调用一次即可
num = 30 #随机数个数
df = 5 #自由度个数
X_t = np.random.standard_t(df,num) #调用随机数模块
X_t #输出 30 个自由度为 5 的 t 分布随机数
Out:
array([-0.88298144, -0.47292008, 0.38207726, -0.40031131, -0.41756711,
-0.72296493, -3.6627946, 3.08270157, -0.2188462, 2.38110928, 4.45420736,
0.21810668, -0.49774148, 0.34199399, 2.84666426, -0.93902798, 2.17925209,
1.89913673, 4.83335892, 0.62769727, 0.22289836, -2.9610917, -0.04262486,
-0.93464993, -1.24158359, 0.03050257, -0.83250672, 1.07236875, 1.13670414,
-1.53917464])
X_t.round(30) # 保留小数点后 4 位
Out:
array([-0.88298144, -0.47292008, 0.38207726, -0.40031131, -0.41756711,
-0.72296493, -3.6627946, 3.08270157, -0.2188462, 2.38110928, 4.45420736,
0.21810668, -0.49774148, 0.34199399, 2.84666426, -0.93902798, 2.17925209,
1.89913673, 4.83335892, 0.62769727, 0.22289836, -2.9610917, -0.04262486,
-0.93464993, -1.24158359, 0.03050257, -0.83250672, 1.07236875, 1.13670414,
-1.53917464])
```

2.11

```
from scipy import stats
import numpy as np
import matplotlib.pyplot as plt
fig = plt.figure(figsize=(20,18))
fig,ax = plt.subplots(1,1)
linestyles = [':', '--', '-.', '-']
deg_of_freedom = [3, 8,20, 100] #自由度为100的近似代替正态分布
x = np.linspace(-5, 5,1000)
for df, ls in zip(deg_of_freedom, linestyles):
  ax.plot(x, stats.t.pdf(x, df), linestyle=ls,label = 'deg_of_freedom:{}'.
format(df) )
plt.plot(x,[0 for i in x],'b--')
plt.plot([0 for i innp.arange(0,0.42,0.01)],np.arange(0,0.42,0.01),'b--')
plt.xlim(-4, 4)
plt.ylim(0, 0.4)
plt.xlabel('x',fontsize = 15)
plt.ylabel('$f(x)$',fontsize = 15)
plt.title('t Distribution')
plt.legend()
plt.show()
```

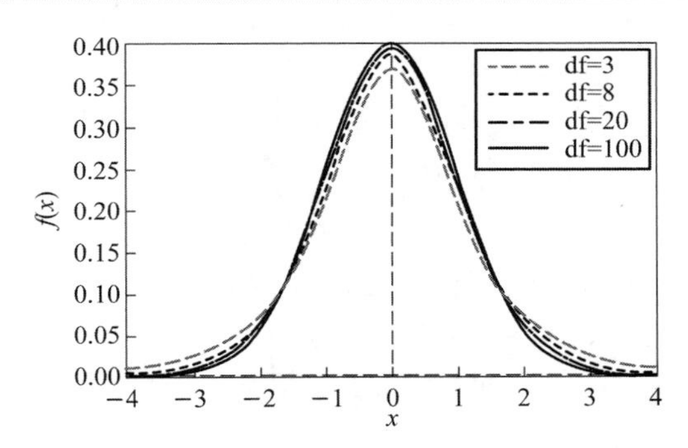

题 2.11 答案图

2.12

```
import numpy as np
from scipy.stats import t
import matplotlib.pyplot as plt
fig = plt.figure(figsize = (12,8))
df = 8
num = 10000  #个数为10000
rand_data = np.random.chisquare(df, num)
```

```
count, bins,ignored = plt.hist(rand_data, 30,density = 't')
x = np.linspace(0,30,1000)
y = chi2(df).pdf(x)
plt.plot(x,y,'b--',label = 'pdf')
plt.xlabel('$ y $',fontsize = 15)
plt.ylabel('$ density $',fontsize = 15)
plt.title('$ Histogram \\ of\\ y $')
plt.legend()
plt.show()
```

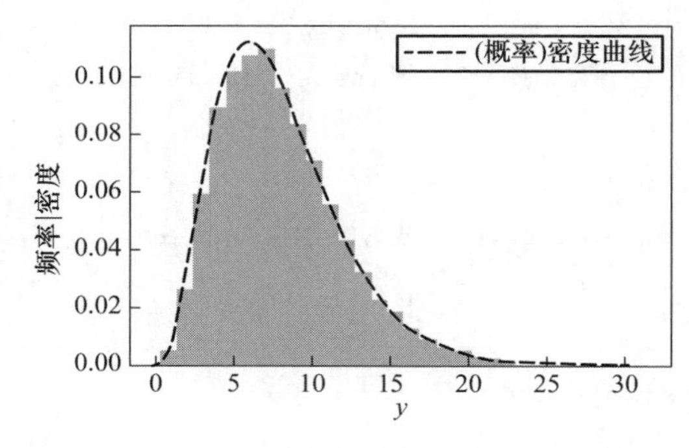

题 2.12 答案图

2.13

```
# 习题 2.13
x = np.arange(0,8,0.01)
y = f.pdf(x,3,8)
y1 = f.pdf(x,8,3)
fig = plt.figure(figsize=(12,8))
plt.plot(x,y,'r-',label = '(n1=3,m1=8)' )
plt.plot(x,y1,'b-',label = '(n2=8,m2=3)' )
plt.plot(x,[0 for i in x],'b--')
plt.plot([0 for i in np.arange(0,0.8,0.01)],[i for i in np.arange(0,0.8,0.01)],'b--')
# plt.lenged()
plt.xlabel('$ x $',fontsize = 15)
plt.ylabel('$ f(x) $',fontsize = 15)
plt.legend(loc = 'upper right', fontsize = 12, frameon = True, fancybox = True,
framealpha=0.2, borderpad=0.3,
            ncol = 1, markerfirst = True, markerscale = 1, numpoints = 1,
handlelength=3.5)
plt.show()
```

2.14 参考教材内容及附录提示。

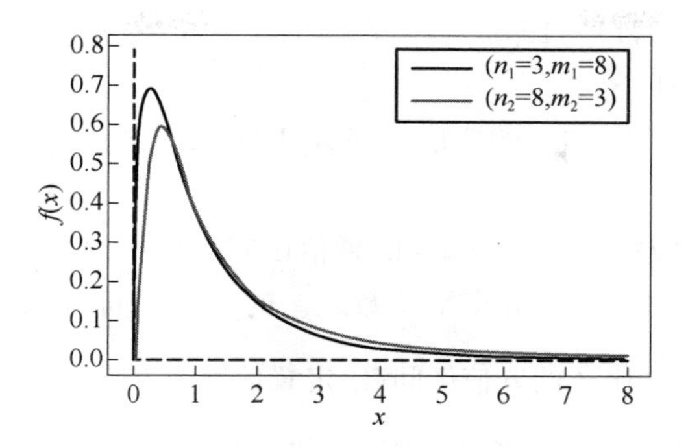

题 2.13 答案图

习题 3

3.1　$\frac{1}{\overline{X}}$

3.2　p 的估计量为$\frac{1}{\overline{X}}$，p 的最大似然估计为$\frac{1}{\overline{X}}$。

3.3　$\hat{a}=\overline{X}-\sqrt{3}\sqrt{\frac{1}{n}\sum_{i=1}^{n}(X_i-\overline{X})^2}$，$\hat{b}=\overline{X}+\sqrt{3}\sqrt{\frac{1}{n}\sum_{i=1}^{n}(X_i-\overline{X})^2}$，其中 $X_i(i=1,2,\cdots,n)$ 是样本。

3.4　(1) $-\frac{n}{\sum_{i=1}^{n}\ln(x_i)}$；

(2) $\frac{\overline{X}}{1-\overline{X}}$

3.5　(1) $\frac{\sum_{i=1}^{n}|x_i|}{n}$；

(2) 是 σ 的无偏估计。

3.6　$\frac{k}{\overline{x}}$

3.7　$\hat{\mu}=\frac{1}{2}\max(x_i)=1.1$，$\hat{\sigma}^2=\frac{\hat{\beta}_{\max}^2}{12}=\frac{2.2^2}{12}=0.403\,3$

3.8　$\hat{\theta}_{\max}=\min(x_i)$

3.9　0.05

3.10　(992.16，1 007.84)

3.11　(1) 方差已知，总体均值置信水平 90%的区间估计为(2.121，2.129)；

(2) 方差未知，总体均值置信水平 90%的区间估计为(2.117 5，2.132 5)。

3.12　总体均值置信水平 95%的区间估计为(6 562.621，6 877.379)。

3.13　p 的 95%的置信区间为(0.140 4，0.359 6)。

3.14　$n\geqslant\left[\frac{4\sigma^2u_{1-\frac{\alpha}{2}}^2}{L^2}\right]+1$，[]代表整数部分。

3.15 (1) (3.150 166,11.615 83)；

(2) (10.979 4，19.047 3)

3.16 μ 和 σ 的置信度为 95%的置信区间分别为(5.106 914，5.313 086)，(0.167 507 9，0.321 709 9)

3.17 平均亩产量之差置信度为 95%的置信区间为(−6.423 596,17.423 596)。

3.18 置信度为 95%的男、女高度平均数之差的置信区间为(0.029 9,0.050)。

3.19 两个总体方差之比 $\frac{\sigma_1^2}{\sigma_2^2}$ 的置信区间(给定置信度为 95%)为(0.142 461 1,4.637 275)。

3.20 这批货物次品率的单侧置信上限(置信度为 95%)为 9.906 3%。

3.21 这批电子管寿命标准差 σ 的单侧置信上限(置信度为 95%)为 74.034。

3.22

第一步，求出参数 λ 的极大似然估计量(具体过程略)：$\hat{\lambda}=\frac{1}{\bar{X}}$。

第二步，利用 Python 编程求样本均值。

```
import numpy as np
X = np.repeat([5,15,25,35,45,55,65],[365,245,150,100,70,45,25])
#分组数据求平均数
L = 1/np.mean(X) #把样本均值代入第一步的结果计算参数估计值
L
Out: 0.05
```

3.23

```
import numpy as np #导入 numpy 模块
from scipy.stats import norm #导入正态模块
X = np.array([2.14,2.1,2.13,2.15,2.13,2.12,2.13,2.1,2.15,2.12,2.14,2.1,2.13,
2.11,2.14,2.11])
# (1)
alpha = 0.10 #置信度是 0.9
sigma = 0.01 #已知总体标准差
X_m = np.mean(X) #计算样本平均值
Low = X_m - norm.isf(alpha/2) * sigma/np.sqrt(len(X)) #计算置信区间下限
Up = X_m + norm.isf(alpha/2) * sigma/np.sqrt(len(X))#计算置信区间上限
print('(',Low,Up,')') #打印置信区间:
#方差已知总体均值置信水平 90% 的区间估计为
Out:(2.120888,2.129112)
# (2)
alpha = 0.10 #置信度是 0.9
X_m = np.mean(X) #计算样本平均值
s = np.std(X) * np.sqrt(len(X)/(len(X) - 1))
Low = X_m - t(len(X) - 1).isf(alpha/2) * s/np.sqrt(len(X)) #计算置信区间下限
```

```
Up = X_m + t(len(X) - 1).isf(alpha/2) * s/np.sqrt(len(X)) # 计算置信区间上限
print('(',Low,Up,')') # 打印置信区间
方差未知总体均值置信水平 90% 的区间估计为(2.117494,2.132506)
```

3.24

```
#(1)
x = np.array([4.98, 5.11, 5.20, 5.20, 5.11, 5.00, 5.61, 4.88, 5.27, 5.38,
5.46,5.27, 5.23, 4.96, 5.35, 5.15, 5.35, 4.77, 5.38, 5.54])
# 方差未知总体均值的 95% 的置信区间
x_m = np.mean(x)
s = np.std(x) * np.sqrt(len(x)/(len(x) - 1))
d = t.isf(0.025,len(x) - 1) * s/np.sqrt(len(x))
Low = x_m - d
Up = x_m + d
print('方差未知总体均值的 95% 的置信区间:','(',Low, ',',Up,')')
out:方差未知总体均值的 95% 的置信区间: ( 5.1069, 5.3131 )
#(2)
#sigma 的置信区间
Low = len(x) * np.var(x)/chi2.isf(0.025,len(x) - 1)
Up = len(x) * np.var(x)/chi2.isf(0.975,len(x) - 1)
L = np.sqrt(Low) # 标准差的置信下限
U = np.sqrt(Up) # 标准差的置信上限
print('方差的 95% 的置信区间:','(',L, ',',U,')') # 打印置信区间
out:标准差置信水平为 95% 的置信区间为:(0.1675, 0.3217)
```

3.25

```
x = np.array([86, 87, 56, 93, 84, 93, 75, 79])
y = np.array([80, 79, 58, 91, 77, 82, 76, 66])
x_m = np.mean(x)
y_m = np.mean(y)
s_xy = np.sqrt((len(x) * np.var(x) + len(y) * np.var(y))/(len(x) + len(y) - 2))
d = t.isf(0.025,len(x) + len(y) - 2) * s_xy * np.sqrt(1/len(x) + 1/len(y))
# 方差未知总体均值的 95% 的置信区间
Low = x_m - y_m - d
Up =  x_m - y_m + d
print('方差未知总体均值的 95% 的置信区间:','(',Low, ',',Up,')'):
out:平均亩产量之差置信度为 95% 的置信区间: ( -6.423596, 17.423596)
```

3.26

```
n = 100
m = 6
alpha = 0.05
P = m/n
```

```
s = np.sqrt(P * (1 - P))
Up = P + norm.isf(alpha) * s/np.sqrt(n)# 计算置信区间上限
print(Up) # 打印置信区间
#这批货物次品率的单侧置信上限(置信度为 95%):
Out:0.09906
```

习题 4

4.1 在显著性水平 $\alpha=0.05$ 下,折断力有显著变化。

4.2 统计结果拒绝总体均值为 32.50 kg/cm^2。

4.3 不可以认为平均含碳量仍为 4.55。

4.4 近期平均活动人数无显著变化($\alpha=0.01$)。

4.5 显著性水平 $\alpha=0.05$ 下确定这批元件不合格。

4.6 新工艺生产的轮胎寿命优于原来的。

4.7 现在与过去的新生婴儿体重无显著差异($\alpha=0.01$)。

4.8 在 0.01 水平下不能拒绝原假设,即认为均值仍为 3.25。

4.9 调查结果否认了调查主持人的看法($\alpha=0.05$)。

4.10 在 0.01 水平下认为厂家的广告是虚假的。

4.11 在 $\alpha=0.05$ 下可相信该车间的铜丝折断力的方差为 64。

4.12 在 $\alpha=0.05$ 下这批维尼纶的纤度方差不正常。

4.13 在 0.10 水平下新仪器的精度不比原来的仪器好。

4.14 在 $\alpha=0.05$ 下两种配方生产的橡胶伸长率的标准差有显著差异。

4.15 ks 检验表明在 $\alpha=0.05$ 下接受原假设,即滚珠直径服从 $N(15.1, 0.4325^2)$。

4.16 在 $\alpha=0.05$ 下经卡方检验事故与星期几无关。

4.17 在 $\alpha=0.05$ 下经卡方检验色盲与性别有关。

4.18

```
x = np.array([578,572,570,568,572,570,570,572,596,584])
x_m = np.mean(x)
mu = 570
sigma = 8
alpha = 0.05
z = (x_m - mu)/sigma * np.sqrt(len(x))
z_a = norm.isf(alpha/2)
if abs(z) > z_a:
    print('|z| =',abs(z),'>',z_a,'拒绝原假设,认为钢丝平均折断力不是 570 kg')
else:
    print('|z| =',abs(z),'<',z_a,'不能拒绝原假设,认为钢丝平均折断力是 570 kg')
out:|z| = 2.0554804791094647 > 1.9599639845400545 拒绝原假设,认为钢丝平均折断
力不是 570 kg
```

4.19

```
x = np.array([32.56,29.66,31.64,30.00,31.87,31.03])
x_m = np.mean(x)
```

```
mu = 32.5
sigma = 1.1
alpha = 0.05
z = (x_m - mu)/sigma * np.sqrt(len(x))
z_a = norm.isf(alpha/2)
if abs(z) > z_a:
    print('|z| =',abs(z),'>',z_a,'拒绝原假设,认为这批砖的平均抗断强度不是 32.5 kg')
else:
    print('|z| =',abs(z),'<',z_a,'不能拒绝原假设,认为这批砖的平均抗断强度不是 32.5 kg')
out:|z| = 3.0581508303838496 > 1.9599639845400545 拒绝原假设,认为这批砖的平均抗断强度不是 32.5 kg
```

4.20

```
X = np.array([3.15,3.27,3.24,3.26,3.24])
x_m = np.mean(X)
mu = 3.25
s = np.std(X) * np.sqrt(len(X)/(len(X) - 1))
alpha = 0.01
T = (x_m - mu)/s * np.sqrt(len(X))
t_a = t(len(X) - 1).isf(alpha/2)
if abs(T) > t_a:

    print('|T| =',abs(T),'>',t_a,'拒绝原假设,认为这批矿砂的镍含量有显著变化')

else:
    print('|T| =',abs(T),'<',t_a,'不能拒绝原假设,认为这批矿砂的镍含量无显著变化')
out: |T| = 0.8447818580350676 < 4.604094871415898 不能拒绝原假设,认为这批矿砂的镍含量无显著变化
```

4.21

```
X = np.array([578,572,570,568,572,570,570,572,596,584])
alpha = 0.05
sigma = 8
C_1 = chi2(len(X) - 1).isf(alpha/2).round(4)
C_2 = chi2(len(X) - 1).isf(1 - alpha/2).round(4)
CH = np.var(X) * len(X)/sigma * * 2
CH = CH.round(4)
if CH > C_1 or CH < C_2:
```

```
        print('CH=',CH,'下限:','C_2','上限:',C_1,'拒绝原假设,认为该车间铜丝的折断力方差不是64')
    else:
        print('CH=',CH,'下限:',C_2,'上限:',C_1,'不拒绝原假设,认为该车间铜丝的折断力方差是64')
    out:CH= 10.65 下限: 2.7004 上限: 19.0228 不拒绝原假设,认为该车间铜丝的折断力方差是64
```

4.22

```
    X = np.array([1.32,1.55,1.36,1.40,1.44])
    alpha = 0.05
    sigma = 0.048
    C_1 = chi2(len(X)-1).isf(alpha/2).round(4)
    C_2 = chi2(len(X)-1).isf(1-alpha/2).round(4)
    CH = np.var(X)*len(X)/sigma**2
    CH = CH.round(4)
    if CH>C_1 or CH<C_2:
        print('CH=',CH,'下限:',C_2,'上限:',C_1,'拒绝原假设,认为尼纶纤度方差不正常')
    else:
        print('CH=',CH,'下限:',C_2,'上限:',C_1,'不拒绝原假设,认为尼纶纤度方差正常')
    out: CH= 13.5069 下限: 0.4844 上限: 11.1433 拒绝原假设,认为尼纶纤度方差不正常
```

4.23

```
    X = np.array([1.101,1.103,1.105,1.098,1.099,1.101,1.104,1.095,1.100,1.100])
    alpha = 0.1
    # sigma = np.sqrt(0.06)
    sigma = 0.06
    C_2 = chi2(len(X)-1).isf(1-alpha).round(4)
    CH = np.var(X)*len(X)/sigma**2
    CH = CH.round(4)
    if  CH<C_2:
        print('CH=',CH,'下限:',C_2,'拒绝原假设,认为仪器精度比原来好')
    else:
        print('CH=',CH,'下限:',C_2,'不拒绝原假设,认为仪器精度不比原来好')
    out: CH= 0.0218 下限: 4.1682 拒绝原假设,认为仪器精度比原来好
```

4.24

```
    X = np.array([540,533,525,520,544,531,536,529,534])
    Y = np.array([565,577,580,575,556,542,560,532,570,561])
    alpha = 0.05
    S1 = np.std(X)
    S2 = np.std(Y)
    F = len(X)*S1**2/(len(Y)*S2**2)
```

```
    F = F.round(4)
    F_U = f(len(X) - 1,len(Y) - 1).isf(alpha/2)
    F_L = f(len(X) - 1,len(Y) - 1).isf(1 - alpha/2)
    if F > F_U or F < F_L:
        print('F = ',F,'F > F_U 或 F < F_L,拒绝原假设,两种配方生产的橡胶伸长率有显著差异')
    else:
        print('F = ',F,'F_L < F < F_U,不拒绝原假设,两种配方生产的橡胶伸长率无显著差异')
    out: F =  0.2018 F > F_U 或 F < F_L,拒绝原假设,两种配方生产的橡胶伸长率有显著差异
```

4.25

```
    from scipy import stats #导入统计模块
    alpha = 0.05
    X = np.array([15.0, 15.8, 15.2, 15.1, 15.9, 14.7,14.8, 15.5, 15.6, 15.3,15.1,
15.3, 15.0, 15.6, 15.7, 14.8, 14.5, 14.2, 14.9, 14.9, 15.2, 15.0, 15.3, 15.6, 15.1,
14.9, 14.2, 14.6, 15.8, 15.2, 15.9, 15.2, 15.0, 14.9, 14.8, 14.5, 15.1, 15.5, 15.5,
15.1,15.1, 15.0, 15.3, 14.7, 14.5, 15.5, 15.0, 14.7, 14.6, 14.2])
    statistic,pvalue = stats.kstest(X, 'norm',args = (X.mean(),X.std()))
    #进行 ks 检验
    print('statistic =',statistic,'pvalue =',pvalue)
    if pvalue < alpha:
        print('拒绝原假设')
    else:
        print('不能拒绝原假设')

    out: statistic = 0.07951002226399051 pvalue = 0.9100209017666681
    #不能拒绝原假设,ks 检验表明接受原假设
```

4.26

```
    n = 63
    alpha = 0.05
    X = np.array([9,10,11,8,13,12])
    p = 1/len(X)
    expected = n * p
    C_1 = chi2.isf(alpha/2,len(X) - 1)
    C_2 = chi2.isf(1 - alpha/2,len(X) - 1)
    CH = np.sum((X - expected) * * 2/expected)
    if CH > C_1 or CH < C_2:
```

```
        print('CH =',CH,'CH > C_1 = {:.4f}或 CH < C_2 = {:.4f},拒绝原假设'.format(C_1,C_
2))
    else:
        print('CH =',CH,'C_2 = {:4f}< CH < C_1 = {:.4f},不拒绝原假设'.format(C_2,C_1))
    out: CH = 1.6666666666666665  C_2 = 0.831212 < CH < C_1 = 12.8325,不拒绝原假设
    #即事故和星期几没有关系(原假设是事故在星期几发生服从均匀分布)
```

4.27

```
from scipy.stats import chi2_contingency
from scipy.stats import chi2

table = [[442,514],[38,6]]
print(table)
stat,p,dof,expected = chi2_contingency(table)
# stat 卡方统计值,p:P_value,dof 自由度,expected 理论频率分布
print('dof = %d'%dof)
print(expected)
prob = 0.5 #选取 95%置信度
critical = chi2.ppf(prob,dof)  #计算临界阈值
print('probality = %.3f,critical = %.3f,stat = %.3f'%(prob,critical,stat))
#方法一:卡方检验
if abs(stat)> = critical:
    print('reject H0:Dependent')
else:
    print('fail to reject H0:Independent')
#方法二:p 值与 alpha 值比较或 p 值法
# interpret p_value
alpha = 1 - prob
print('significance = %.3f,p = %.3f'%(alpha,p))
if p < alpha:
    print('reject H0:Dependent')
else:
    print('fail to reject H0:Independent')
out:[[442, 514], [38, 6]]
dof = 1
[[458.88 497.12]
[ 21.12  22.88]]
probality = 0.500,critical = 0.455,stat = 25.555
reject H0:Dependent#拒绝原假设
```

```
significance = 0.500,p = 0.000
reject H0:Dependent
#从卡方检验的 p 值看拒绝原假设,即认为色盲和性别是有关系的。
#方法三:利用书中公式和 Python 编程完成。
table = np.array([[442,514],[38,6]])
sum_total = np.sum(table)
sum1_ = np.sum(table[0])
sum2_ = np.sum(table[1])
sum_1 = np.sum([table[0][0],table[1][0]])
sum_2 = np.sum([table[0][1],table[1][1]])
ES11 = sum1_ * sum_1/sum_total
ES12 = sum1_ * sum_2/sum_total
ES21 = sum2_ * sum_1/sum_total
ES22 = sum2_ * sum_2/sum_total
table1 = np.array([[ES11,ES12],[ES21,ES22]])
CH = np.sum((table - table1) * * 2/table1)
alpha = 0.05
C_2 = chi2(1).isf(alpha/2)
C_1 = chi2(1).isf(1 - alpha/2)
if CH < C_1 or CH > C_2:
    print('CH = %.4f'%CH,'CH < C_1 or CH > C_2 拒绝原假设,即色盲与性别有关')
else:
    print('CH = %.4f'%CH,'CH < C_1 or CH > C_2 不拒绝原假设,即色盲与性别无关')
out:CH = 27.1387 CH < C_1 or CH > C_2 拒绝原假设,即色盲与性别有关
```

习题 5

5.1　在显著性水平 $\alpha=0.05$ 下,根据 F 值或 p 值判断 3 种电池的平均寿命有显著差异。

5.2　在水平 $\alpha=0.05$ 下检验这些百分比的均值有显著的差异。

5.3　在显著性水平 $\alpha=0.05$ 下各班级的平均分数无显著差异。

5.4　(1) 在显著性水平 $\alpha=0.05$ 下温度和时间对溶液中的有效成分比例都有显著影响。
(2) 从系数比较看,70 ℃、1.5 小时反应时间最合适。

5.5　在水平 $\alpha=0.05$ 下,不同浓度下得率有显著差异;在不同温度下得率无显著差异;交互作用的效应无显著差异。

5.6　(1) 不同机器生产薄板是否有显著差异?($\alpha=0.05$)

$$H_0:\mu_1=\mu_2=\mu_3,\ H_1:\mu_1,\mu_2,\mu_3\text{不全相等}$$

$$p=3,n_1=n_2=n_3=5,n=15$$

$$\mathrm{SS_T}=\sum_{j=1}^{p}\sum_{i=1}^{n_j}X_{ij}^2-\frac{T_{..}^2}{n}$$

$$=0.963\,912-\frac{3.8^2}{15}=0.001\,245\,33$$

$$SS_A = \sum_{j=1}^{p} \frac{T_{\cdot j}^2}{n_j} - \frac{T_{\cdot\cdot}^2}{n}$$

$$= \frac{1}{5}(1.21^2 + 1.28^2 + 1.31^2) - \frac{3.8^2}{15} = 0.001\,053\,33$$

$$SS_E = SS_T - SS_A = 0.000\,192$$

方差分析表如题 5.6 解表所示。

题 5.6 解表

方差来源	平方和	自由度	均方	F
因素	0.001 053 33	2	0.000 526 67	32.92
误差	0.000 192	12	0.000 016	
总和	0.001 245 33	14		

$$F_{0.05}(2,12)=3.885\,3<F=32.92$$

拒绝原假设，不同机器生产薄板有显著差异($\alpha=0.05$)。

(2) 求未知参数σ^2、μ_j、δ_j($j=1,2,3$)的点估计及均值差的置信水平为 0.95 的置信区间。

$$\hat{\sigma}^2=SS_E/(n-p)=0.000\,016$$

$$\hat{\mu}_1=\bar{x}_{\cdot 1}=0.242,\hat{\mu}_2=\bar{x}_{\cdot 2}=0.256,\hat{\mu}_3=\bar{x}_{\cdot 3}=0.253$$

$$\hat{\delta}_1=\bar{x}_{\cdot 1}-\bar{x}=-0.011,\hat{\delta}_2=\bar{x}_{\cdot 2}-\bar{x}=0.003,\hat{\delta}_3=\bar{x}_{\cdot 3}-\bar{x}=0.009$$

均值差的区间估计如下：

$$t_{0.025}(n-p)=t_{0.025}(12)=2.178\,8$$

得

$$t_{0.025}(12)\sqrt{\overline{SS_E}(\frac{1}{n_j}+\frac{1}{n_k})}=2.178\,8\sqrt{16\times 10^{-6}\times\frac{2}{5}}=0.006$$

故$\mu_1-\mu_2$、$\mu_1-\mu_3$、$\mu_2-\mu_3$的置信水平为 0.95 的置信区间分别为

$$(0.242-0.256\mp 0.006)=(-0.020,-0.008)$$

$$(0.242-0.262\mp 0.006)=(-0.026,-0.0)$$

$$(0.256-0.262\mp 0.006)=(-0.012,-0.008)$$

5.7

```
%matplotlib inline
import numpy as np
import pandas as pd
from scipy.stats import norm,chi2,t,f
import matplotlib.pyplot as plt
import statsmodels.api as sm
#以下第 5 章开始使用
from statsmodels.formula.api import ols
from statsmodels.stats.anova import anova_lm
#习题 5.7
X = pd.read_csv('d:/book2021/xt_5_1.csv') #读取数据(.csv)
A = np.repeat(['a1','a2','a3'],[5,6,4]) #设置因子
```

```
X['A'] = A #把因子放入X数据集
model1 = ols('x~A',X).fit() #最小二乘线性回归模型
anova1 = anova_lm(model1) #获取方差分析表
print(anova1)#打印方差分析表
           df      Sum_sq      Mean_sq          F        PR(>F)
A          2.0     584.1000    292.05000  21.954061     0.000098
Residual12.0       159.6333    13.302778        NaN          NaN
```

5.8

```
#习题5.8
X = pd.read_csv('d:/book2021/xt_5_2.csv') #读取数据(.csv)
A = np.repeat(['a1','a2','a3','a4','a5'],[4,4,4,4,4]) #设置因子
X['A'] = A #把因子放入X数据集
model1 = ols('x~A',X).fit() #最小二乘线性回归模型
anova1 = anova_lm(model1) #获取方差分析表
print(anova1)#打印方差分析表
            df     Sum_sq      Mean_sq         F          PR(>F)
A           4.0    1445.1030   361.27575  39.665035     8.277968e-08
Residual    150    136.6225    9.108167        NaN             NaN
```

5.9

```
X = pd.read_csv('d:/book2021/xt_5_3.csv') #读取数据(.csv)
A = np.repeat(['a1','a2','a3'],[12,15,12]) #设置因子
X['A'] = A #把因子放入X数据集
model1 = ols('x~A',X).fit() #最小二乘线性回归模型
anova1 = anova_lm(model1) #获取方差分析表
print(anova1)#打印方差分析表
            df     Sum_sq      Mean_sq          F        PR(>F)
A           2.0    348.89359   174.4467795  0.470906    0.628229
Residual    36.0   13336.183   370.449537        NaN         NaN
```

5.10

```
X = pd.read_csv('d:/book2021/xt_5_4.csv') #读取数据(.csv)
A = np.repeat(['a1','a2','a3'],[3,3,3]) #设置时间因子
X['A'] = A #把因子放入X数据集
B=np.array(['b1','b2','b3','b1','b2','b3','b1','b2','b3']) #设置时间因子
X['B'] = B #把因子放入X数据集
model1 = ols('x~A + B',X).fit() #最小二乘线性回归模型
anova1 = anova_lm(model1) #获取方差分析表
print(anova1)#打印方差分析表
            df     Sum_sq      Mean_sq         F          PR(>F)
A           2.0    42.888889   21.444444   27.571429    0.004574
B           2.0    24.888889   12.444444   16.000000    0.012346
```

```
Residual 4.0 3.1111111 0.7777778        NaN      NaN
model1.params #调出模型系数,寻找最佳方案
Intercept       77.111111
A[T.a2]         5.333333
A[T.a3]         2.333333
A[T.b2]         2.666667
A[T.b3]         4.000000
Dtype:float64
```

从模型系数判断,a2 与 b3 结合即时间 1.5h、温度 70 ℃是最佳方案。

即从系数比较看,70 ℃、1.5 h 反应时间最合适。

5.11

```
X = pd.read_csv('d:/book2021/xt_5_5.csv') #读取数据(.csv)
A = np.repeat(['a1','a2','a3'],[8,8,8]) #设置时间因子
X['A'] = A #把因子放入 X 数据集
B = np.array(['b1','b1','b2','b2','b3','b3','b4','b4']*3) #设置时间因子
X['B'] = B #把因子放入 X 数据集
model1 = ols('x~A + B + A:B',X).fit() #最小二乘线性回归模型
anova1 = anova_lm(model1) #获取方差分析表
print(anova1)#打印方差分析表
            df      sum_sq      mean_sq         F          PR(>F)
A           2.0     44.333333   22.166667   4.092308   0.044153
B           3.0     11.500000   3.833333    0.707692   0.565693
A:B         6.0     27.000000   4.500000    0.830769   0.568369
Residual    12.0    65.000000   5.416667         NaN        NaN
```

从方差分析表中的 p 值可以看出,只有浓度起作用,温度及交互作用统计效果不明显。

5.12

```
# jupyter code
import pandas as pd
import numpy as np
from statsmodels.formula.api import ols
from statsmodels.stats.anova import anova_lm
X = pd.read_csv('D:/book2021/xt_5_6.csv')
y = X.machine

formula = 'y~ A'
anova_results = anova_lm(ols(formula,X).fit())
print(anova_results) #打印方差分析表
print(sum(anova_results.sum_sq))# 打印总离差
        df      Sum_sq        Mean_sq         F      PR(>F)
```

```
A          2.0      0.001053       0.000527       32.916667     0.000013
Residual  12.0      0.000192       0.000016             NaN          NaN
0.0012453333333333344
```

习题 6

6.1　(1) 散点图略；

(2) $\hat{y}=13.96+12.55x$；

(3) 拒绝原假设；

(4) (19.661 56,20.805 56)。

6.2　$\hat{y}=24.628\,571+0.058\,857x$

6.3　(1) 散点图略；

(2) $\hat{y}=-0.119\,97+0.988\,78x$；

(3) (13.287, 14.158 93)。

6.4　略

6.5　曲线回归方程：$\hat{y}=32.455\,646\,9e^{-0.086\,732x}$

6.6

本题首先导入以下常用模块，后面题目不再提示。

```
%matplotlib inline
import numpy as np
import pandas as pd
from scipy.stats import norm,chi2,t,f
import matplotlib.pyplot as plt
import statsmodels.api as sm
#以下第5章开始使用
from statsmodels.formula.api import ols
from statsmodels.stats.anova import anova_lm
#习题6.6(1)
X = pd.read_csv('D:/book2021/xt_6_1.csv')
x = X.x
y = X.y
fig = plt.figure(figsize=(12,8))
plt.scatter(x,y)
plt.xlabel('x',fontsize = 15)
plt.ylabel('y',fontsize = 15)
plt.show()#题6.6答案图
```

(2)

```
model1 = ols('y~x',X).fit()
print(model1.summary())
```

```
                            OLS Regression Results
==============================================================================
Dep. Variable:                      y   R-squared:                       0.997
Model:                            OLS   Adj. R-squared:                  0.997
Method:                 Least Squares   F-statistic:                     1940.
Date:                Wed, 03 Feb 2021   Prob (F-statistic):           1.14e-07
Time:                        20:08:20   Log-Likelihood:                 2.2422
No. Observations:                   7   AIC:                           -0.4844
Df Residuals:                       5   BIC:                           -0.5926
Df Model:                           1
Covariance Type:            nonrobust
==============================================================================
                 coef    std err          t      P>|t|      [0.025      0.975]
------------------------------------------------------------------------------
Intercept     13.9584      0.173     80.466      0.000      13.512      14.404
x             12.5503      0.285     44.051      0.000      11.818      13.283
==============================================================================
Omnibus:                          nan   Durbin-Watson:                   2.327
Prob(Omnibus):                    nan   Jarque-Bera (JB):                0.615
Skew:                           0.131   Prob(JB):                        0.735
Kurtosis:                       1.572   Cond. No.                         4.76
==============================================================================

Warnings:
[1] Standard Errors assume that the covariance matrix of the errors is correctly specified.
    model1.params #提取回归系数
    Intercept     13.958389
    x             12.550336
    dtype:float64
```

所以回归方程是

$$\hat{y}=13.958\,389+12.550\,336x$$

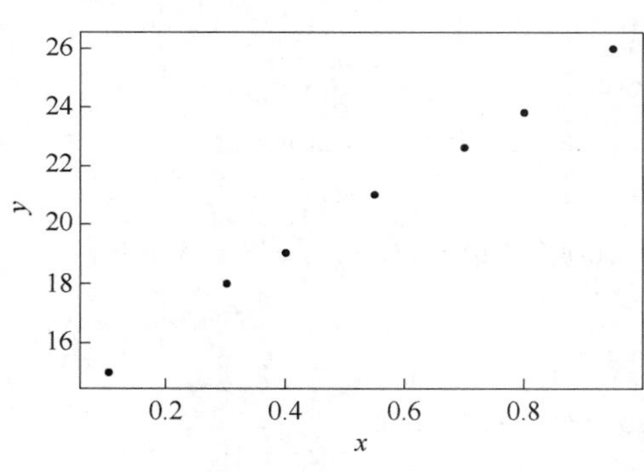

题 6.6 答案图

(3)

```
model1.tvalues #提取回归系数的 t 值及 p 值
Intercept     80.466457                 Intercept     5.617086e-09
x             44.050878                 x             1.137984e-07
dtype:float64                           dtype:float64
```

从 p 值非常小($p<0.05$)可以看出，拒绝原假设，线性关系显著。

(4)

```
from statsmodels.sandbox.regression.predstd import wls_prediction_std
#导入回归分析点预测区间模块
x0 = 0.5
s,c1,c2 = wls_prediction_std(model1,[1,x0],alpha = 0.05)
#第一个值是预测标准误差，第二个值是预测下限，第三个值是预测上限，默认置信度是95%
print(c1,c2) #打印置信下限、置信上限
out:[19.66155561] [20.80555848]
```

6.7

```
X = pd.read_csv('D:/book2021/xt_6_2.csv')
x = X.x
y = X.y
fig = plt.figure(figsize=(12,8))
plt.scatter(x,y)
plt.xlabel('x',fontsize = 15)
plt.ylabel('y',fontsize = 15)
plt.show()#题6.7答案图
```

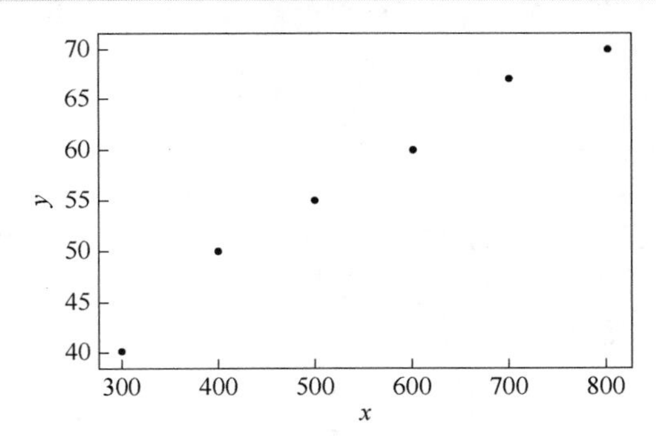

题 6.7 答案图

```
model1 = ols('y~x',X).fit()
print(model1.summary())
                            OLS Regression Results
==============================================================================
Dep. Variable:                      y   R-squared:                       0.978
Model:                            OLS   Adj. R-squared:                  0.972
Method:                 Least Squares   F-statistic:                     176.1
Date:                Wed, 03 Feb 2021   Prob (F-statistic):           0.000186
Time:                        20:31:03   Log-Likelihood:                -11.006
No. Observations:                   6   AIC:                             26.01
Df Residuals:                       4   BIC:                             25.60
Df Model:                           1
Covariance Type:            nonrobust
==============================================================================
```

```
                coef    std err          t      P>|t|      [0.025      0.975]
------------------------------------------------------------------------------
Intercept    24.6286      2.554      9.642      0.001      17.536      31.721
x             0.0589      0.004     13.270      0.000       0.047       0.071
==============================================================================
Omnibus:                          nan   Durbin-Watson:                   2.038
Prob(Omnibus):                    nan   Jarque-Bera (JB):                0.670
Skew:                          -0.404   Prob(JB):                        0.715
Kurtosis:                       1.575   Cond. No.                     1.94e+03
==============================================================================

Warnings:
[1] Standard Errors assume that the covariance matrix of the errors is correctly specified.
[2] The condition number is large, 1.94e+03. This might indicate that there are
strong multicollinearity or other numerical problems.
```

```
model1.params #提取回归系数
Intercept        24.628571
x              0.058857
dtype:float64
```

所以回归方程是

$$\hat{y}=24.628\,571+0.058\,857x$$

6.8 (1)

```
X = pd.read_csv('D:/book2021/xt_6_3.csv')
x = X.x
y = X.y
fig = plt.figure(figsize = (12,8))
plt.scatter(x,y)
plt.xlabel('x',fontsize = 15)#x是体重
plt.ylabel('y',fontsize = 15)#y是身高
plt.show() #题6.8答案图
```

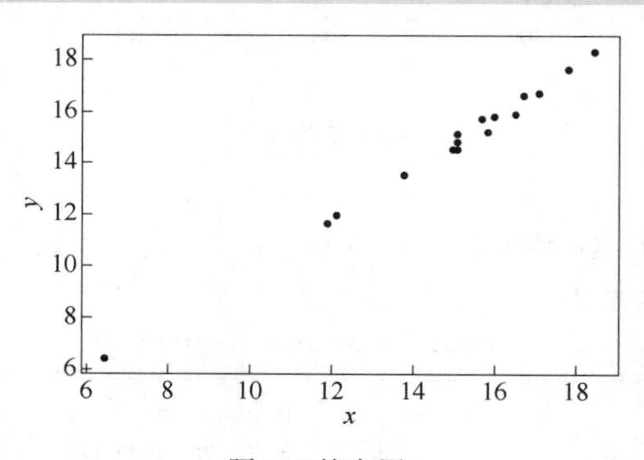

题 6.8 答案图

(2)

```
model1 = ols('y~x',X).fit()
print(model1.params)#常数项、回归系数,由此可以写出回归方程
Intercept      -0.111073
x              0.988222
dtype:float64
```

所以回归方程是

$$\hat{y}=-0.111\,073+0.988\,22x$$

(3)

```
from statsmodels.sandbox.regression.predstd import wls_prediction_std
#导入回归分析点预测区间模块
x0 = 14
s,c1,c2 = wls_prediction_std(model1,[1,x0],alpha = 0.05)
#第一个是预测标准误差,第二个值是预测下限,第三个值是预测上限,默认置信度
#是 95 %
print(c1,c2) #打印置信下限、置信上限
out: [13.26917415] [14.1788822]
```

6.9 (1)

```
X = pd.read_csv('D:/book2021/xt_6_5.csv')
x = X.x
y = X.y
fig = plt.figure(figsize = (12,8))
plt.scatter(x,y)
plt.xlabel('x',fontsize = 15) #x 是年
plt.ylabel('y',fontsize = 15) #y 是槲寄生的株数
plt.show() #题 6.9 答案图一
```

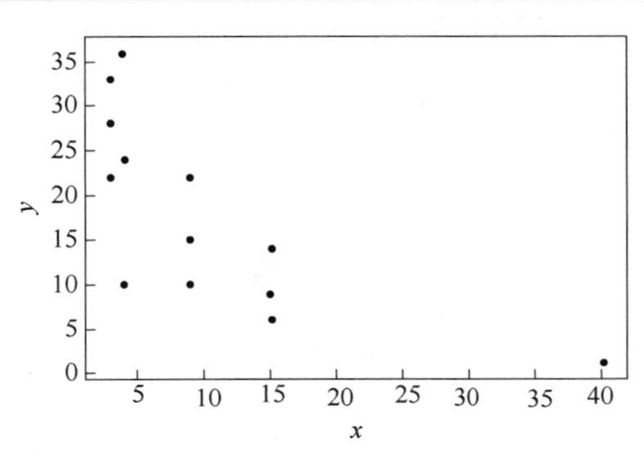

题 6.9 答案图一

(2)

```
z = np.log(X.y)
X['z'] = z
fig = plt.figure(figsize = (12,8))
plt.scatter(x,z)
plt.xlabel('x',fontsize = 15) #x 是年
plt.ylabel('z',fontsize = 15) #z 是槲寄生数 y 的自然对数
plt.show() #题 6.9 答案图二
```

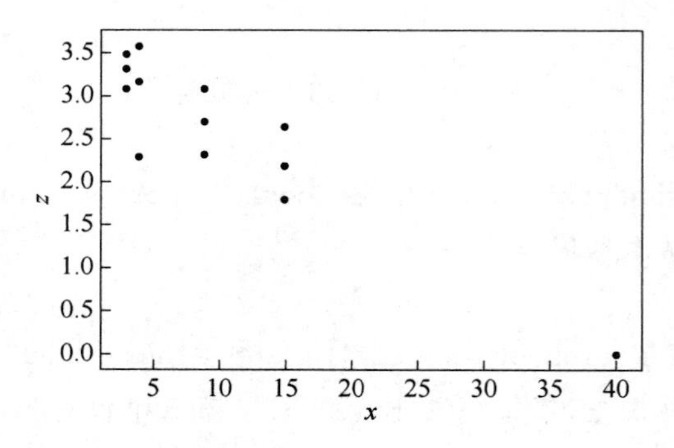

题 6.9 答案图二

(3)

```
model1 = ols('z~x',X).fit()
print(model1.params)#常数项、回归系数,由此可以写出回归方程
Intercept     3.479874
x            -0.086732
dtype:float64
```

所以回归方程是

$$\hat{z}=3.479\,874-0.086\,732x$$

写成原数据形式的方程为

$$\hat{y}=32.455\,646\,912\,71\mathrm{e}^{-0.086\,732x}$$

其中,$\hat{a}=\mathrm{e}^{3.479\,874}=32.455\,646\,912\,71$。

附录B　近10年(2012—2021年)全国硕士研究生招生考试数学(数理统计部分)试题及参考答案

一、选择填空部分

1. (2012年)设X_1,X_2,X_3,X_4为来自总体$N(1,\sigma^2)$ $(\sigma>0)$的简单随机样本,则统计量$\dfrac{X_1-X_2}{|X_3+X_4-2|}$的分布为(　　)。

A. $N(0,1)$　　B. $t(1)$　　C. $\chi^2(1)$　　D. $f(1,1)$

【答案】B

【详解】因X_1,X_2,X_3,X_4为来自总体$N(1,\sigma^2)$ $(\sigma>0)$的简单随机样本,所以

$$X_1-X_2\sim N(0,2\sigma^2),\quad X_3+X_4-2\sim N(0,2\sigma^2)$$

于是

$$\frac{X_1-X_2}{\sqrt{2}\sigma}\sim N(0,1),\quad \frac{X_3+X_4-2}{\sqrt{2}\sigma}\sim N(0,1),\quad \left(\frac{X_3+X_4-2}{\sqrt{2}\sigma}\right)^2\sim\chi^2(1)$$

并且$\dfrac{X_1-X_2}{\sqrt{2}\sigma}$与$\dfrac{X_3+X_4-2}{\sqrt{2}\sigma}$相互独立。由$t$分布的定义得

$$\frac{X_1-X_2}{|X_3+X_4-2|}=\frac{\dfrac{X_1-X_2}{\sqrt{2}\sigma}}{\sqrt{\left(\dfrac{X_3+X_4-2}{\sqrt{2}\sigma}\right)^2}}\sim t(1)$$

故选B。

2. (2013年)设随机变量$X\sim t(n)$,$Y\sim F(1,n)$,给定$\alpha(0<\alpha<0.5)$,常数c满足$P\{X>c\}=\alpha$,则$P\{Y>c^2\}=$(　　)。

A. α　　B. $1-\alpha$　　C. 2α　　D. $1-2\alpha$

【答案】C

【详解】由$X\sim t(n)$,有$X^2\sim F(1,n)$,并且注意到$t(n)$的密度曲线关于y轴对称,于是

$$P\{Y>c^2\}=P\{X^2>c^2\}=P\{X>c\}+P\{X<-c\}=2P\{X>c\}=2\alpha$$

故选C。

3. (2014年)设总体X的概率密度为

$$f(x,\theta)=\begin{cases}\dfrac{2x}{3\theta^2}, & \theta<x<2\theta\\ 0, & 其他\end{cases}$$

其中,θ 是未知参数,$X_1,X_2,\cdots,X_n$ 为来自总体 X 的简单随机样本。若 $c\sum_{i=1}^{n}X_i^2$ 是 θ^2 的无偏估计,则 $c=$ ________。

【答案】$\frac{2}{5n}$

【分析】本题综合考查了数学期望的计算、简单随机样本的性质与无偏估计的概念。

【详解】因为 X_1, X_2, …, X_n为来自总体 X 的简单随机样本，所以

$$EX_i^{\ 2}=\int_{-\infty}^{+\infty}x^2\cdot f(x,\theta)\mathrm{d}x=\int_{\theta}^{2\theta}x^2\cdot\frac{2x}{3\theta^2}\mathrm{d}x=\frac{5\theta^2}{2}$$

$$E(c\sum_{i=1}^{n}X_i^2)=c\cdot\frac{n\cdot 5\theta^2}{2}$$

若 $c\sum_{i=1}^{n}X_i^2$ 是 θ^2 的无偏估计，则

$$\frac{5cn\theta^2}{2}=\theta^2$$

于是

$$c=\frac{2}{5n}$$

4. (2014 年)设 X_1, X_2, X_3为来自正态总体 $N(0, \sigma^2)$的简单随机样本，则统计量 $S=\frac{X_1-X_2}{\sqrt{2}|X_3|}$服从的分布为(　　)。

A. $F(1, 1)$　　B. $F(2, 1)$　　C. $t(1)$　　D. $t(2)$

【答案】C

【分析】利用三大抽样分布的典型结构和重要统计量的分布易得。

【详解】因为

$$X_1-X_2\sim N(0,2\sigma^2),\frac{X_1-X_2}{\sqrt{2}\sigma}\sim N(0,1),(\frac{X_3}{\sigma})^2\sim\chi^2(1)$$

而且 X_1, X_2, X_3 相互独立,故随机变量$\frac{X_1-X_2}{\sqrt{2}\sigma}$与$\left(\frac{X_3}{\sigma}\right)^2$ 相互独立。由 t 分布的定义知,统计量

$$S=\frac{X_1-X_2}{\sqrt{2}\sigma}/\sqrt{\left(\frac{X_3}{\sigma}\right)^2}=\frac{X_1-X_2}{\sqrt{2}|X_3|}$$

服从 t (1)。故选 C。

5. (2015 年)设总体 $X\sim B(m, \theta)$, X_1, X_2,…, X_n 为来自该总体的简单随机样本，$\overline{X}$ 为样本均值，则 $E[\sum_{i=1}^{n}(X_i-\overline{X})^2]=$ (　　)。

A. $(m-1)n\theta(1-\theta)$　　B. $m(n-1)\theta(1-\theta)$

C. $(m-1)(n-1)\theta(1-\theta)$　　D. $mn\theta(1-\theta)$

【答案】B

【分析】本题考查常用分布的期望、方差及重要统计量的性质。

【详解】由 $X\sim B(m, \theta)$, 有

$$D(X)=m\theta(1-\theta)$$

又样本方差 $S^2=\frac{1}{n-1}\sum_{i=1}^{n}(X_i-X)^2$ 有性质 $E(S^2)=D(X)$，故

$$E[\sum_{i=1}^{n}(X_i-\overline{X})^2]=(n-1)E(S^2)=m(n-1)\theta(1-\theta)$$

故选B。

6.（2016年）设 $x_1, x_2, \cdots, x_n$ 为来自总体 $N(\mu, \sigma^2)$ 的简单随机样本，样本均值 $\overline{x}=9.5$，参数 μ 的置信度0.95的双侧置信度区间的置信上限为10.8，则 μ 的置信度0.95的双侧置信度区间为__________。

【答案】(8.2，10.8)

【分析】本题考查正态总体下，当方差未知时，总体均值的区间估计问题。

【详解】因为 μ 的置信度0.95的双侧置信度区间为

$$\left(\overline{x}-\frac{s}{\sqrt{n}}t_{0.025}, \overline{x}+\frac{s}{\sqrt{n}}t_{0.025}\right)$$

又

$$\overline{x}+\frac{s}{\sqrt{n}}t_{0.025}=10.8$$

故

$$\frac{s}{\sqrt{n}}t_{0.025}=10.8-\overline{x}=1.3$$

所以，该置信区间的置信下限为 $\overline{x}-\frac{s}{\sqrt{n}}t_{0.025}=9.5-1.3=8.2$。故应填(8.2，10.8)。

7.（2017年）设 $X_1, X_2, \cdots, X_n (n\geqslant 2)$ 为来自总体 $N(\mu, 1)$ 的简单随机样本，记 $\overline{X}=\frac{1}{n}\sum_{i=1}^{n}X_i$，则下列结论中不正确的是（　　）。

A. $\sum_{i=1}^{n}(X_i-\mu)^2$ 服从 χ^2 分布　　B. $2(X_n-X_1)^2$ 服从 χ^2 分布

C. $\sum_{i=1}^{n}(X_i-\overline{X})^2$ 服从 χ^2 分布　　D. $n(\overline{X}-\mu)^2$ 服从 χ^2 分布

【答案】B

【分析】利用正态总体下常用抽样分布的有关结论求解。

【详解】因 $X_1, X_2, \cdots, X_n$ 为来自总体 $N(\mu,1)$ 的简单随机样本，所以

$$X_i-\mu\sim N(0,1), i=1, 2, \cdots, n$$

且 $X_1-\mu, X_2-\mu, \cdots, X_n-\mu$ 相互独立，故 $\sum_{i=1}^{n}(X_i-\mu)^2$ 服从 $\chi^2(n)$ 分布。又由 $X_n-X_1\sim N(0, 2)$ 知，$\frac{X_2-X_1}{\sqrt{2}}\sim N(0,1)$，于是

$$\frac{(X_2-X_1)^2}{2}\sim\chi^2(1)$$

故 $2(X_n-X_1)^2$ 服从 χ^2 分布不正确。选B。

8.（2018年）设总体 X 服从正态分布 $N(\mu, \sigma^2)$，$x_1, x_2, \cdots, x_n$ 是来自总体 X 的简单随机

样本。据此样本检验假设 $H_0: \mu=\mu_0$，$H_1: \mu\neq\mu_0$，则(　　)。

A. 如果在检验水平 $\alpha=0.05$ 下拒绝 H_0，那么在检验水平 $\alpha=0.01$ 下必拒绝 H_0

B. 如果在检验水平 $\alpha=0.05$ 下接受 H_0，那么在检验水平 $\alpha=0.01$ 下必接受 H_0

C. 如果在检验水平 $\alpha=0.05$ 下拒绝 H_0，那么在检验水平 $\alpha=0.01$ 下必拒绝 H_0

D. 如果在检验水平 $\alpha=0.05$ 下接受 H_0，那么在检验水平 $\alpha=0.01$ 下必接受 H_0

【答案】D

【详解】若 σ^2 已知，假设 H_0 的接受域：$|u|<u_{\alpha/2}$，其中 $u_{\alpha/2}$ 为正态分布的 $\frac{\alpha}{2}$(上)分位数。若 σ^2 未知，假设 H_0 的接受域：$|t|<t_{\alpha/2}(n-1)$，其中 $t_{\alpha/2}(n-1)$ 为自由度是 $n-1$ 的 t 分布的 $\frac{\alpha}{2}$(上)分位数。显然检验水平 α 变小，接受域都变大。故选 D。

9.（2018 年）设 $X_1, X_2, \cdots, X_n (n\geqslant 2)$ 为来自总体 $N(\mu,\sigma^2)$ $(\sigma>0)$ 的简单随机样本，令 $\overline{X}=\frac{1}{n}\sum_{i=1}^{n}X_i, S=\sqrt{\frac{1}{n-1}\sum_{i=1}^{n}(X_i-\overline{X})^2}, S^*=\sqrt{\frac{1}{n}\sum_{i=1}^{n}(X_i-\mu)^2}$，则(　　)。

A. $\frac{\sqrt{n}(\overline{X}-\mu)}{S}\sim t(n)$　　B. $\frac{\sqrt{n}(\overline{X}-\mu)}{S}\sim t(n-1)$

C. $\frac{\sqrt{n}(\overline{X}-\mu)}{S^*}\sim t(n)$　　D. $\frac{\sqrt{n}(\overline{X}-\mu)}{S^*}\sim t(n-1)$

【答案】B

【分析】利用正态总体下常用抽样分布的有关性质求解。

【详解】因 $X_1, X_2, \cdots, X_n$ 为来自总体 $N(\mu,\sigma^2)$ 的简单随机样本，所以

$$\overline{X}\sim N(\mu,\frac{\sigma^2}{n})$$

即

$$\frac{\sqrt{n}(\overline{X}-\mu)}{\sigma}\sim N(0,1)$$

且

$$\frac{(n-1)S^2}{\sigma^2}\sim\chi^2(n-1)$$

因此

$$\frac{\frac{\sqrt{n}(\overline{X}-\mu)}{n}}{\sqrt{\frac{\frac{(n-1)S^2}{\sigma^2}}{n-1}}}\sim t(n-1)$$

即

$$\frac{\sqrt{n}(\overline{X}-\mu)}{S}\sim t(n-1)$$

故选 B。

10.（2020 年）设 $X_1, X_2, \cdots, X_{100}$ 为来自总体 X 的简单随机样本，其中，$P\{X=0\}=P\{X=1\}=\frac{1}{2}$，$\Phi(x)$ 为标准正态分布，利用中心极限定理可得 $P\{\sum_{i=1}^{100}X_i\leqslant 55\}$ 的近似值为

(　　)。

A. $1-\Phi(1)$　　B. $\Phi(1)$　　C. $1-\Phi(0.2)$　　D. $\Phi(0.2)$

【答案】B

【详解】首先计算总体的均值与方差,计算结果为 $E(X)=0.5$,$D(X)=0.25$,进一步计算和的均值和方差为 $E(\sum_{i=1}^{100}X_i)=50$,$D(\sum_{i=1}^{100}X_i)=25$,因此,由中心极限定理得

$$P\left\{\sum_{i=1}^{100}X_i\leqslant 55\right\}=P\left\{\frac{\sum_{i=1}^{100}X_i-50}{\sqrt{25}}\leqslant\frac{55-50}{5}\right\}=\Phi(1)$$

故选 B。

11. (2021年)设 $(X_1,Y_1),(X_2,Y_2),\cdots,(X_n,Y_n)$ 为来自正态总体 $N(\mu_1,\mu_2,\sigma_1^2,\sigma_2^2,\rho)$ 的简单随机样本,令 $\theta=\mu_1-\mu_2$,$\overline{X}=\frac{\sum_{i=1}^{n}X_i}{n}$,$\overline{Y}=\frac{\sum_{i=1}^{n}Y_i}{n}$,$\hat{\theta}=\overline{X}-\overline{Y}$,则(　　)。

A. $\hat{\theta}$是 θ 的无偏估计,$D(\hat{\theta})=\frac{\sigma_1^2+\sigma_2^2}{n}$

B. $\hat{\theta}$不是 θ 的无偏估计,$D(\hat{\theta})=\frac{\sigma_1^2+\sigma_2^2}{n}$

C. $\hat{\theta}$是 θ 的无偏估计,$D(\hat{\theta})=\frac{\sigma_1^2+\sigma_2^2-2\rho\sigma_1\sigma_2}{n}$

D. $\hat{\theta}$不是 θ 的无偏估计,$D(\hat{\theta})=\frac{\sigma_1^2+\sigma_2^2-2\rho\sigma_1\sigma_2}{n}$

【答案】C

【详解】该题比较容易,代入基本公式可得 C 正确。

12. (2021年)设 $X_1,X_2,\cdots,X_{16}$ 是来自总体 $N(\mu,4)$ 的简单随机样本,考虑假设检验问题:$H_0:\mu\leqslant 10$,$H_1:\mu>10$。$\Phi(x)$ 表示标准正态分布函数。若该检验问题的拒绝域为 $W=\{\overline{X}>11\}$,其中 $\overline{X}=\frac{1}{16}\sum_{i=1}^{16}X_i$,则 $\mu=11.5$ 时,该检验犯第二类错误的概率为(　　)。

A. $1-\Phi(0.5)$　　B. $1-\Phi(1)$　　C. $1-\Phi(1.5)$　　D. $1-\Phi(2)$

【答案】B

【详解】此题是基本概念题,只要理解假设检验中犯第二类错误的概率的定义,就不难解出正确结论。

该检验犯第二类错误的概率为

$$\beta=P(\overline{W}\mid\mu=11.5)=P(\overline{X}\leqslant 11\mid\mu=11.5)$$
$$=\Phi\left(\frac{11-11.5}{2/\sqrt{16}}\right)=\Phi(-1)=1-\Phi(1)$$

故 B 是正确答案。

13. (2021年)设总体 X 的概率分布为 $P\{X=1\}=\frac{1-\theta}{2}$,$P\{X=2\}=P\{X=3\}=\frac{1+\theta}{4}$。利用来自总体 X 的样本值 1,3,2,2,1,3,1,2,可得 θ 的最大似然估计值为(　　)。

A. $\frac{1}{4}$　　B. $\frac{3}{8}$　　C. $\frac{1}{2}$　　D. $\frac{5}{8}$

【答案】A

【详解】先求似然函数：$L(x_i;\theta)=\left(\frac{1-\theta}{2}\right)^3\left(\frac{1+\theta}{4}\right)^5$，求导取对数，写出对数似然方程为

$$-\frac{3}{1-\theta}+\frac{5}{1+\theta}=0$$

$$\hat{\theta}=\frac{1}{4}$$

因此选 A。

二、计算证明题

1.（2012 年）设随机变量 X 与 Y 相互独立且分别服从正态分布 $N(\mu,\sigma^2)$ 与 $N(\mu,2\sigma^2)$，其中 σ 是未知参数且 $\sigma>0$。设 $Z=X-Y$。

（Ⅰ）求 Z 的概率密度 $f(z,\sigma^2)$；

（Ⅱ）设 $Z_1,Z_2,\cdots,Z_n$ 为来自总体 Z 的简单随机样本，求 σ^2 的最大似然估计 $\hat{\sigma}^2$；

（Ⅲ）证明 $\hat{\sigma}^2$ 为 σ^2 的无偏估计量。

【详解】（Ⅰ）由 $X\sim N(\mu,\sigma^2)$，$Y\sim N(\mu,2\sigma^2)$，且 X 与 Y 相互独立可知

$$Z=X-Y\sim N(0,3\sigma^2)$$

于是，Z 的概率密度

$$f(z,\sigma^2)=\frac{1}{\sqrt{6\pi}\sigma}e^{-\frac{z^2}{6\sigma^2}},\quad -\infty<z<+\infty$$

（Ⅱ）似然函数为

$$\begin{aligned}&L(z_1,z_2,\cdots,z_n,\sigma^2)\\&=f(z_1,\sigma^2)f(z_2,\sigma^2)\cdots f(z_n,\sigma^2)\\&=(6\pi\sigma^2)^{-\frac{n}{2}}e^{-\frac{1}{6\sigma^2}\sum_{i=1}^{n}z_i^2}\end{aligned}$$

取对数得

$$\ln L=-\frac{n}{2}\ln(6\pi)-\frac{n}{2}\ln\sigma^2-\frac{1}{6\sigma^2}\sum_{i=1}^{n}z_i^2$$

对 σ^2 求导得

$$\frac{d\ln L}{d\sigma^2}=-\frac{n}{2\sigma^2}+\frac{1}{6\sigma^4}\sum_{i=1}^{n}z_i^2$$

令

$$\frac{d\ln L}{d\sigma^2}=0$$

得 σ^2 的最大似然估计

$$\hat{\sigma}^2=\frac{1}{3n}\sum_{i=1}^{n}Z_i^2$$

（Ⅲ）$$E(\hat{\sigma}^2)=\frac{1}{3n}\sum_{i=1}^{n}E(Z_i^2)=\frac{1}{3n}\sum_{i=1}^{n}[D(Z_i)+E^2(Z_i)]=\frac{1}{3n}\sum_{i=1}^{n}3\sigma^2=\sigma^2$$

故 $\hat{\sigma}^2$ 为 σ^2 的无偏估计量。

2.（2013 年）设总体 X 的概率密度为

$$f(x;\theta)=\begin{cases}\dfrac{\theta^2}{x^3}e^{-\frac{\theta}{x}}, & x>0\\ 0, & 其他\end{cases}$$

其中,θ 为未知参数且大于零，X_1，X_2，…，X_n 为来自总体 X 的简单随机样本。

(Ⅰ)求 θ 的矩估计量；

(Ⅱ)求 θ 的最大似然估计量。

【详解】(Ⅰ)因为

$$E(X)=\int_{-\infty}^{+\infty}xf(x)\mathrm{d}x=\int_0^{+\infty}\frac{\theta^2}{x^2}e^{-\frac{\theta}{x}}\mathrm{d}x=\theta e^{-\frac{\theta}{x}}\Big|_0^{+\infty}=\theta$$

于是令

$$E(X)=\frac{1}{n}\sum_{i=1}^{n}X_i$$

得 θ 的矩估计量为

$$\hat{\theta}=\frac{1}{n}\sum_{i=1}^{n}X_i$$

(Ⅱ)似然函数为

$$\begin{aligned}&L(x_1,x_2,\cdots,x_n,\theta)\\&=\prod_{i=1}^{n}f(x_i;\theta)\\&=\begin{cases}\dfrac{\theta^{2n}}{(x_1x_2\cdots x_3)^3}e^{-\theta\sum\limits_{i=1}^{n}\frac{1}{x_i}}, & x_1,x_2,\cdots,x_n>0\\ 0, & 其他\end{cases}\end{aligned}$$

当 $x_1,x_2,\cdots,x_n>0$ 时,取对数得

$$\ln L=2n\ln\theta-3\ln(x_1x_2\cdots x_n)-\theta\sum_{i=1}^{n}\frac{1}{x_i}$$

对 θ 求导得

$$\frac{\mathrm{d}\ln L}{\mathrm{d}\theta}=\frac{2n}{\theta}-\sum_{i=1}^{n}\frac{1}{x_i}$$

令

$$\frac{\mathrm{d}\ln L}{\mathrm{d}\theta}=0$$

得 θ 的最大似然估计值为

$$\hat{\theta}=\frac{2n}{\sum\limits_{i=1}^{n}\frac{1}{x_i}}$$

所以 θ 的最大似然估计量为

$$\hat{\theta}=\frac{2n}{\sum\limits_{i=1}^{n}\frac{1}{X_i}}$$

3.(2014年)设总体 X 的分布函数为

$$F(x;\theta)=\begin{cases}1-e^{-\frac{x^2}{\theta}}, & x\geqslant 0\\ 0, & x<0\end{cases}$$

其中 θ 为未知参数且大于零，$X_1, X_2, \cdots, X_n$ 为来自总体 X 的简单随机样本。

（Ⅰ）求 $E(X)$ 与 $E(X^2)$；

（Ⅱ）求 θ 的最大似然估计量 $\hat{\theta}_n$；

（Ⅲ）是否存在实数 a，使得对任何 $\varepsilon>0$，都有 $\lim\limits_{n\to\infty} P\{|\hat{\theta}_n-a|\geqslant\varepsilon\}=0$？

【详解】（Ⅰ）总体 X 的概率密度为

$$f(x,\theta)=F'(x,\theta)=\begin{cases}\dfrac{2x}{\theta}\mathrm{e}^{-\frac{x^2}{\theta}}, & x\geqslant 0\\ 0, & x<0\end{cases}$$

于是

$$\begin{aligned}E(X)&=\int_{-\infty}^{+\infty}xf(x,\theta)\mathrm{d}x=\int_0^{+\infty}x\cdot\frac{2x}{\theta}\mathrm{e}^{-\frac{x^2}{\theta}}\mathrm{d}x=-\int_0^{+\infty}x\mathrm{d}\mathrm{e}^{-\frac{x^2}{\theta}}\\&=-x\mathrm{e}^{-\frac{x^2}{\theta}}\Big|_0^{+\infty}+\int_0^{+\infty}\mathrm{e}^{-\frac{x^2}{\theta}}\mathrm{d}x=\int_0^{+\infty}\mathrm{e}^{-\frac{x^2}{\theta}}\mathrm{d}x\\&=\frac{1}{2}\int_{-\infty}^{+\infty}\mathrm{e}^{-\frac{x^2}{\theta}}\mathrm{d}x=\frac{\sqrt{\pi\theta}}{2}\quad（注意：\int_{-\infty}^{+\infty}\mathrm{e}^{-x^2}\mathrm{d}x=\sqrt{\pi}）\end{aligned}$$

$$E(X^2)=\int_{-\infty}^{+\infty}x^2f(x,\theta)\mathrm{d}x=\int_0^{+\infty}x^2\cdot\frac{2x}{\theta}\mathrm{e}^{-\frac{x^2}{\theta}}\mathrm{d}x\overset{u=\frac{x^2}{\theta}}{=}\theta\int_0^{+\infty}u\mathrm{e}^{-u}\mathrm{d}u=\theta$$

（Ⅱ）设 $x_1, x_2, \cdots, x_n$ 为样本观测值，似然函数为

$$\begin{aligned}L(x_1,x_2,\cdots,x_n,\theta)&=f(x_1)f(x_2)\cdots f(x_n)\\&=\begin{cases}\dfrac{2^n x_1x_2\cdots x_n}{\theta^n}\mathrm{e}^{-\frac{1}{\theta}\sum\limits_{i=1}^n x_i^2}, & x_1,x_2,\cdots,x_n>0\\ 0, & 其他\end{cases}\end{aligned}$$

当 $x_1, x_2, \cdots, x_n>0$ 时，取对数得

$$\ln L=n\ln 2+\ln x_1+\ln x_2+\cdots+\ln x_n-n\ln\theta-\frac{1}{\theta}\sum_{i=1}^n x_i^2$$

对 θ 求导得

$$\frac{\mathrm{d}\ln L}{\mathrm{d}\theta}=-\frac{n}{\theta}+\frac{1}{\theta^2}\sum_{i=1}^n x_i^2$$

令

$$\frac{\mathrm{d}\ln L}{\mathrm{d}\theta}=0$$

得 θ 的最大似然估计值为

$$\hat{\theta}_n=\frac{1}{n}\sum_{i=1}^n x_i^2$$

所以 θ 的最大似然估计量为

$$\hat{\theta}_n=\frac{1}{n}\sum_{i=1}^n X_i^2$$

（Ⅲ）因为 $\{X_n^2\}$ 是独立同分布随机变量序列，且 $E(X_1^2)=E(X^2)=\theta<+\infty$，由辛钦大数定律知，当 $n\to+\infty$ 时，$\hat{\theta}_n=\dfrac{1}{n}\sum\limits_{i=1}^n X_i^2$ 依概率收敛于 $E(X_1^2)=\theta$，所以存在实数 $a=\theta$，使

得对任何 $\varepsilon>0$，都有

$$\lim_{n\to\infty}P\{|\hat{\theta}_n-a|\geqslant\varepsilon\}=0$$

4.(2015年)设总体 X 的概率密度为

$$f(x,\theta)=\begin{cases}\dfrac{1}{1-\theta}, & \theta\leqslant x\leqslant 1,\\ 0, & 其他\end{cases}$$

其中,θ 为未知参数,X_1, X_2,…, X_n 为来自总体 X 的简单随机样本。

(Ⅰ)求 θ 的矩估计量;

(Ⅱ)求 θ 的最大似然估计量。

【详解】(Ⅰ) $E(X)=\int_{-\infty}^{+\infty}xf(x;\theta)\mathrm{d}x=\int_{\theta}^{1}x\cdot\dfrac{1}{1-\theta}\mathrm{d}x=\dfrac{1+\theta}{2}$

令

$$E(X)=\overline{X}$$

其中

$$\overline{X}=\frac{1}{n}\sum_{i=1}^{n}X_i$$

即

$$\frac{1+\theta}{2}=\overline{X}$$

解得 $\hat{\theta}=2\overline{X}-1$ 为 θ 的矩估计量。

(Ⅱ)设 x_1, x_2,…, x_n 为样本观测值,似然函数为

$$L(x_1,x_2,\cdots,x_n,\theta)=f(x_1,\theta)f(x_2,\theta)\cdots f(x_n,\theta)$$

$$=\begin{cases}\left(\dfrac{1}{1-\theta}\right)^n, & \theta\leqslant x_i\leqslant 1, i=1,\cdots,n\\ 0, & 其他\end{cases}$$

当 $\theta\leqslant x_i\leqslant 1$, $i=1$, 2,…, n 时,

$$L(\theta)=\prod_{i=1}^{n}\frac{1}{1-\theta}=\left(\frac{1}{1-\theta}\right)^n$$

则

$$\ln L=-n\ln(1-\theta)$$

从而

$$\frac{\mathrm{d}\ln L(\theta)}{\mathrm{d}\theta}=\frac{n}{1-\theta}>0$$

即 $\ln L$ 关于 θ 单调增加,所以 $\hat{\theta}=\min\{X_1,X_2,\cdots,X_n\}$ 为 θ 的最大似然估计量。

5.(2016年)设总体 X 的概率密度为

$$f(x,\theta)=\begin{cases}\dfrac{3x^2}{\theta^3}, & 0<x<\theta\\ 0, & 其他\end{cases}$$

其中,$\theta\in(0,+\infty)$为未知参数,X_1, X_2, X_3 为来自总体 X 的简单随机样本。令

$$T=\max(X_1,X_2,X_3)$$

（Ⅰ）求 T 的概率密度；

（Ⅱ）确定 a，使得 aT 为 θ 的无偏估计。

【详解】（Ⅰ）X 的分布函数为

$$F(x,\theta)=\int_{-\infty}^{x}f(t,\theta)\mathrm{d}t=\begin{cases}0, & x<0\\ \int_0^x\frac{3t^2}{\theta^3}\mathrm{d}t, & 0\leqslant x<\theta\\ 1, & x\geqslant\theta\end{cases}=\begin{cases}0, & x<0\\ \frac{x^3}{\theta^3}, & 0\leqslant x<\theta\\ 1, & x\geqslant\theta\end{cases}$$

T 的分布函数为

$$F_T(t,\theta)=F^3(t,\theta)=\begin{cases}0, & t<0\\ \frac{t^9}{\theta^9}, & 0\leqslant t<\theta\\ 1, & t\geqslant\theta\end{cases}$$

T 的概率密度为

$$f_T(t,\theta)=F'_T(t,\theta)=\begin{cases}\frac{9t^8}{\theta^9}, & 0<t<\theta\\ 0, & \text{其他}\end{cases}$$

（Ⅱ）
$$E(aT)=aE(T)=a\int_{-\infty}^{+\infty}tf_T(t,\theta)=a\int_0^\theta\frac{9t^9}{\theta^9}\mathrm{d}t=\frac{9a\theta}{10}$$

令

$$E(aT)=\frac{9a\theta}{10}=\theta$$

得

$$a=\frac{10}{9}$$

故当 $a=\frac{10}{9}$ 时，aT 为 θ 的无偏估计。

6.（2017 年）某工程师为了解一台天平的精度，用该天平对一物体的质量进行 n 次测量，该物体的质量 μ 是已知的。设 n 次测量结果 X_1，X_2，…，X_n 相互独立且均服从正态分布 $N(\mu,\sigma^2)$，该工程师记录的是 n 次测量的绝对误差 $Z_i=|X_i-\mu|(i=1, 2,\cdots, n)$。利用 Z_1，Z_2，…，Z_n 估计 σ。

（Ⅰ）求 Z_1 的概率密度；

（Ⅱ）利用一阶矩求 σ 的矩估计量；

（Ⅲ）求 σ 的最大似然估计量。

【分析】本题主要考查点估计的两种方法：矩估计法与最大似然估计法。但要注意的是，样本是 Z_1，Z_2，…，Z_n。由于样本与总体同分布，因此第一问的结果实际就是总体的分布。

【详解】（Ⅰ）因为 X_1 服从正态分布 $N(\mu,\sigma^2)$，故随机变量 $Z_1=|X_1-\mu|$ 的分布函数

$$F_{Z_1}(z)=P\{Z_1\leqslant z\}=P\{|X_1-\mu|\leqslant z\}=\begin{cases}2\Phi(\frac{z}{\sigma})-1, & z\geqslant0\\ 0, & z<0\end{cases}$$

其中，$\Phi(x)$ 表示标准正态分布函数。所以 Z_1 的概率密度函数

$$f_{Z_1}(z)=F'_{Z_1}(z)=\begin{cases}\frac{2}{\sqrt{2\pi}\sigma}\mathrm{e}^{-\frac{z^2}{2\sigma^2}}, & z\geqslant0\\ 0, & z<0\end{cases}$$

(Ⅱ)

$$E(Z_1)=\int_{-\infty}^{+\infty}zf(z)\mathrm{d}z=\frac{2}{\sqrt{2\pi}\sigma}\int_0^{+\infty}z\mathrm{e}^{-\frac{z^2}{2\sigma^2}}\mathrm{d}z$$
$$=\frac{2}{\sqrt{2\pi}\sigma}\cdot\left(-\sigma^2\mathrm{e}^{-\frac{z^2}{2\sigma^2}}\Big|_0^{+\infty}\right)=\frac{2}{\sqrt{2\pi}}\sigma$$

令

$$E(Z_1)=\frac{2}{\sqrt{2\pi}}\sigma=\overline{Z}$$

其中

$$\overline{Z}=\frac{1}{n}\sum_{i=1}^{n}Z_i$$

得σ的矩估计量

$$\hat{\sigma}=\frac{\sqrt{2\pi}}{2}\overline{Z}$$

(Ⅲ)设$z_1,z_2,\cdots,z_n$为样本$Z_1,Z_2,\cdots,Z_n$的观测值，则似然函数为

$$L(z_1,z_2,\cdots,z_n,\sigma)=f(z_1)f(z_2)\cdots f(z_n)=\left(\frac{2}{\sqrt{2\pi}}\right)^n\sigma^{-n}\mathrm{e}^{-\frac{1}{2\sigma^2}\sum\limits_{i=1}^{n}z_i^2}$$

$$\ln L=n\ln\frac{2}{\sqrt{2\pi}}-n\ln\sigma-\frac{1}{2\sigma^2}\sum_{i=1}^{n}z_i^2$$

令

$$\frac{\mathrm{d}\ln L}{\mathrm{d}\sigma}=-\frac{n}{\sigma}+\frac{1}{\sigma^3}\sum_{i=1}^{n}z_i^2=0$$

得σ的最大似然估计值为

$$\sigma=\sqrt{\frac{1}{n}\sum_{i=1}^{n}z_i^2}$$

于是σ的最大似然估计量为

$$\hat{\sigma}=\sqrt{\frac{1}{n}\sum_{i=1}^{n}Z_i^2}$$

7.(2018年)设总体X的概率密度为

$$f(x;\sigma)=\frac{1}{2\sigma}\mathrm{e}^{-\frac{|x|}{\sigma}},\quad -\infty<x<+\infty$$

其中,$\sigma\in(0,+\infty)$为未知参数,$X_1,X_2,\cdots,X_n$为来自总体X的简单随机样本。记σ的最大似然估计量为$\hat{\sigma}$。

(1) 求$\hat{\sigma}$;

(2) 求$E(\hat{\sigma})$和$D(\hat{\sigma})$。

【分析】本题考查最大似然估计与统计量的数字特征的计算,而统计量的数字特征本质上就是随机变量函数的数学期望。属于常规题。

【详解】(1) 似然函数为

$$L(x_1,x_2,\cdots,x_n;\sigma)=\prod_{i=1}^{n}f(x_i;\sigma)=\frac{1}{2^n\sigma^n}\mathrm{e}^{-\frac{1}{\sigma}\sum\limits_{i=1}^{n}|x_i|},\quad -\infty<x_i<+\infty,i=1,2,\cdots$$

于是

$$\ln L=-n\ln 2-n\ln\sigma-\frac{1}{\sigma}\sum_{i=1}^{n}|x_i|$$

令

$$\frac{\mathrm{d}\ln L}{\mathrm{d}\sigma}=-\frac{n}{\sigma}+\frac{1}{\sigma^2}\sum_{i=1}^{n}|x_i|=0$$

得 σ 的最大似然估计量为

$$\hat{\sigma}=\frac{1}{n}\sum_{i=1}^{n}|X_i|$$

(2) $$E(\hat{\sigma})=\frac{1}{n}\sum_{i=1}^{n}E|X_i|=E|X_i|=E|X|=\int_{-\infty}^{+\infty}|x|\frac{1}{2\sigma}\mathrm{e}^{-\frac{|x|}{\sigma}}\mathrm{d}x$$
$$=\int_{0}^{+\infty}x\frac{1}{\sigma}\mathrm{e}^{-\frac{x}{\sigma}}\mathrm{d}x=-\int_{0}^{+\infty}x\mathrm{d}\mathrm{e}^{-\frac{x}{\sigma}}$$
$$=-x\mathrm{e}^{-\frac{x}{\sigma}}\Big|_{0}^{+\infty}+\int_{0}^{+\infty}\mathrm{e}^{-\frac{x}{\sigma}}\mathrm{d}x=\sigma$$

$$D(\hat{\sigma})=\frac{1}{n^2}\sum_{i=1}^{n}D|X_i|=\frac{1}{n}D|X_i|=\frac{1}{n}D|X|$$

$$D|X|=E(X^2)-[E|X|]^2=E(X^2)-\sigma^2$$

而

$$E(X^2)=\int_{-\infty}^{+\infty}x^2\frac{1}{2\sigma}\mathrm{e}^{-\frac{|x|}{\sigma}}\mathrm{d}x=\int_{0}^{+\infty}x^2\frac{1}{\sigma}\mathrm{e}^{-\frac{x}{\sigma}}\mathrm{d}x=-\int_{0}^{+\infty}x^2\mathrm{d}\mathrm{e}^{-\frac{x}{\sigma}}$$
$$=-x^2\mathrm{e}^{-\frac{x}{\sigma}}\Big|_{0}^{+\infty}+\int_{0}^{+\infty}2x\mathrm{e}^{-\frac{x}{\sigma}}\mathrm{d}x=2\int_{0}^{+\infty}x\mathrm{e}^{-\frac{x}{\sigma}}\mathrm{d}x=2\sigma^2$$

$$D|X|=E(X^2)-\sigma^2=\sigma^2$$

故

$$D(\hat{\sigma})=\frac{1}{n}D|X|=\frac{\sigma^2}{n}$$

8. (2019 年)设总体 X 的概率密度为

$$f(x)=\begin{cases}\dfrac{A}{\sigma}\mathrm{e}^{-\frac{(x-\mu)^2}{2\sigma^2}}, & x\geqslant\mu\\ 0, & x<\mu\end{cases}$$

μ 是已知参数,$\sigma>0$ 是未知参数,A 是常数,$X_1,X_2,\cdots,X_n$是来自总体 X 的简单随机样本。

(1) 求 A;

(2) 求σ^2的最大似然估计量。

【详解】(1) $\int_{\mu}^{\infty}\frac{A}{\sigma}\mathrm{e}^{-\frac{(x-\mu)^2}{2\sigma^2}}\mathrm{d}x=A\int_{0}^{\infty}\mathrm{e}^{-\frac{x^2}{2}}\mathrm{d}x=A\sqrt{\frac{\pi}{2}}=1$

$$A=\frac{1}{\sqrt{\frac{\pi}{2}}}=\sqrt{\frac{2}{\pi}}$$

(2) 似然函数

$$L(x_i;\sigma^2)=\left(\sqrt{\frac{2}{\pi}}\right)^n(\sigma^2)^{-\frac{n}{2}}\mathrm{e}^{-\frac{1}{2\sigma^2}\sum_{i=1}^{n}(x_i-\mu)^2}$$

取对数、求导令其为0,解方程可得

$$\hat{\sigma}^2 = \frac{1}{n}\sum_{i=1}^{n}(x_i-\mu)^2$$

9.(2020年)某元件寿命 T 的概率分布为

$$F(t)=\begin{cases}1-\mathrm{e}^{-\left(\frac{t}{\theta}\right)^m}, & t\geqslant 0\\ 0, & t<0\end{cases}$$

m、θ 为参数且 m、θ 大于0。

(1) 求 $P\{T>s\}$,$P\{T>s+t\mid T>s\}$;

(2) 有 n 个这种元件,寿命为 $t_1,t_2,\cdots,t_n$,m 已知,求 θ 的最大似然估计。

【详解】(1) $P\{T>s\}=1-P\{T\leqslant s\}=\mathrm{e}^{-\left(\frac{s}{\theta}\right)^m}$

$$P\{T>s+t\mid T>s\}=\frac{P\{T>s,T>s+t\}}{P\{T>s\}}=\frac{P\{T>s+t\}}{P\{T>s\}}=\frac{\mathrm{e}^{-\left(\frac{s+t}{\theta}\right)^m}}{\mathrm{e}^{-\left(\frac{s}{\theta}\right)^m}}=\mathrm{e}^{\left(\frac{s}{\theta}\right)^m-\left(\frac{s+t}{\theta}\right)^m}$$

(2) 对 T 分布函数求导即得 T 密度函数为

$$f(t)=\begin{cases}\dfrac{m}{\theta}\left(\dfrac{t}{\theta}\right)^{m-1}\mathrm{e}^{-\left(\frac{t}{\theta}\right)^m}, & t\geqslant 0\\ 0, & t<0\end{cases}$$

令

$$L(\theta)=\left(\frac{m}{\theta}\right)^n\frac{\prod\limits_{i=1}^{n}t_i^{\,m-1}}{\theta^{m(m-1)}}\mathrm{e}^{\frac{1}{\theta^m}\sum\limits_{i=1}^{n}t_{i=1}^m}$$

取对数、求导令其为0,解方程得

$$\hat{\theta}=\left(\frac{\sum\limits_{i=1}^{n}t_i^m}{n}\right)^{\frac{1}{m}}$$

附录C　常用统计分布表

附表 C.1　标准正态分布表

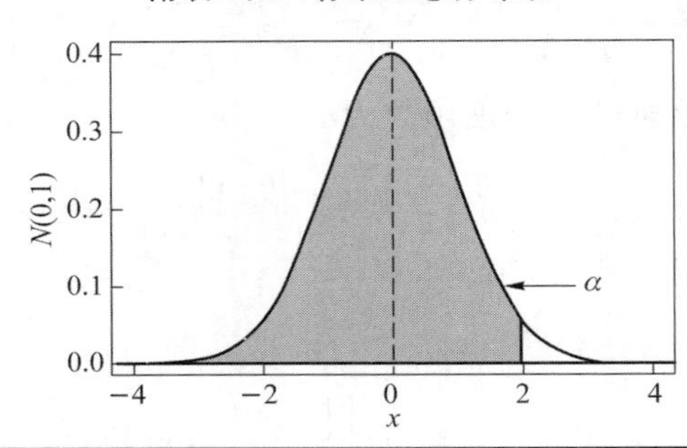

x	0	0.01	0.02	0.03	0.04	0.05	0.06	0.07	0.08	0.09
0.1	0.500 0	0.504 0	0.508 0	0.512 0	0.516 0	0.519 9	0.523 9	0.527 9	0.531 9	0.535 9
0.2	0.539 8	0.543 8	0.547 8	0.551 7	0.555 7	0.559 6	0.563 6	0.567 5	0.571 4	0.575 3
0.3	0.579 3	0.583 2	0.587 1	0.591 0	0.594 8	0.598 7	0.602 6	0.606 4	0.610 3	0.614 1
0.4	0.617 9	0.621 7	0.625 5	0.629 3	0.633 1	0.636 8	0.640 6	0.644 3	0.648 0	0.651 7
0.5	0.655 4	0.659 1	0.662 8	0.666 4	0.670 0	0.673 6	0.677 2	0.680 8	0.684 4	0.687 9
0.6	0.691 5	0.695 0	0.698 5	0.701 9	0.705 4	0.708 8	0.712 3	0.715 7	0.719 0	0.722 4
0.7	0.725 7	0.729 1	0.732 4	0.735 7	0.738 9	0.742 2	0.745 4	0.748 6	0.751 7	0.754 9
0.8	0.758 0	0.761 1	0.764 2	0.767 3	0.770 4	0.773 4	0.776 4	0.779 4	0.782 3	0.785 2
0.9	0.788 1	0.791 0	0.793 9	0.796 7	0.799 5	0.802 3	0.805 1	0.807 8	0.810 6	0.813 3
1.0	0.815 9	0.818 6	0.821 2	0.823 8	0.826 4	0.828 9	0.831 5	0.834 0	0.836 5	0.838 9
1.1	0.841 3	0.843 8	0.846 1	0.848 5	0.850 8	0.853 1	0.855 4	0.857 7	0.859 9	0.862 1
1.2	0.864 3	0.866 5	0.868 6	0.870 8	0.872 9	0.874 9	0.877 0	0.879 0	0.881 0	0.883 0
1.3	0.884 9	0.886 9	0.888 8	0.890 7	0.892 5	0.894 4	0.896 2	0.898 0	0.899 7	0.901 5
1.4	0.903 2	0.904 9	0.906 6	0.908 2	0.909 9	0.911 5	0.913 1	0.914 7	0.916 2	0.917 7
1.5	0.919 2	0.920 7	0.922 2	0.923 6	0.925 1	0.926 5	0.927 9	0.929 2	0.930 6	0.931 9
1.6	0.933 2	0.934 5	0.935 7	0.937 0	0.938 2	0.939 4	0.940 6	0.941 8	0.942 9	0.944 1
1.7	0.945 2	0.946 3	0.947 4	0.948 4	0.949 5	0.950 5	0.951 5	0.952 5	0.953 5	0.954 5
1.8	0.955 4	0.956 4	0.957 3	0.958 2	0.959 1	0.959 9	0.960 8	0.961 6	0.962 5	0.963 3
1.9	0.964 1	0.964 9	0.965 6	0.966 4	0.967 1	0.967 8	0.968 6	0.969 3	0.969 9	0.970 6
2.0	0.971 3	0.971 9	0.972 6	0.973 2	0.973 8	0.974 4	0.975 0	0.975 6	0.976 1	0.976 7

续 表

x	0	0.01	0.02	0.03	0.04	0.05	0.06	0.07	0.08	0.09
2.1	0.977 2	0.977 8	0.978 3	0.978 8	0.979 3	0.979 8	0.980 3	0.980 8	0.981 2	0.981 7
2.2	0.982 1	0.982 6	0.983 0	0.983 4	0.983 8	0.984 2	0.984 6	0.985 0	0.985 4	0.985 7
2.3	0.986 1	0.986 4	0.986 8	0.987 1	0.987 5	0.987 8	0.988 1	0.988 4	0.988 7	0.989 0
2.4	0.989 3	0.989 6	0.989 8	0.990 1	0.990 4	0.990 6	0.990 9	0.991 1	0.991 3	0.991 6
2.5	0.991 8	0.992 0	0.992 2	0.992 5	0.992 7	0.992 9	0.993 1	0.993 2	0.993 4	0.993 6
2.6	0.993 8	0.994 0	0.994 1	0.994 3	0.994 5	0.994 6	0.994 8	0.994 9	0.995 1	0.995 2
2.7	0.995 3	0.995 5	0.995 6	0.995 7	0.995 9	0.996 0	0.996 1	0.996 2	0.996 3	0.996 4
2.8	0.996 5	0.996 6	0.996 7	0.996 8	0.996 9	0.997 0	0.997 1	0.997 2	0.997 3	0.997 4
2.9	0.997 4	0.997 5	0.997 6	0.997 7	0.997 7	0.997 8	0.997 9	0.997 9	0.998 0	0.998 1
3.0	0.998 1	0.998 2	0.998 2	0.998 3	0.998 4	0.998 4	0.998 5	0.998 5	0.998 6	0.998 6

注：该表给出部分标准正态分布中的 $P(Z\leqslant x)$，其中 $Z\sim N(0,1)$，如有表中未给出而计算过程中又需要的可以按如下操作步骤计算。

方法一，利用 Excel 计算。打开 Excel(10.0 或以上版本)，输入"=NORMSDIST(x)"并回车即可得到要计算的概率值，如附图 C.1 所示。

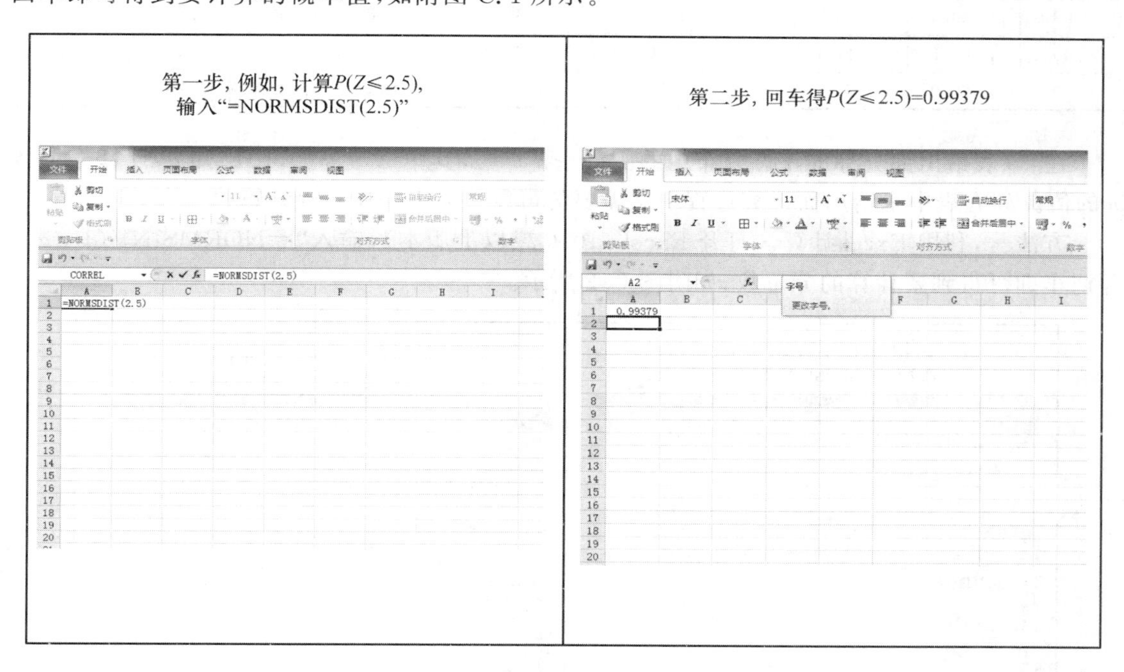

附图 C.1 利用 Excel 函数 NORMSDIST(x)计算正态分布函数值

方法二，利用 Python 计算(Jupyter Notebook)，更加简洁方便，程序如下。

```
In[1]:from scipy.stats import norm
      p = norm.cdf(2.5)
      p
Out[1]:0.9937903346742238
```

附表 C.2　标准正态分布上分位数表(部分)

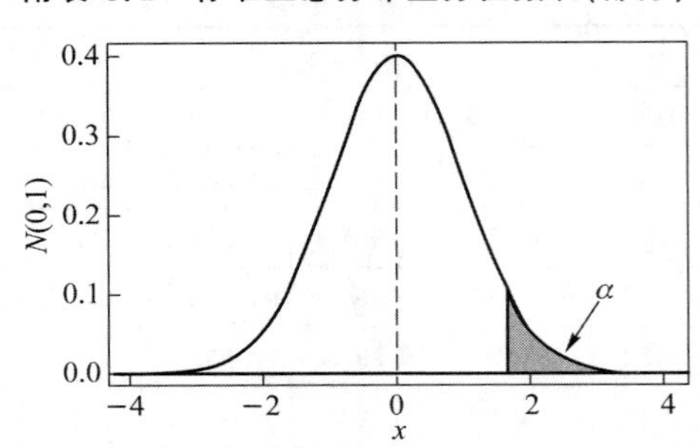

α	0.001	0.002	0.003	0.004	0.005	0.006	0.007	0.008	0.009
0.00	3.090 2	2.878 2	2.747 8	2.652 1	2.575 8	2.512 1	2.457 3	2.408 9	2.365 6
0.01	2.290 4	2.257 1	2.226 2	2.197 3	2.170 1	2.144 4	2.120 1	2.096 9	2.074 9
0.02	2.033 5	2.014 1	1.995 4	1.977 4	1.960 0	1.943 1	1.926 8	1.911 0	1.895 7
0.03	1.866 3	1.852 2	1.838 4	1.825 0	1.811 9	1.799 1	1.786 6	1.774 4	1.762 4
0.04	1.739 2	1.727 9	1.716 9	1.706 0	1.695 4	1.684 9	1.674 7	1.664 6	1.654 6
0.05	1.635 2	1.625 8	1.616 4	1.607 2	1.598 2	1.589 3	1.580 5	1.571 8	1.563 2
0.06	1.546 4	1.538 2	1.530 1	1.522 0	1.514 1	1.506 3	1.498 5	1.490 9	1.483 3
0.07	1.468 4	1.461 1	1.453 8	1.446 6	1.439 5	1.432 5	1.425 5	1.418 7	1.411 8
0.08	1.398 4	1.391 7	1.385 2	1.378 7	1.372 2	1.365 8	1.359 5	1.353 2	1.346 9
0.09	1.334 6	1.328 5	1.322 5	1.316 5	1.310 6	1.304 7	1.298 8	1.293 0	1.287 3
0.10	1.275 9	1.270 2	1.264 6	1.259 1	1.253 6	1.248 1	1.242 6	1.237 2	1.231 9

注：该表给出部分标准正态分布中的 $P(Z\geqslant x)=\alpha$，其中 $Z\sim N(0,1)$ 已知 α，计算分位数 x 的值。如有表中未给出而计算过程中又需要的可以按如下操作步骤计算。

方法一，利用 Excel 计算。打开 Excel (10.0 或以上版本)，输入“$=$NORMSINV($1-\alpha$)”并回车即可得到要计算的分位数，如附图 C.2 所示。

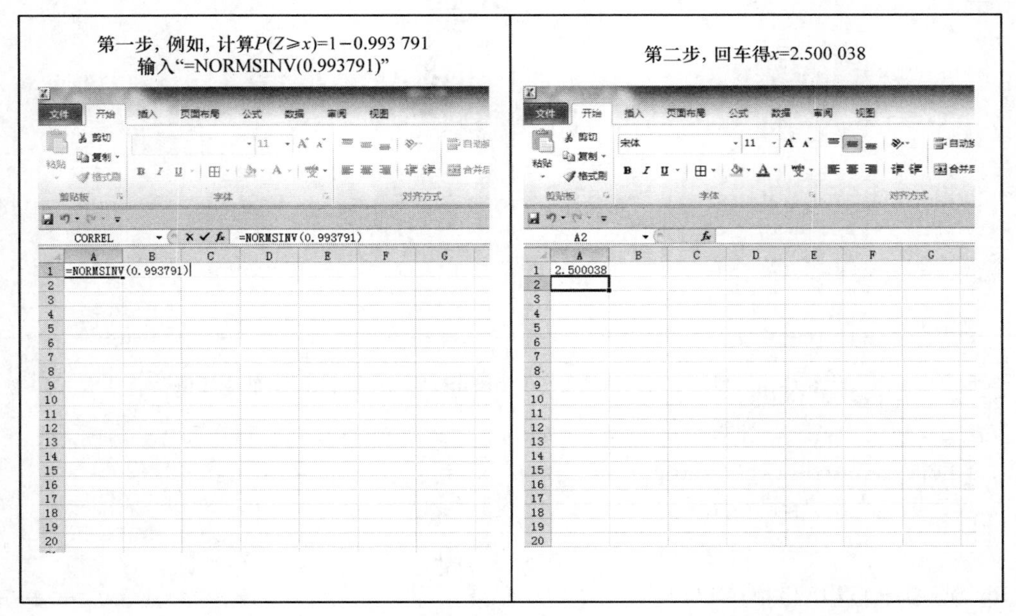

附图 C.2　利用 Excel 函数 NORMSINV($1-\alpha$) 计算分位数

方法二，利用 Python(Jupyter Notebook)计算，操作更加简便。

```
 In[2]:from scipy.stats inport norm
       x = norm.isf(0.006209)
       x
Out[2]:2.500037959033503
```

注：1－0.993 791＝0.006 209。

附表 C.3　t 分布上分位数表

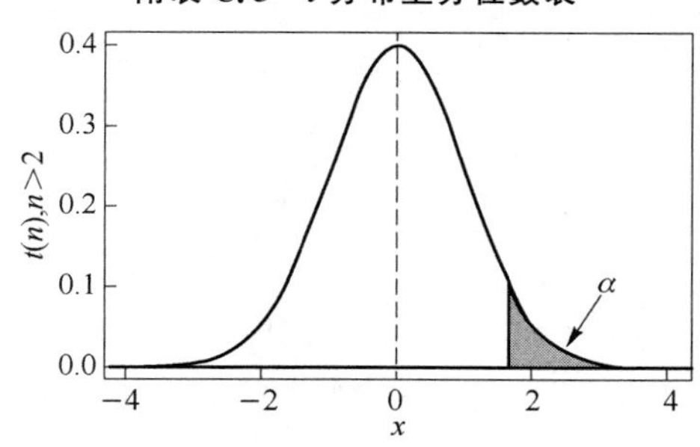

n	2α									
	0.005	0.01	0.015	0.02	0.025	0.03	0.035	0.04	0.045	0.05
1	127.32	63.657	42.434	31.821	25.452	21.205	18.171	15.895	14.124	12.706
2	14.08 9	9.924 8	8.072 8	6.964 6	6.205 3	5.642 8	5.203 9	4.848 7	4.553 4	4.302 7
3	7.453 3	5.840 9	5.047 3	4.540 7	4.176 5	3.896 0	3.670 0	3.481 9	3.321 6	3.182 4
4	5.597 6	4.604 1	4.088 0	3.746 9	3.495 4	3.297 6	3.135 5	2.998 5	2.880 3	2.776 4
5	4.773 3	4.032 1	3.633 8	3.364 9	3.163 4	3.002 9	2.869 9	2.756 5	2.657 8	2.570 6
6	4.316 8	3.707 4	3.372 3	3.142 7	2.968 7	2.828 9	2.712 3	2.612 2	2.524 7	2.446 9
7	4.029 3	3.499 5	3.203 2	2.998 0	2.841 2	2.714 6	2.608 3	2.516 8	2.436 3	2.364 6
8	3.832 5	3.355 4	3.085 1	2.896 5	2.751 5	2.633 8	2.534 7	2.449 0	2.373 5	2.306 0
9	3.689 7	3.249 8	2.998 2	2.821 4	2.685 0	2.573 8	2.479 9	2.398 4	2.326 6	2.262 2
10	3.581 4	3.169 3	2.931 6	2.763 8	2.633 8	2.527 5	2.437 5	2.359 3	2.290 2	2.228 1
11	3.496 6	3.105 8	2.878 9	2.718 1	2.593 1	2.490 7	2.403 7	2.328 1	2.261 2	2.201 0
12	3.428 4	3.054 5	2.836 3	2.681 0	2.560 0	2.460 7	2.376 3	2.302 7	2.237 5	2.178 8
13	3.372 5	3.012 3	2.801 0	2.650 3	2.532 6	2.435 8	2.353 5	2.281 6	2.217 8	2.160 4
14	3.325 7	2.976 8	2.771 4	2.624 5	2.509 6	2.414 9	2.334 2	2.263 8	2.201 2	2.144 8
15	3.286 0	2.946 7	2.746 2	2.602 5	2.489 9	2.397 0	2.317 8	2.248 5	2.187 0	2.131 4
16	3.252 0	2.920 8	2.724 5	2.583 5	2.472 9	2.381 5	2.303 6	2.235 4	2.174 7	2.119 9
17	3.222 4	2.898 2	2.705 6	2.566 9	2.458 1	2.368 1	2.291 1	2.223 8	2.163 9	2.109 8
18	3.196 6	2.878 4	2.688 9	2.552 4	2.445 0	2.356 2	2.280 2	2.213 7	2.154 4	2.100 9
19	3.173 7	2.860 9	2.674 2	2.539 5	2.433 4	2.345 6	2.270 5	2.204 7	2.146 0	2.093 0
20	3.153 4	2.845 3	2.661 1	2.528 0	2.423 1	2.336 2	2.261 9	2.196 7	2.138 5	2.086 0
21	3.135 2	2.831 4	2.649 3	2.517 6	2.413 8	2.327 8	2.254 1	2.189 4	2.131 8	2.079 6
22	3.118 8	2.818 8	2.638 7	2.508 3	2.405 5	2.320 2	2.247 0	2.182 9	2.125 6	2.073 9

续 表

n	2α									
	0.005	0.01	0.015	0.02	0.025	0.03	0.035	0.04	0.045	0.05
23	3.104 0	2.807 3	2.629 0	2.499 9	2.397 9	2.313 2	2.240 6	2.177 0	2.120 1	2.068 7
24	3.090 5	2.796 9	2.620 3	2.492 2	2.390 9	2.306 9	2.234 8	2.171 5	2.115 0	2.063 9
25	3.078 2	2.787 4	2.612 2	2.485 1	2.384 6	2.301 1	2.229 5	2.166 6	2.110 4	2.059 5
26	3.066 9	2.778 7	2.604 9	2.478 6	2.378 8	2.295 8	2.224 6	2.162 0	2.106 1	2.055 5
27	3.056 5	2.770 7	2.598 1	2.472 7	2.373 4	2.290 9	2.220 1	2.157 8	2.102 2	2.051 8
28	3.046 9	2.763 3	2.591 8	2.467 1	2.368 5	2.286 4	2.215 9	2.153 9	2.098 6	2.048 4
29	3.038 0	2.756 4	2.586 0	2.462 0	2.363 8	2.282 2	2.212 0	2.150 3	2.095 2	2.045 2
30	3.029 8	2.750 0	2.580 6	2.457 3	2.359 6	2.278 3	2.208 4	2.147 0	2.092 0	2.042 3

注：该表给出部分 t 分布中的 $P(T\geqslant x)=2\alpha$，其中 $T\sim t(n)$，已知 α，计算分位数 x 的值。如有表中未给出而计算过程中又需要的可以按如下操作步骤计算。

方法一，打开 Excel (10.0 或以上版本)，输入“=TINV(p,n)”，$p=2\alpha$ 是双边概率和，n 是自由度，回车即可得到要计算的分位数，如附图 C.3 所示。

附图 C.3　利用 Excel 函数 TINV(p,n)计算分位数

方法二，利用 Python(Jupyter Notebook)计算，操作更加简便、容易。

```
 In[3]:from scipy.stats import t
      x = t.isf(0.025,8)
      x
Out[3]:2.306004135033371
```

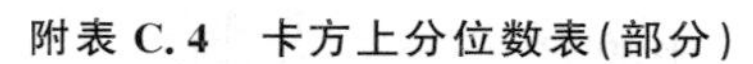

附表 C.4　卡方上分位数表(部分)

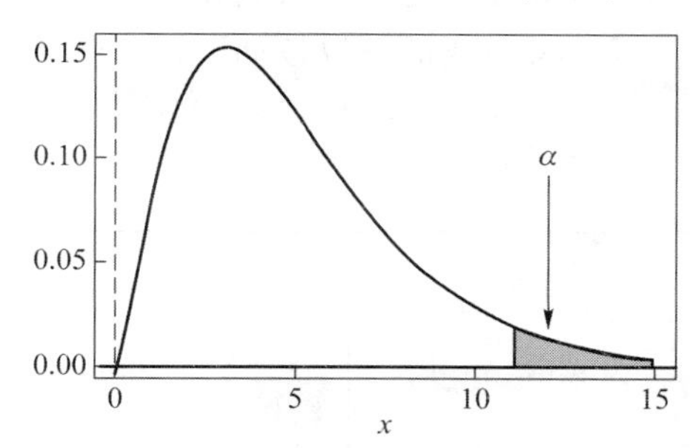

n	α									
	0.995	0.99	0.975	0.95	0.90	0.10	0.05	0.025	0.01	0.005
1	0.000	0.000	0.001	0.004	0.016	2.706	3.841	5.024	6.635	7.879
2	0.010	0.020	0.051	0.103	0.211	4.605	5.991	7.378	9.210	10.597
3	0.072	0.115	0.216	0.352	0.584	6.251	7.815	9.348	11.345	12.838
4	0.207	0.297	0.484	0.711	1.064	7.779	9.488	11.143	13.277	14.860
5	0.412	0.554	0.831	1.145	1.610	9.236	11.070	12.833	15.086	16.750
6	0.676	0.872	1.237	1.635	2.204	10.645	12.592	14.449	16.812	18.548
7	0.989	1.239	1.690	2.167	2.833	12.017	14.067	16.013	18.475	20.278
8	1.344	1.646	2.180	2.733	3.490	13.362	15.507	17.535	20.090	21.955
9	1.735	2.088	2.700	3.325	4.168	14.684	16.919	19.023	21.666	23.589
10	2.156	2.558	3.247	3.940	4.865	15.987	18.307	20.483	23.209	25.188
11	2.603	3.053	3.816	4.575	5.578	17.275	19.675	21.920	24.725	26.757
12	3.074	3.571	4.404	5.226	6.304	18.549	21.026	23.337	26.217	28.300
13	3.565	4.107	5.009	5.892	7.042	19.812	22.362	24.736	27.688	29.819
14	4.075	4.660	5.629	6.571	7.790	21.064	23.685	26.119	29.141	31.319
15	4.601	5.229	6.262	7.261	8.547	22.307	24.996	27.488	30.578	32.801
16	5.142	5.812	6.908	7.962	9.312	23.542	26.296	28.845	32.000	34.267
17	5.697	6.408	7.564	8.672	10.085	24.769	27.587	30.191	33.409	35.718
18	6.265	7.015	8.231	9.390	10.865	25.989	28.869	31.526	34.805	37.156
19	6.844	7.633	8.907	10.117	11.651	27.204	30.144	32.852	36.191	38.582
20	7.434	8.260	9.591	10.851	12.443	28.412	31.410	34.170	37.566	39.997
21	8.034	8.897	10.283	11.591	13.240	29.615	32.671	35.479	38.932	41.401
22	8.643	9.542	10.982	12.338	14.041	30.813	33.924	36.781	40.289	42.796
23	9.260	10.196	11.689	13.091	14.848	32.007	35.172	38.076	41.638	44.181
24	9.886	10.856	12.401	13.848	15.659	33.196	36.415	39.364	42.980	45.559
25	10.520	11.524	13.120	14.611	16.473	34.382	37.652	40.646	44.314	46.928
26	11.160	12.198	13.844	15.379	17.292	35.563	38.885	41.923	45.642	48.290
27	11.808	12.879	14.573	16.151	18.114	36.741	40.113	43.195	46.963	49.645
28	12.461	13.565	15.308	16.928	18.939	37.916	41.337	44.461	48.278	50.993
29	13.121	14.256	16.047	17.708	19.768	39.087	42.557	45.722	49.588	52.336
30	13.787	14.953	16.791	18.493	20.599	40.256	43.773	46.979	50.892	53.672

注：该表给出部分 $\chi^2(n)$ 分布中的 $P(\chi^2 \geqslant x)=\alpha$，其中 $\chi^2 \sim \chi^2(n)$，已知 α，计算分位数 x 的值。如有表中未给出而计算过程中又需要的可以按如下操作步骤计算。

方法一，打开 Excel（10.0 或以上版本），输入"=CHIINV(α,n)"，α 是概率，n 是自由度，回车即可得到要计算的分位数，如附图 C.4 所示。

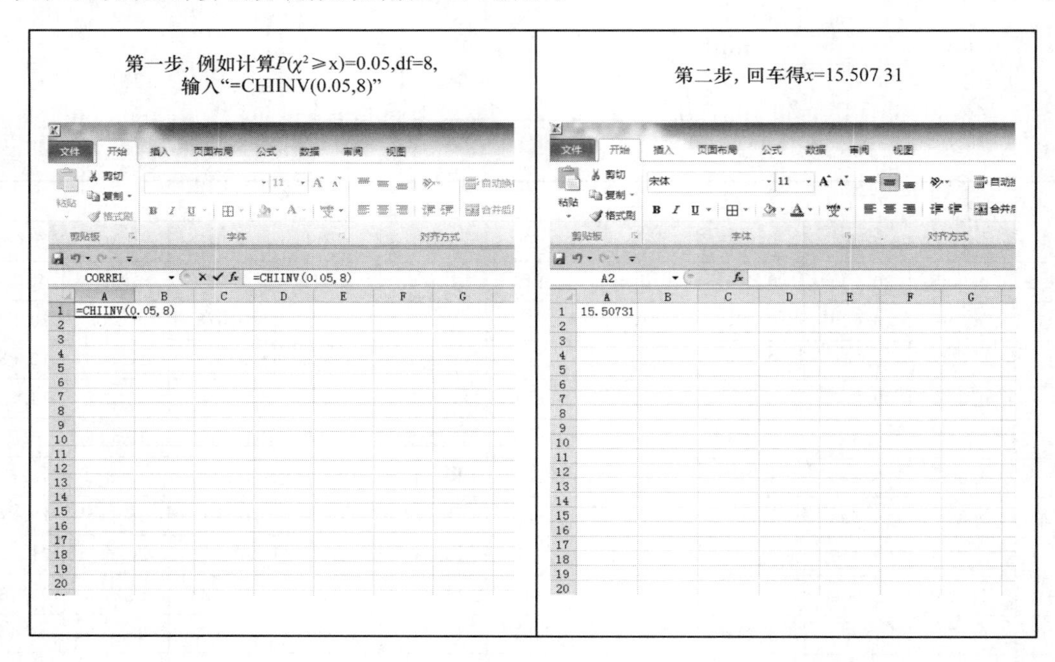

附图 C.4　利用 Excel 函数 CHIINV(α,n)计算分位数

方法二，利用 Python(Jupyter Notebook)计算，操作更加简便、容易。

```
In[4]:from scipy.stats import chi2
      x = chi2.isf(0.05,8)
      x
Out[4]:15.507313055865454
```

附表 C.5　α=0.005 的 F 上分位数表(部分)

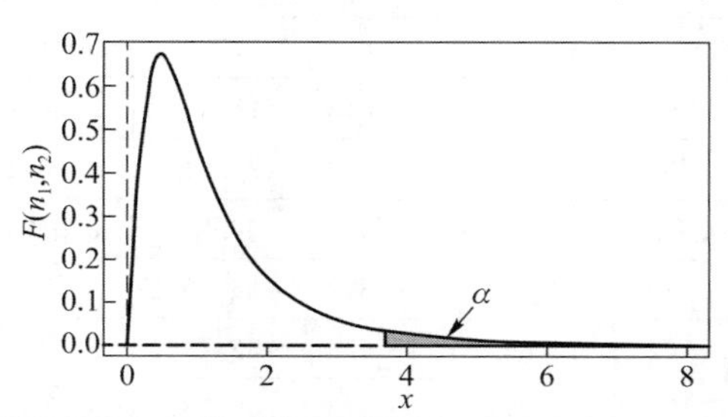

n_2	n_1				
	1	2	3	4	5
1	16 210.72	19 999.50	21 614.74	22 499.58	23 055.80
2	198.50	199.00	199.17	199.25	199.30
3	55.55	49.80	47.47	46.19	45.39

续表

n_2	n_1				
	1	2	3	4	5
4	31.33	26.28	24.26	23.15	22.46
5	22.78	18.31	16.53	15.56	14.94
6	18.63	14.54	12.92	12.03	11.46
7	16.24	12.40	10.88	10.05	9.52
8	14.69	11.04	9.60	8.81	8.30
9	13.61	10.11	8.72	7.96	7.47
10	12.83	9.43	8.08	7.34	6.87
11	12.23	8.91	7.60	6.88	6.42
12	11.75	8.51	7.23	6.52	6.07
13	11.37	8.19	6.93	6.23	5.79
14	11.06	7.92	6.68	6.00	5.56
15	10.80	7.70	6.48	5.80	5.37
16	10.58	7.51	6.30	5.64	5.21
17	10.38	7.35	6.16	5.50	5.07
18	10.22	7.21	6.03	5.37	4.96
19	10.07	7.09	5.92	5.27	4.85
20	9.94	6.99	5.82	5.17	4.76
21	9.83	6.89	5.73	5.09	4.68
22	9.73	6.81	5.65	5.02	4.61
23	9.63	6.73	5.58	4.95	4.54
24	9.55	6.66	5.52	4.89	4.49
25	9.48	6.60	5.46	4.84	4.43
26	9.41	6.54	5.41	4.79	4.38
27	9.34	6.49	5.36	4.74	4.34
28	9.28	6.44	5.32	4.70	4.30
29	9.23	6.40	5.28	4.66	4.26
30	9.18	6.35	5.24	4.62	4.23

注：该表给出部分 $F(n_1,n_2)$分布中的 $P(F\geqslant x)=\alpha$，其 $F\sim F(n_1,n_2)$，已知 α，计算分位数 x 的值。如有表中未给出而计算过程中又需要的，可以按如下操作步骤计算。

方法一，打开 Excel（10.0 或以上版本），输入“$=\text{FINV}(\alpha,n_1,n_2)$”，$\alpha$ 是概率，n 是自由度，回车即可得到要计算的分位数，如附图 C.5 所示。其他 F 分布表可以参考该表的操作。

方法二，利用 Python(Jupyter Notebook)计算，操作更加简便、容易。

```
 In[5]:from scipy.stats import chi2
       x = f.isf(0.005,5,8)
       x
Out[5]:8.301798845071652
```

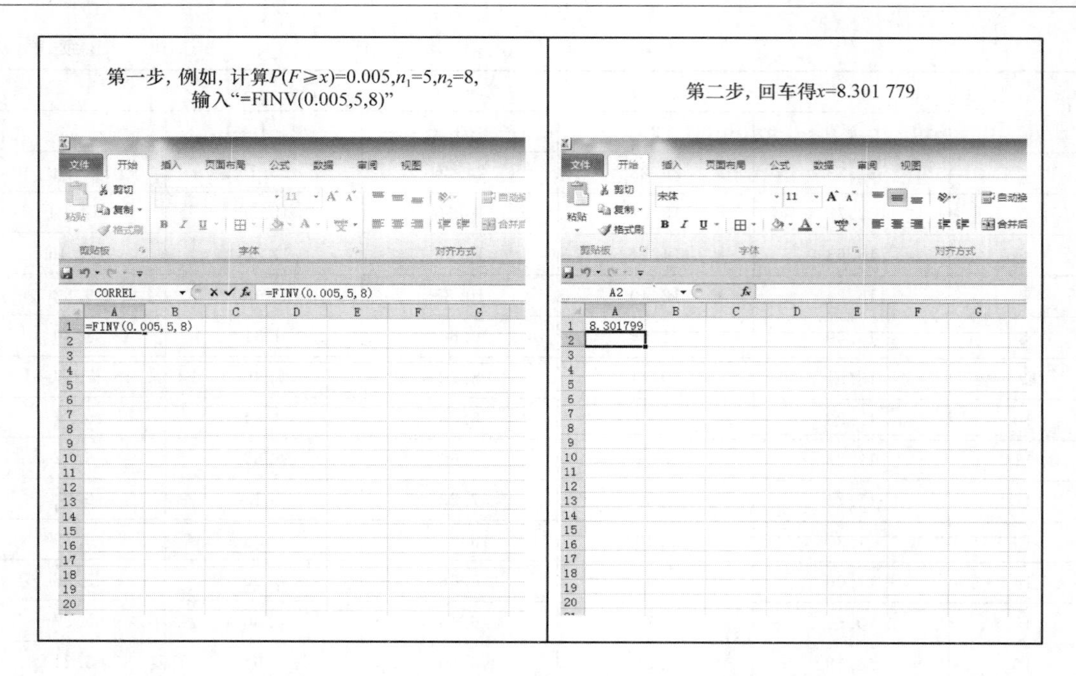

附图 C.5　利用 Excel 函数 FINV(α, n_1, n_2)计算分位数

附表 C.6　$\alpha=0.025$ 的 F 上分位数表(部分)

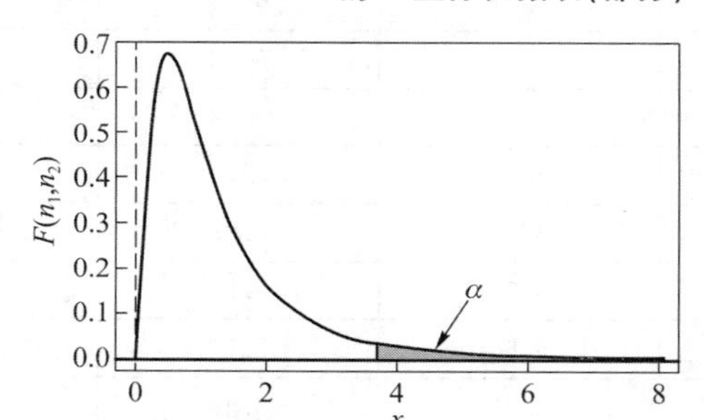

n_2	n_1				
	1	2	3	4	5
1	647.789 0	799.500 0	864.163 0	899.583 3	921.847 9
2	38.506 3	39.000 0	39.165 5	39.248 4	39.298 2
3	17.443 4	16.044 1	15.439 2	15.101 0	14.884 8
4	12.217 9	10.649 1	9.979 2	9.604 5	9.364 5
5	10.007 0	8.433 6	7.763 6	7.387 9	7.146 4
6	8.813 1	7.259 9	6.598 8	6.227 2	5.987 6
7	8.072 7	6.541 5	5.889 8	5.522 6	5.285 2
8	7.570 9	6.059 5	5.416 0	5.052 6	4.817 3
9	7.209 3	5.714 7	5.078 1	4.718 1	4.484 4
10	6.936 7	5.456 4	4.825 6	4.468 3	4.236 1
11	6.724 1	5.255 9	4.630 0	4.275 1	4.044 0
12	6.553 8	5.095 9	4.474 2	4.121 2	3.891 1

续 表

n_2	n_1				
	1	2	3	4	5
13	6.414 3	4.965 3	4.347 2	3.995 9	3.766 7
14	6.297 9	4.856 7	4.241 7	3.891 9	3.663 4
15	6.199 5	4.765 0	4.152 8	3.804 3	3.576 4
16	6.115 1	4.686 7	4.076 8	3.729 4	3.502 1
17	6.042 0	4.618 9	4.011 2	3.664 8	3.437 9
18	5.978 1	4.559 7	3.953 9	3.608 3	3.382 0
19	5.921 6	4.507 5	3.903 4	3.558 7	3.332 7
20	5.871 5	4.461 3	3.858 7	3.514 7	3.289 1
21	5.826 6	4.419 9	3.818 8	3.475 4	3.250 1
22	5.786 3	4.382 8	3.782 9	3.440 1	3.215 1
23	5.749 8	4.349 2	3.750 5	3.408 3	3.183 5
24	5.716 6	4.318 7	3.721 1	3.379 4	3.154 8
25	5.686 4	4.290 9	3.694 3	3.353 0	3.128 7
26	5.658 6	4.265 5	3.669 7	3.328 9	3.104 8
27	5.633 1	4.242 1	3.647 2	3.306 7	3.082 8
28	5.609 6	4.220 5	3.626 4	3.286 3	3.062 6
29	5.587 8	4.200 6	3.607 2	3.267 4	3.043 8
30	5.567 5	4.182 1	3.589 4	3.249 9	3.026 5

附表 C.7 $\alpha=0.05$ 的 F 上分位数表(部分)

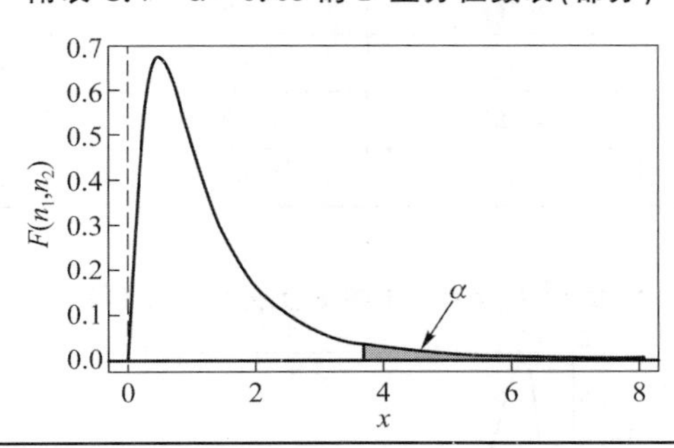

n_2	n_1				
	1	2	3	4	5
1	161.447 6	199.500 0	215.707 3	224.583 2	230.161 9
2	18.512 8	19.000 0	19.164 3	19.246 8	19.296 4
3	10.128 0	9.552 1	9.276 6	9.117 2	9.013 5
4	7.708 6	6.944 3	6.591 4	6.388 2	6.256 1
5	6.607 9	5.786 1	5.409 5	5.192 2	5.050 3
6	5.987 4	5.143 3	4.757 1	4.533 7	4.387 4
7	5.591 4	4.737 4	4.346 8	4.120 3	3.971 5

续表

n_2	n_1				
	1	2	3	4	5
8	5.317 7	4.459 0	4.066 2	3.837 9	3.687 5
9	5.117 4	4.256 5	3.862 5	3.633 1	3.481 7
10	4.964 6	4.102 8	3.708 3	3.478 0	3.325 8
11	4.844 3	3.982 3	3.587 4	3.356 7	3.203 9
12	4.747 2	3.885 3	3.490 3	3.259 2	3.105 9
13	4.667 2	3.805 6	3.410 5	3.179 1	3.025 4
14	4.600 1	3.738 9	3.343 9	3.112 2	2.958 2
15	4.543 1	3.682 3	3.287 4	3.055 6	2.901 3
16	4.494 0	3.633 7	3.238 9	3.006 9	2.852 4
17	4.451 3	3.591 5	3.196 8	2.964 7	2.810 0
18	4.413 9	3.554 6	3.159 9	2.927 7	2.772 9
19	4.380 7	3.521 9	3.127 4	2.895 1	2.740 1
20	4.351 2	3.492 8	3.098 4	2.866 1	2.710 9
21	4.324 8	3.466 8	3.072 5	2.840 1	2.684 8
22	4.300 9	3.443 4	3.049 1	2.816 7	2.661 3
23	4.279 3	3.422 1	3.028 0	2.795 5	2.640 0
24	4.259 7	3.402 8	3.008 8	2.776 3	2.620 7
25	4.241 7	3.385 2	2.991 2	2.758 7	2.603 0
26	4.225 2	3.369 0	2.975 2	2.742 6	2.586 8
27	4.210 0	3.354 1	2.960 4	2.727 8	2.571 9
28	4.196 0	3.340 4	2.946 7	2.714 1	2.558 1
29	4.183 0	3.327 7	2.934 0	2.701 4	2.545 4
30	4.170 9	3.315 8	2.922 3	2.689 6	2.533 6

附表 C.8　$\alpha=0.1$ 的 F 上分位数表(部分)

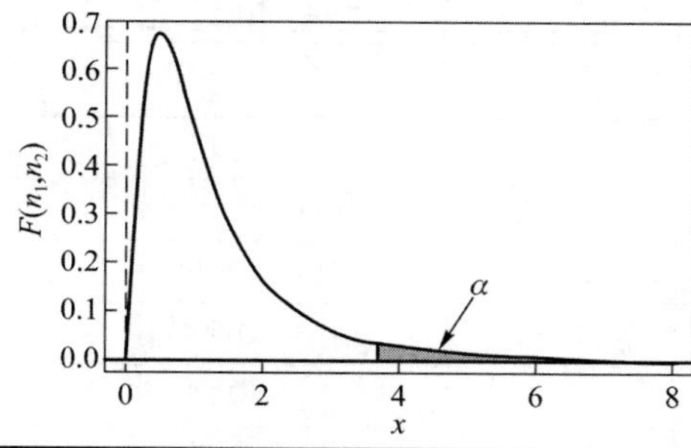

n_2	n_1				
	1	2	3	4	5
1	39.863 5	49.500 0	53.593 2	55.833 0	57.240 1

续表

n_2	n_1				
	1	2	3	4	5
2	8.526 3	9.000 0	9.161 8	9.243 4	9.292 6
3	5.538 3	5.462 4	5.390 8	5.342 6	5.309 2
4	4.544 8	4.324 6	4.190 9	4.107 2	4.050 6
5	4.060 4	3.779 7	3.619 5	3.520 2	3.453 0
6	3.775 9	3.463 3	3.288 8	3.180 8	3.107 5
7	3.589 4	3.257 4	3.074 1	2.960 5	2.883 3
8	3.457 9	3.113 1	2.923 8	2.806 4	2.726 4
9	3.360 3	3.006 5	2.812 9	2.692 7	2.610 6
10	3.285 0	2.924 5	2.727 7	2.605 3	2.521 6
11	3.225 2	2.859 5	2.660 2	2.536 2	2.451 2
12	3.176 5	2.806 8	2.605 5	2.480 1	2.394 0
13	3.136 2	2.763 2	2.560 3	2.433 7	2.346 7
14	3.102 2	2.726 5	2.522 2	2.394 7	2.306 9
15	3.073 2	2.695 2	2.489 8	2.361 4	2.273 0
16	3.048 1	2.668 2	2.461 8	2.332 7	2.243 8
17	3.026 2	2.644 6	2.437 4	2.307 7	2.218 3
18	3.007 0	2.623 9	2.416 0	2.285 8	2.195 8
19	2.989 9	2.605 6	2.397 0	2.266 3	2.176 0
20	2.974 7	2.589 3	2.380 1	2.248 9	2.158 2
21	2.961 0	2.574 6	2.364 9	2.233 3	2.142 3
22	2.948 6	2.561 3	2.351 2	2.219 3	2.127 9
23	2.937 4	2.549 3	2.338 7	2.206 5	2.114 9
24	2.927 1	2.538 3	2.327 4	2.194 9	2.103 0
25	2.917 7	2.528 3	2.317 0	2.184 2	2.092 2
26	2.909 1	2.519 1	2.307 5	2.174 5	2.082 2
27	2.901 2	2.510 6	2.298 7	2.165 5	2.073 0
28	2.893 8	2.502 8	2.290 6	2.157 1	2.064 5
29	2.887 0	2.495 5	2.283 1	2.149 4	2.056 6
30	2.880 7	2.488 7	2.276 1	2.142 2	2.049 2